YUN TU × 星峰研学 XING FENG YANXUE

手写笔记

模拟电子技术基础

同步辅导与习题详解

主编　星峰研学电子通信教研组

北京理工大学出版社
BEIJING INSTITUTE OF TECHNOLOGY PRESS

图书在版编目（CIP）数据

模拟电子技术基础同步辅导与习题详解手写笔记 / 星峰研学电子通信教研组主编 . -- 北京 : 北京理工大学出版社, 2024. 10.
ISBN 978-7-5763-4487-5

Ⅰ. TN710.4

中国国家版本馆 CIP 数据核字第 20240PA281 号

责任编辑：曾　仙　　　文案编辑：曾　仙
责任校对：刘亚男　　　责任印制：李志强

出版发行 / 北京理工大学出版社有限责任公司
社　　址 / 北京市丰台区四合庄路 6 号
邮　　编 / 100070
电　　话 / （010）68944451（大众售后服务热线）
（010）68912824（大众售后服务热线）
网　　址 / http://www. bitpress. com. cn

版 印 次 / 2024 年 10 月第 1 版第 1 次印刷
印　　刷 / 三河市良远印务有限公司
开　　本 / 787 mm × 1092 mm　1/16
印　　张 / 15
字　　数 / 374 千字
定　　价 / 49.80 元

致追梦者的启航信：
探索模拟电子技术的星辰大海

亲爱的同学们，我是专注电子通信考研的小峰学长，感谢这份奇妙的缘分，让我们在这里相遇。更感激您在众多书籍中挑选了本书。

模电的教材版本众多，每一本书都有自己独特的光芒，它们各有千秋，共同构建了模电知识的体系框架。只有集大家之所长，方能让我们在学习的道路上走得更远、更稳。因此，本书在编写过程中，以童诗白教授《模拟电子技术基础》(第五版）为主要参考蓝本，这不仅是因为该版教材在业界享有盛誉，更是因为其内容的系统性和深度非常适合作为学习模电的基石。此外，本书还广泛汲取了童诗白教授《模拟电子技术基础》(第四版)、康华光教授《电子技术基础（模拟部分)》(第五版、第六版）等优秀教材中的精华，通过精心筛选与整合，力求将各版教材的优点集于一身，经过我们的精心编排，融入丰富的一线教学经验，为您呈现一本内容丰富、结构严谨、深入浅出的模电学习指南。

本书共有九章，每章划分为三大核心板块："划重点""斩题型"与"解习题"，旨在全方位助力各位同学的学习之旅。

"划重点"：每一章的开篇，我们构建本章节知识点框图，它犹如一幅导航图，引领您快速概览章节的知识脉络，为后续的深入学习奠定坚实基础。在框图之下，我们提炼了教材中的精髓，紧扣考研要点，让您的学习更加有的放矢，达到事半功倍的效果。

“斩题型”：此板块聚焦于高频考点与经典题型。我们精选了一系列典型例题，并配以详尽的解题思路，引领您一步步攻克难关。特别设置的“破题小记一笔”与“星峰点悟”，更是对解题技巧的精炼总结，真正做到触类旁通，使大家能够扎实掌握每一章的内容。

“解习题”：基于重点知识，我们深度剖析了童诗白教授《模拟电子技术基础》（第五版）中的部分课后习题，虽非一一对应，但所选题目均为考研战场上的常考内容，更是高频知识点的集中体现。我们希望同学们不仅要掌握这些题目的解法，更要将课后习题视为磨刀石，全面锻炼自己的解题能力。题海战术虽非万能，但在扎实基础上适量练习，定能让学习成果更加璀璨夺目。

这里，感谢星峰研学模电教研组老师，为本书章节内容精心编排。感谢模电一一老师，为本书配备了重点习题讲解视频与重难点知识点讲解视频。当各位同学在阅读学习过程中遇到疑惑或挑战时，相信这些视频能为大家提供必要帮助。

在本书的编写过程中，我们历经多次校对与精心修改，力求完美呈现。在此，我们要向辛勤付出的编辑老师们致以最诚挚的感谢。同时，我们也深知学无止境，书中难免存在不足之处，我们诚挚地邀请每一位同学提出宝贵的建议，您的每一条反馈都是我们不断进步的动力。在未来的版本中，我们将持续优化升级。

最后，衷心祝愿每一位同学都能在这段学习旅程中收获满满，成功抵达梦想的彼岸！

目录

第一章　常用半导体器件

本章是模拟电子技术科目的基础概念部分，也是本书学习的最基础部分，同学们不可掉以轻心。本章内容难度较小，重点是PN结的形成、半导体二极管的特性、晶体管与场效应管的工作原理、特性曲线和主要参数。考生需要重点掌握本章内容，熟悉本章的定义、概念及原理，为后续学习打好基础。

划重点

知识架构

- 常用半导体器件
  - 半导体基础知识
    - 本征半导体
    - 杂质半导体
    - PN 结
  - 半导体二极管
    - 二极管的伏安特性
    - 二极管的主要参数
    - 二极管的等效电路
  - 稳压二极管
  - 晶体三极管
    - 三极管的基本结构
    - 放大作用
      - 内部载流子运动
      - 电流分配关系
      - 共射电流放大系数
      - 输入 / 输出特性曲线
  - 场效应管
    - 场效应管类型
    - 转移特性和输出特性
    - 场效应管主要参数

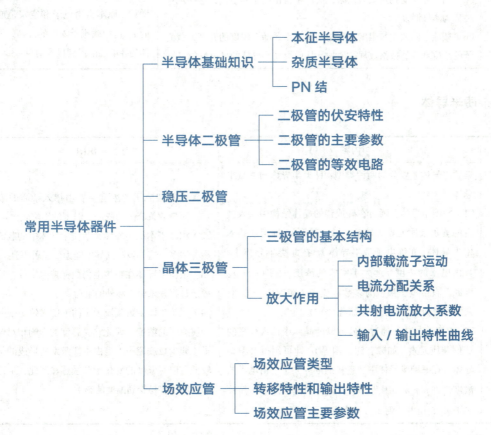

1.1 半导体基础知识

1.1.1 本征半导体

名称	内容	说明
本征半导体	纯净无杂质且具备晶体结构的半导体材料，称之为本征半导体。关于本征半导体，有以下几点重要特性： (1)在本征半导体内部，存在着两种载流子，一种是带负电荷的自由电子，另一种是带正电荷的空穴。 (2)自由电子和空穴在本征半导体中总是相伴而生，形成所谓的电子-空穴对。 (3)用n_i和p_i分别表示本征半导体中自由电子和空穴的浓度，且这两者的浓度是相等的，即$n_i = p_i$。 (4)由于物质内部的运动，自由电子和空穴会不断地生成并复合。在特定的温度下，这种生成与复合的过程会达到一种动态平衡，使得载流子的浓度保持恒定。 (5)当半导体受到热能激发时，会产生自由电子和空穴，这一现象被称为本征激发。 (6)载流子的浓度与温度有着密切的关系。随着温度的升高，载流子的浓度会近似按指数规律增加，从而提高半导体的导电性能	(1)在绝对零度($T=0\text{K}$)的条件下，半导体材料的导电性能几乎为零，表现出与绝缘体相似的特性。 (2)随着温度的升高，少数价电子能够克服共价键的束缚，从而转变为自由电子。与此同时，在原来的共价键位置上会留下一个空位，这个空位被称为空穴。 (3)随着温度的进一步升高，半导体内部的热运动会变得更加剧烈，这导致越来越多的价电子能够挣脱共价键的束缚，转变为自由电子。相应地，空穴的数量也会增加(原本自由电子和空穴是成对出现的)。这种载流子浓度的升高，使得半导体的导电性能得到显著增强

1.1.2 杂质半导体

名称	内容	说明
杂质半导体	杂质半导体主要分为两种类型：N型半导体与P型半导体。 (1)N型半导体：通过在硅或锗的晶体结构中掺入微量的五价杂质元素(如磷、锑、砷等)，即可制得N型半导体(亦称电子型半导体)。在此类半导体中，自由电子的浓度n远大于空穴的浓度p，即$n \gg p$。因此，自由电子被视为多数载流子(简称多子)，空穴则被视为少数载流子(简称少子)。 (2)P型半导体：通过在硅或锗的晶体中掺入少量的三价杂质元素(如硼、镓、铟等)，即可制得P型半导体。在P型半导体中，空穴的浓度大于自由电子的浓度，即$p \gg n$。因此，空穴成为多数载流子(简称多子)，自由电子则成为少数载流子(简称少子)	(1)多数载流子的浓度主要由掺入杂质的浓度所决定，而少数载流子的浓度受温度的影响较大。 (2)相较于本征半导体，杂质半导体中的载流子数目显著增多，这导致了其导电能力的显著提升。 (3)杂质半导体在整体上仍然保持电中性，这是因为掺杂过程并未引入额外的电荷。 (4)多子(即多数载流子)的浓度大致等于所掺入的杂质原子的浓度，因此它受温度的影响相对较小。少子(即少数载流子)是由本征激发所形成的，其浓度较低，但对温度的变化十分敏感。因此，半导体器件的性能很容易受到温度的影响

1.1.3 PN 结 ⟶ 在PN结的形成过程中，不要混淆扩散运动和漂移运动载流子的运动方式。可以结合高中物理中正电子和负电子的移动方向去理解

1.PN 结的形成

扩散运动：P 区的空穴向 N 区扩散，N 区的自由电子向 P 区扩散，空穴与自由电子复合形成空间电荷区，形成内电场（N 区指向 P 区），P 区与 N 区中载流子的运动如图 1.1（a）所示。

漂移运动：由于空间电荷区的存在，P 区的自由电子向 N 区运动，N 区的空穴向 P 区运动，达到平衡状态，形成 PN 结，如图 1.1（b）所示。

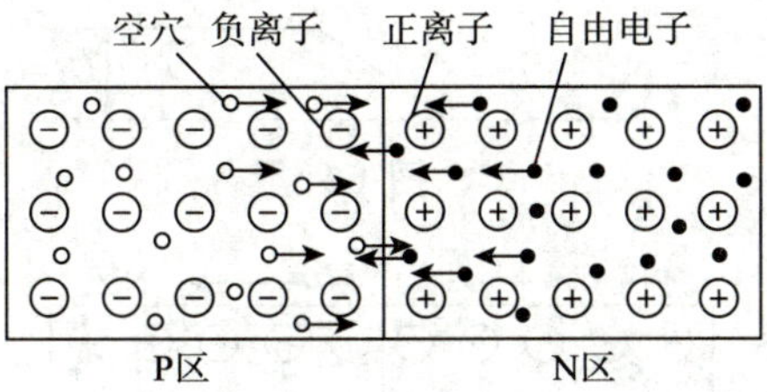

P 区与 N 区中载流子的运动

（a）

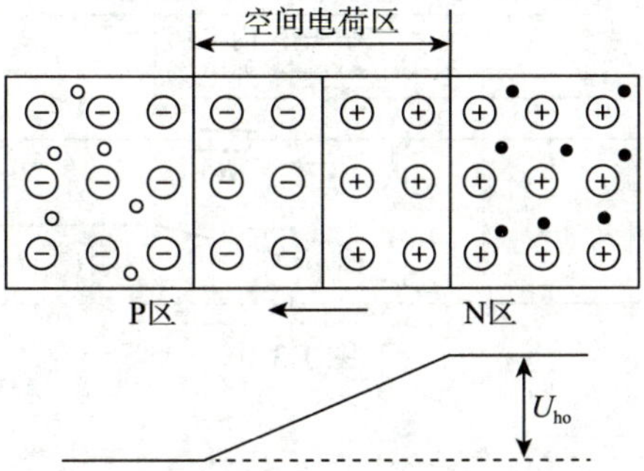

平衡状态下的 PN 结

（b）

图 1.1

对称 PN 结：当 P 区与 N 区杂质浓度相等时，负离子区与正离子区的宽度也相等。

不对称 PN 结：当两边杂质浓度不同时，浓度高一侧的离子区宽度低于浓度低的一侧。

注：浓度高的一侧向浓度低的一侧扩散得越多，与浓度低的一侧复合得就越多，形成不能移动的离子区便会加宽。

2. 单向导电性 ⟶ PN结的正偏是P端接电源正极，N端接电源负极，反偏正好与之相反

正偏：扩散加强，漂移减弱，PN 结变薄，导通（见图 1.2）。

反偏：漂移加强，扩散减弱，PN 结变厚，截止（见图 1.3）。

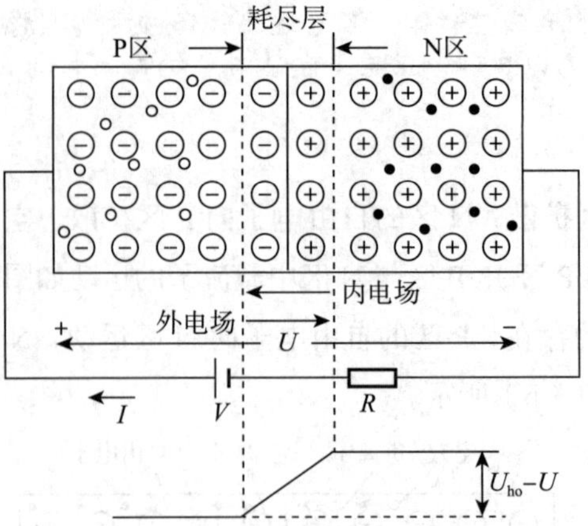

图 1.2

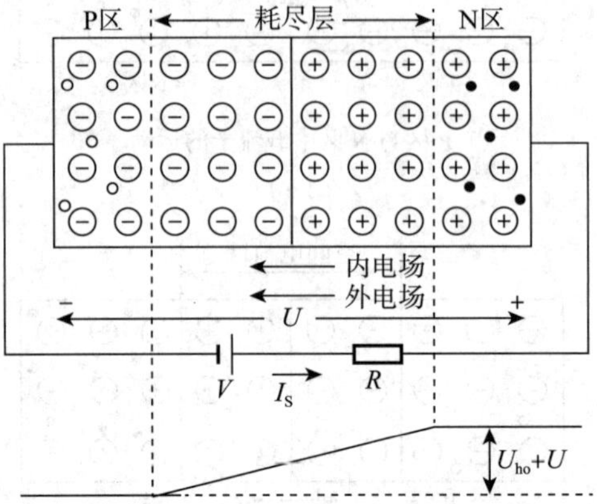

图 1.3

3. 伏安特性

PN 结所加端电压 u 与流过它的电流 i 的关系为

$$i = I_S(e^{\frac{qu}{kT}} - 1) \qquad （式 1）$$

式中，I_S 为反向饱和电流，q 为电子的电量，k 为玻尔兹曼常数，T 为热力学温度。将式 1 中的 kT/q 用 U_T 取代（U_T 常取 26 mV），则得

$$i = I_S(e^{\frac{u}{U_T}} - 1) \qquad （式 2）$$

由式 2 可知，当 PN 结外加正向电压，且当 $u \gg U_T$ 时，$i \approx I_S e^{\frac{u}{U_T}}$，即 i 随 u 按指数规律变化；当 PN 结外加反向电压，且当 $|u| \gg U_T$ 时，$i \approx -I_S$。画出 i 与 u 的关系曲线，如图 1.4 所示，称为 PN 结的伏安特性。其中 $u>0$ 的部分称为正向特性，$u<0$ 的部分称为反向特性。

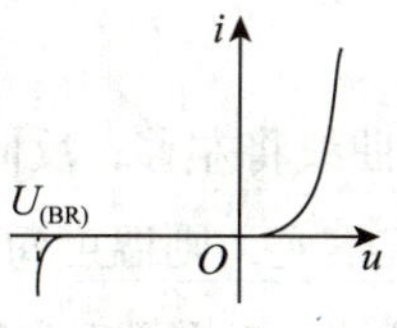

图 1.4

↗常考概念，齐纳击穿发生在高掺杂情况下，耗尽层很窄时

齐纳击穿：在高掺杂情况下，耗尽层的宽度会大幅度减小，仅需施加较低的反向电压，就能在耗尽层内产生极强的电场。该电场的力量足以直接破坏半导体材料中的共价键，使价电子摆脱其束缚状态，产生大量的电子－空穴对。这一过程会导致电流的迅速增大，形成齐纳击穿现象。齐纳击穿所需的击穿电压相对较低。

↗常考概念，雪崩击穿发生在低掺杂情况下，耗尽层宽度很宽时

雪崩击穿：若掺杂浓度保持在较低水平，耗尽层的宽度较宽，施加较低的反向电压并不足以引发齐纳击穿。然而，当反向电压逐渐提升至较高值时，耗尽层内的电场会显著加速少数载流子的漂移速度。这些加速的少子会与共价键中的价电子发生碰撞，导致价电子被击出共价键，从而生成电子－空穴对。这些新产生的电子与空穴在电场的进一步加速下，又会继续撞击其他价电子，引发载流子的雪崩式倍增效应。这一过程导致电流的迅速增加，称之为雪崩击穿。

4. PN 结电容效应

势垒电容：耗尽层宽窄变化所等效的电容称为势垒电容。

扩散电容：当外加正向电压幅值从小到大变化时，扩散区内，电荷的积累与释放过程与电容器充放电过程相同，这种电容效应称为扩散电容。

1.2 半导体二极管

1.2.1 二极管和 PN 结伏安特性的区别 ⟶ 容易出简答题

二极管是通过将 PN 结封装在外壳内并附加电极引线而制成的半导体器件，简称为二极管。其中，从 P 区引出的电极称为阳极，从 N 区引出的电极则称为阴极。

二极管继承了 PN 结的单向导电特性。不过，由于二极管内部存在半导体体电阻及引线电阻，因此会有以下特点。

（1）在正向电压作用下，若电流保持不变，二极管的端电压会高于 PN 结上的电压降；在相同的正向电压下，二极管的正向电流会小于 PN 结的电流，这种差异在大电流条件下尤为显著。

（2）此外，二极管表面存在漏电流，会导致在施加反向电压时反向电流有所增加。

1.2.2 温度对二极管伏安特性的影响

（1）环境温度升高时，二极管的正向特性曲线将左移，反向特性曲线将下移（如图 1.5 虚线所示）。

（2）环境温度约等于室温时，若正向电流不变，则温度每升高 1℃，正向压降减小 2~2.5 mV；温度每升高 10℃，反向电流 I_s 约增大一倍。可见，二极管对温度很敏感。

升高或减小的这些数值要掌握

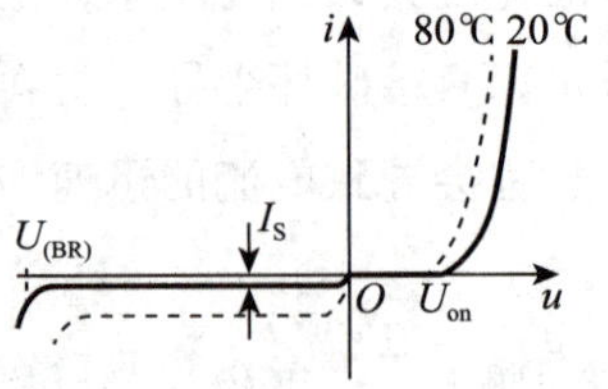

图 1.5

1.2.3 二极管的等效电路

将伏安特性折线化，可得以下三种等效电路（见图 1.6）。

注意理想二极管和普通二极管的区别，题目中没有告知是哪种二极管时当作普通二极管，若图中画的是空心的则是理想二极管。

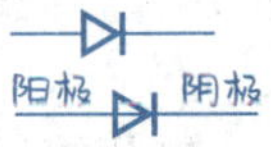

（1）理想二极管：理想开关，导通时 $U_D = 0$，截止时 $I_S = 0$。

（2）近似分析中最常用：导通时 $U_D = U_{on}$，截止时 $I_S = 0$。

（3）导通时 i 与 u 成线性关系。

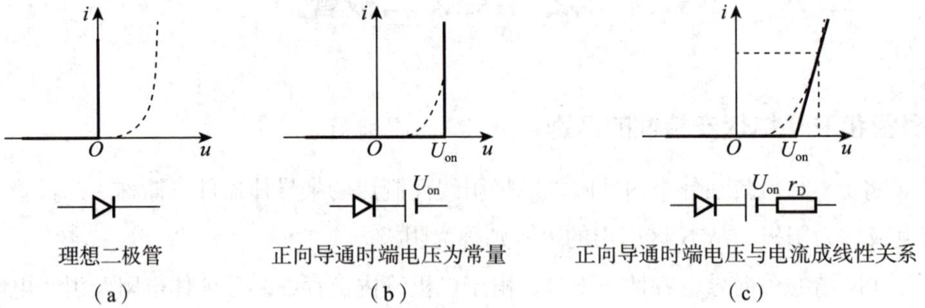

图 1.6

1.2.4 微变等效电路（见图 1.7）及动态电阻 r_d 推导

一般在动态电路求解时会用到，特别是在第九章直流电源的稳压电路中

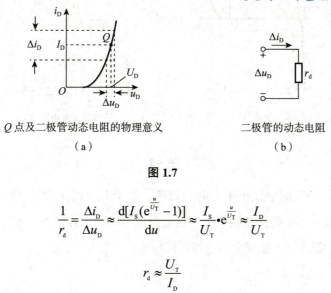

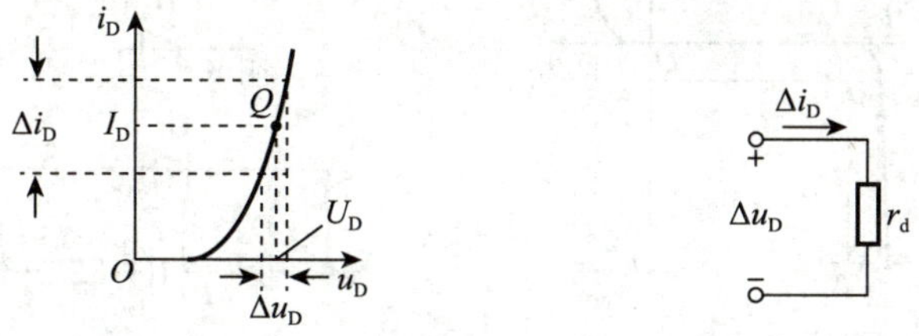

Q 点及二极管动态电阻的物理意义

（a）

二极管的动态电阻

（b）

图 1.7

$$\frac{1}{r_d}=\frac{\Delta i_D}{\Delta u_D}\approx\frac{d[I_s(e^{\frac{u}{U_T}}-1)]}{du}\approx\frac{I_s}{U_T}\cdot e^{\frac{u}{U_T}}\approx\frac{I_D}{U_T}$$

$$r_d\approx\frac{U_T}{I_D}$$

式中，I_D 是 Q 点的电流。由于二极管正向特性为指数曲线，因此 Q 点愈高，r_d 的数值愈小。

1.3 稳压二极管

稳压二极管是一种硅材料制成的面接触型晶体二极管，简称稳压管。

特点：稳压特性，工作在反向击穿区。

从电压角度：一般情况下，当稳压二极管阴极电压减去阳极电压的电压差大于稳压管所能稳压的电压值 U_Z 时，发生击穿。

稳压管的伏安特性如图 1.8（a）所示，图中 U_Z 为稳定电压，I_Z 为稳定电流，是稳压管进入稳压区的最小电流；I_{ZM} 为最大稳定电流，若超过此值，稳压管将因功耗过大而损坏，最大功耗 $P_{ZM}=I_{ZM}U_Z$；稳压管的反向电流变化时，稳定电压稍有变化，用动态电阻 r_d 描述这种变化关系，等于端电压变化量与电流变化量之比，即 $\Delta U_Z/\Delta I_Z$。符号和等效电路如图 1.8（b）所示。

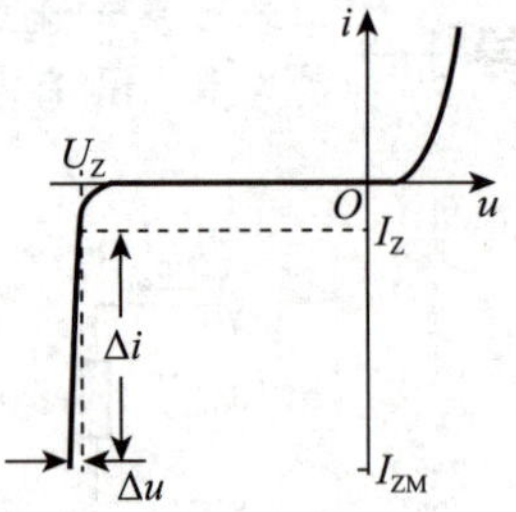

这个图要记在脑海里，特别是反向特性部分 ←

伏安特性

（a）

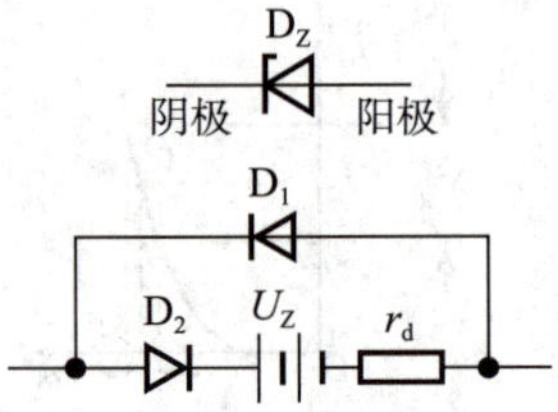

符号和等效电路

（b）

图 1.8

限流电阻：由于稳压管的反向电流小于 I_Z 时不稳压，大于 I_{ZM} 时会因超过额定功耗而损坏，因此在稳压管电路中必须串联一个电阻来限制电流，从而保证稳压管正常工作，故称这个电阻为限流电阻。只有在 R 取值合适时，稳压管才能安全地工作在稳压状态。

1.4 晶体三极管

1.4.1 晶体管的结构及类型

名称	内容
三极管 基本结构	晶体三极管（BJT），亦被称作双极型晶体管，简称晶体管，其内部导电过程涉及两种类型的载流子。 （1）晶体管的结构包含三个电极（发射极 e、集电极 c 和基极 b），同时分为三个区域（发射区、集电区和基区），以及两个关键的 PN 结（发射结与集电结）。 （2）从结构上分为两种类型：NPN 型和 PNP 型。 （3）结构（以 NPN 型三极管为例）和符号［见图（a）、图（b）］ 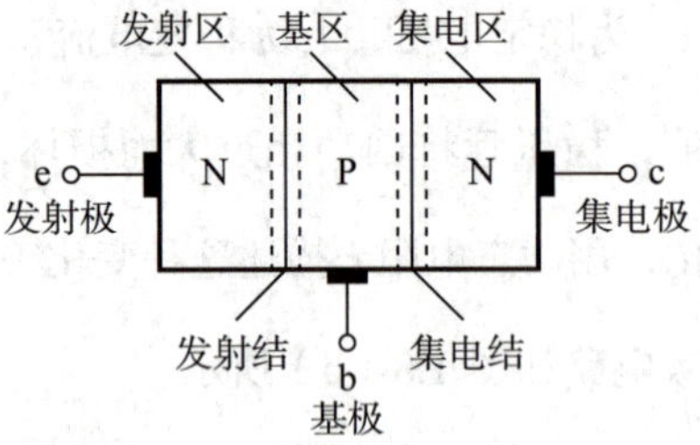 （a） 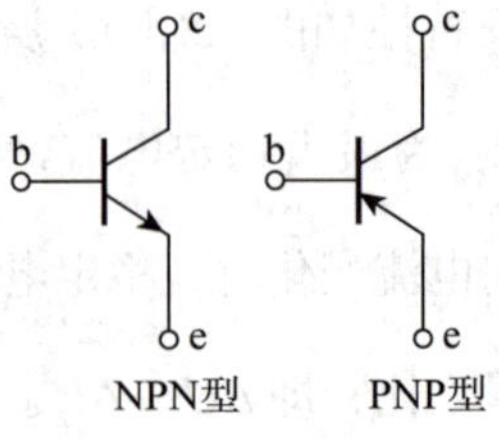 （b） 提示：快速分辨 NPN 型和 PNP 型。 记住：箭头永远是从 P 指向 N，然后根据 NPN 型和 PNP 型管子的各极之间电位关系进一步判断

1.4.2 晶体管的特点

基区 B：掺杂浓度低，很薄。
发射区 E：掺杂浓度高。
集电区 C：面积大（收集电子）。
} 三个区的特点熟记

它们所引出的三个电极分别为基极 b、发射极 e 和集电极 c。

1.4.3 晶体管的电流放大作用

使晶体管工作在放大状态的外部条件是**发射结正偏且集电结反偏**。

内部载流子的运动 $(I_E = I_B + I_C)$：

（1）当向发射结施加正向电压时，会促使自由电子通过扩散运动形成发射极电流 I_E；

（2）扩散到基区的自由电子会与空穴发生复合运动，这一过程形成了基极电流 I_B；

（3）在集电结上施加反向电压，则会引发自由电子的漂移运动，从而形成集电极电流 I_C。

晶体管的电流分配关系为

$$I_C = \bar{\beta} I_B + (1+\bar{\beta}) I_{CBO} = \bar{\beta} I_B + I_{CEO}$$

如果忽略 I_{CEO}，则

$$I_C \approx \bar{\beta} I_B$$ →放大状态下，集电极电流与基极电流关系

$$I_E = I_C + I_B$$

$$I_E \approx (1+\bar{\beta}) I_B$$

由于在 I_E 较宽的数值范围内 $\bar{\beta}$ 基本不变，因此在近似分析中不对 $\bar{\beta}$ 与 β 加以区分，即认为 $i_C \approx \beta i_B$

1.4.4 晶体管的共射特性曲线及三个工作区域

三极管**共射特性曲线**：输入特性曲线和输出特性曲线（见图 1.9 和图 1.10）。

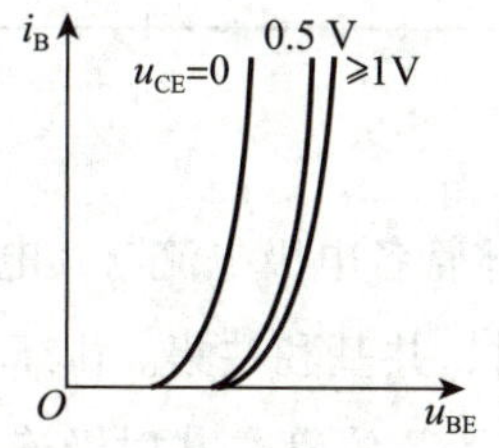

图 1.9

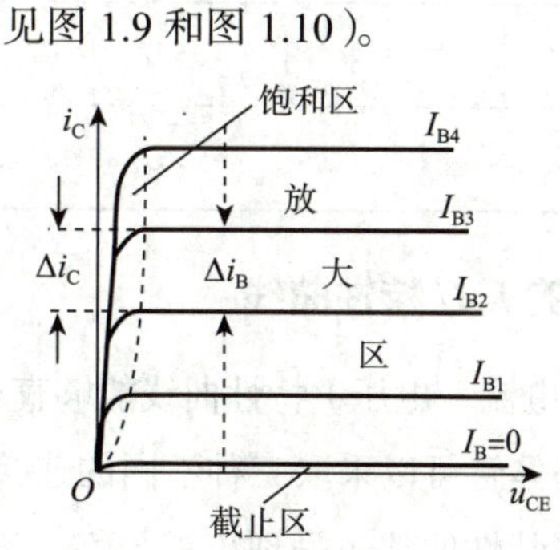

图 1.10

（1）输入特性图解释。

u_{CE}（集电极 – 发射极电压）增大，曲线右移，因为 u_{CE} 增大，即加在集电结两侧的反向电压增大，导致从发射区扩散至基区的自由电子更多地被牵引至集电区，而在基区内参与复合运动的自由电子数量

相应减少，进而使得基极电流减小。

当u_{CE}足够大的时候，就可以将发射区向基区扩散的自由电子大部分收集到集电区，此时，即使进一步增大u_{CE}，基极电流也不会再有显著变化（除非同时增加u_{BE}——基极－发射极电压，以促使发射区向基区注入更多的自由电子，从而使基极电流有所增加）。

（2）输出特性图解释。

①在饱和区域内，随着u_{CE}的增加，从发射区扩散至基区的自由电子更多地被转移至集电区，导致集电极电流i_C增大。

②进入放大区后，当u_{CE}增大至某一水平，它几乎能够将所有从发射区扩散至基区的自由电子收集至集电区。此时，即使进一步增大u_{CE}，集电极电流i_C也基本保持不变，特性曲线在这一区域内几乎与横轴平行（除非同时增大u_{BE}——基极－发射极电压，以增加基极电流i_B，从而促使发射区向基区注入更多自由电子，此时集电极电流i_C才会相应增加）。

③在截止区内，若u_{BE}（基极－发射极电压）低于开启电压，则二极管处于截止状态，此时基极电流与集电极电流均为零。

三个工作区域（见表1.1）。

截止区：双结反偏；

放大区：发射结正偏、集电结反偏；

饱和区：双结正偏。

可出判断晶体管工作状态的题型

表 1.1

工作区域	b－e 电压 u_{BE}	集电极电流 i_C	管压降 u_{CE}
截止区	$\leqslant U_{on}$	$\leqslant I_{CEO}$	$>u_{BE}$
放大区	$>U_{on}$	$=\bar{\beta}I_B$	$\geqslant u_{BE}$
饱和区	$>U_{on}$	$<\bar{\beta}I_B$	$<u_{BE}$

1.4.5 晶体管的 *I–U* 特性曲线

晶体管的*I–U*（电流－电压）特性曲线能够直观地展示出晶体管各电极电流与其电压之间的关联。在放大电路中，晶体管可以采取三种不同的连接方式，即共射、共基和共集。由于这些连接方式的不同，它们的*I–U*特性曲线也呈现出差异性。表1.2详细列出了晶体管在共射极连接方式下的*I–U*特性曲线。

表 1.2

BJT 类型	NPN 型（硅管）	PNP 型（锗管）
电路符号	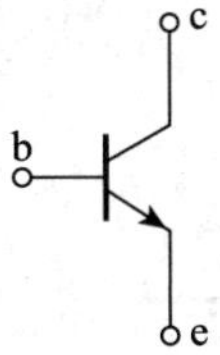	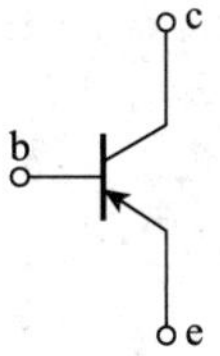
输入特性曲线（共射连接）	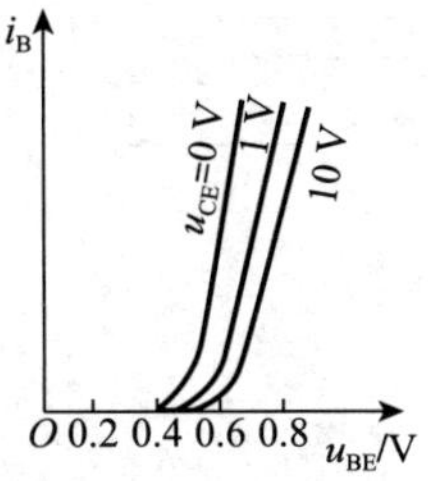	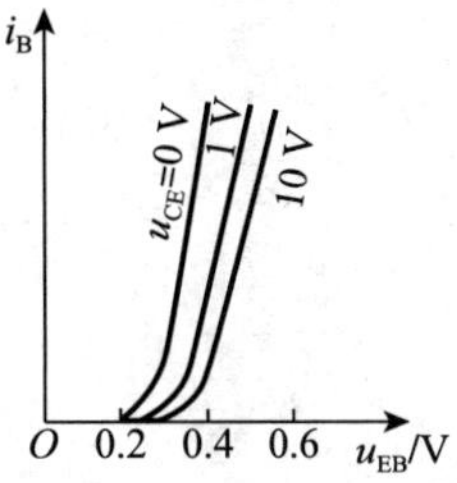
输出特性曲线（共射连接）	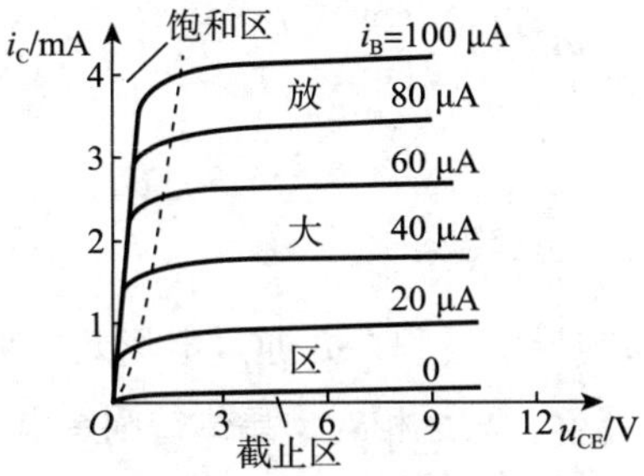	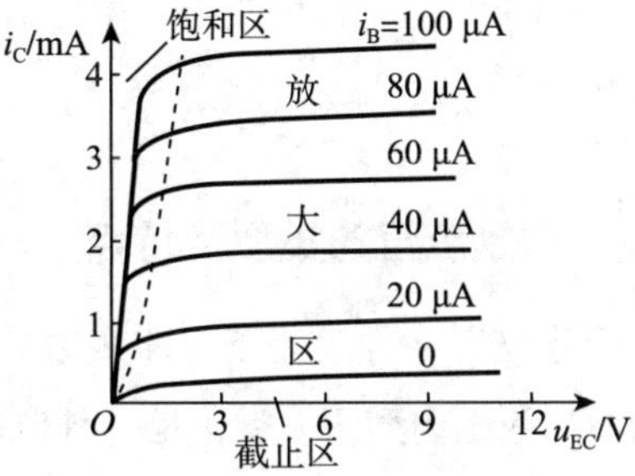
放大区工作条件	发射结正偏、集电结反偏 即 $u_{BE}>U_{on}$（U_{on} 为正） 且 $u_{CE}\geqslant u_{BE}$	发射结正偏、集电结反偏 即 $u_{BE}<U_{on}$（U_{on} 为负） 且 $u_{CE}\leqslant u_{BE}$
饱和区工作条件	发射结正偏、集电结正偏 即 $u_{BE}>U_{on}$（U_{on} 为正） 且 $u_{CE}<1\,V$	发射结正偏、集电结正偏 即 $u_{BE}<U_{on}$（U_{on} 为负） 且 $u_{CE}>-1\,V$
截止区工作条件	发射结反偏、集电结反偏 即 $u_{BE}<U_{on}$（U_{on} 为正） 且 $u_{CE}>u_{BE}$	发射结反偏、集电结反偏 即 $u_{BE}>U_{on}$（U_{on} 为负） 且 $u_{CE}<u_{BE}$

1.4.6 温度对晶体管特性及参数的影响

由于半导体材料的热敏性，晶体管的参数几乎都与温度有关。

温度对输入特性的影响：温度升高，正向特性将左移。

温度对输出特性的影响：温度升高，集电极电流增大，而且 β 增大。

图 1.11 所示为某晶体管在温度变化时输出特性变化的示意图，实线所示为 20 ℃时的特性曲线，虚线所示为 60 ℃时的特性曲线，且 I_{B1}、I_{B2}、I_{B3} 分别等于 I'_{B1}、I'_{B2}、I'_{B3}。当温度从 20 ℃升高至 60 ℃时，不但集电极电流增大，且其变化量 $\Delta i'_C > \Delta i_C$，说明温度升高时 β 增大。

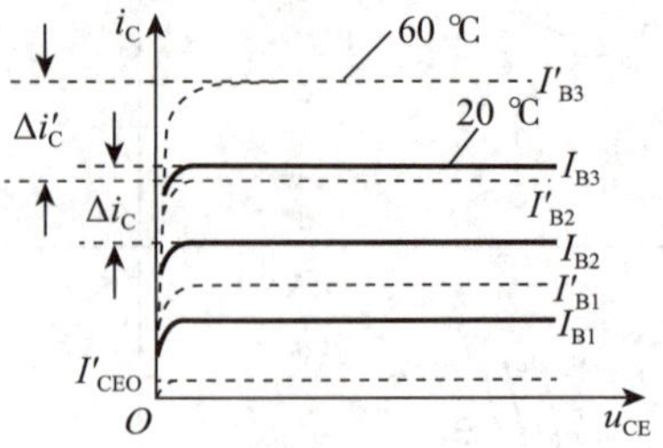

图 1.11

1.5 场效应管

1.5.1 场效应管的类型及特点 ⟶常考填空、选择题

场效应管仅有一种载流子（即多数载流子）参与导电过程，并通过电场效应来调控电流。它主要分为结型和绝缘栅型两大类，**是一种电压控制型器件，与之相对，晶体管则是电流控制型器件**。

根据沟道所采用的半导体材料不同，场效应管又分为 **N 型沟道和 P 型沟道**两种类型，而在绝缘栅型场效应管中，还可以细分为**增强型和耗尽型**。具体而言，当栅 – 源电压为零时，如果漏极电流也为零，则该管子属于增强型；反之，如果漏极电流不为零，则该管子属于耗尽型。

结型场效应管应用的电路可以使用绝缘栅型场效应管，但绝缘栅增强型场效管应用的电路不能用结型场效应管代替。

场效应管属于电压控制元件，与双极型晶体管相比，场效应晶体管具有如下特点：

（1）输入阻抗高；

（2）输入功耗小；

（3）热稳定性好；

（4）信号放大稳定性好，信号失真小；

（5）由于不存在杂乱运动的少子扩散引起的散粒噪声，因此噪声低。

1.5.2 各种类型场效应管的符号和特性曲线（见表 1.3）

表 1.3

分类			符号	转移特性曲线	输出特性曲线
结型场效应管	N 沟道		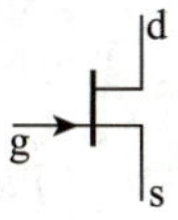	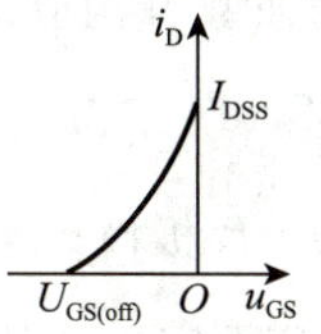	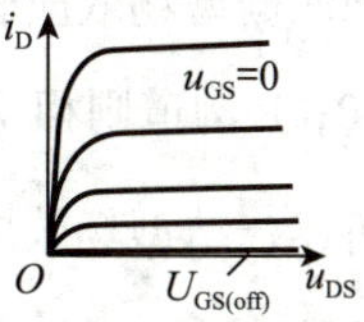
结型场效应管	P 沟道		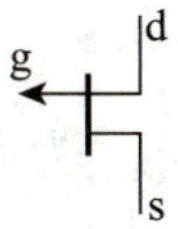	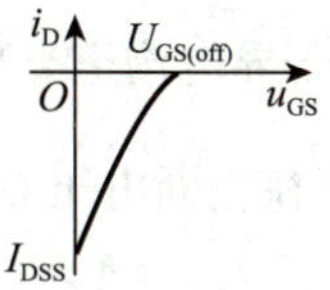	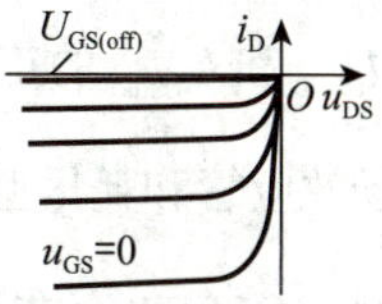
绝缘栅型场效应管	N 沟道	增强型	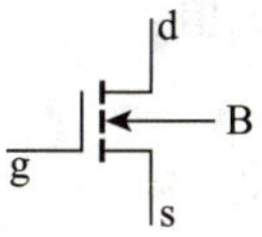	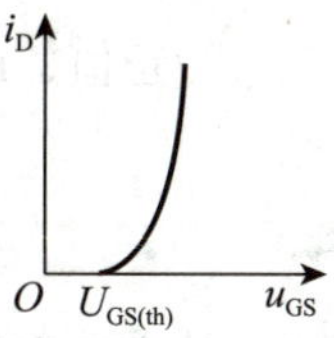	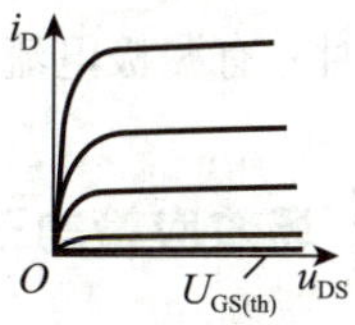
绝缘栅型场效应管	N 沟道	耗尽型	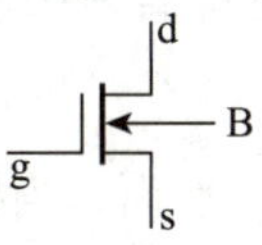	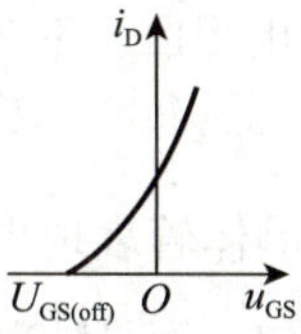	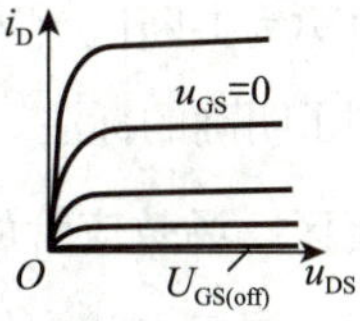
绝缘栅型场效应管	P 沟道	增强型	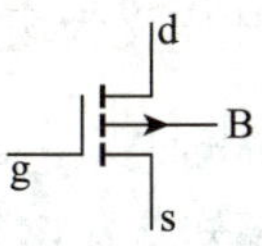	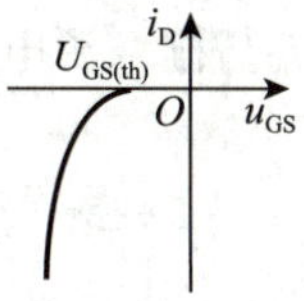	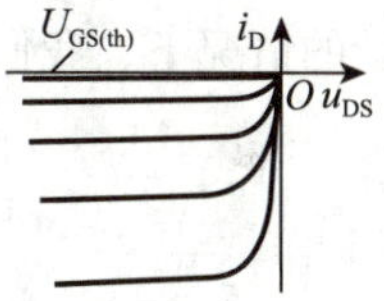
绝缘栅型场效应管	P 沟道	耗尽型	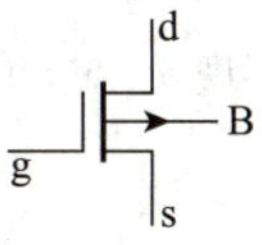	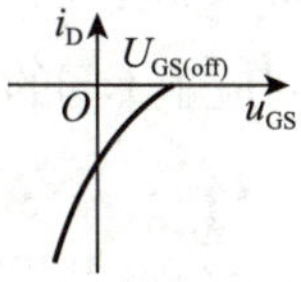	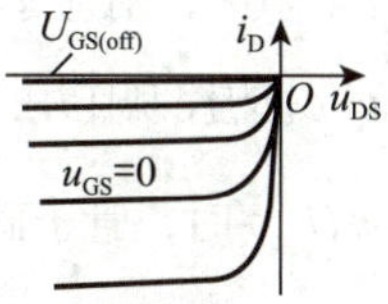

提示：建议通过上述图形进行辅助记忆，只需要记住N沟道即可，P沟道就是N沟道的图形关于原点的对称，这个知识点容易混淆，平时多翻看，增强记忆

（1）u_{DS} 的极性取决于导电沟道的类型。

对于 N 沟道，载流子是电子，欲使电子向漏极运动，u_{DS} 必为正值；对于 P 沟道，载流子是空穴，欲使空穴向漏极运动，u_{DS} 必为负值。

（2）u_{GS} 值的极性取决于工作方式和导电沟道的类型。

对于结型场效应管，要求栅－源极间加反向偏置电压，如果是 N 沟道，栅极为 P 型半导体，为使 PN 结反偏，要求 $u_{GS} \leqslant 0$；如果是 P 沟道，要求 $u_{GS} \geqslant 0$。

对于绝缘栅型场效应管，如果是增强型 N 沟道，为了吸引电子形成 N 沟道，栅极必须加正电压，即 $u_{GS} > 0$；P 沟道则相反。

综上所述，结型场效应管中 u_{GS} 和 u_{DS} 反极性；增强型 MOSFET 中 u_{GS} 与 u_{DS} 同极性；耗尽型 MOSFET 中有两种情况，视加宽还是缩减沟道而定，可以是正偏、零偏或反偏。

（3）$U_{GS(off)}$ 和 $U_{GS(th)}$ 的正负极性取决于导电沟道类型。

结型场效应管和耗尽型MOSFET存在夹断电压 $U_{GS(off)}$，N沟道的 $U_{GS(off)}$ 为负值，P沟道的 $U_{GS(off)}$ 为正值；增强型 MOSFET 存在开启电压 $U_{GS(th)}$，在 $u_{GS}=0$ 时不存在导电沟道，只有当 u_{GS} 达到或大于开启电压 $U_{GS(th)}$ 时才有漏极电流 i_D，N 沟道 $U_{GS(th)}$ 为正值，P 沟道 $U_{GS(th)}$ 为负值。

1.5.3 场效应管的三个工作区域

与晶体管的三个工作区域——截止区、放大区和饱和区相对应，场效应管则具有截止区（对于耗尽型管，也称为夹断区）、恒流区和可变电阻区。以 N 沟道增强型 MOS 管为例，这三个工作区域在图 1.12 中得到了明确的标注。

在恒流区，场效应管的输出特性与晶体管表现出一定的相似性。然而，当栅－源电压 u_{GS} 以等差方式变化时，漏极电流 i_D 的变化并非均匀，而是随着 i_D 的增大，其变化量也相应增大。在保持管压降 u_{DS} 为常量的情况下，我们将漏极电流 i_D 与栅－源电压 u_{GS} 变化量之比定义为场效应管的低频跨导 g_m，即

$$g_m = \frac{\Delta i_D}{\Delta u_{GS}}\bigg|_{u_{DS}=\text{常量}}$$

→ 低频跨导 g_m 的推导公式，需知道公式物理意义

在可变电阻区，对应于不同的 u_{GS}，曲线斜率不同，即对应于不同的 u_{GS}，d–s 间的等效电阻 r_{DS} 不同，实现 u_{GS} 对 r_{DS} 的控制作用。在恒流区，对应于不同的 u_{GS}，i_D 不同，实现 u_{GS} 对 i_D 的控制作用。

当 $u_{GS} < U_{GS(th)}$ 时，管子截止。

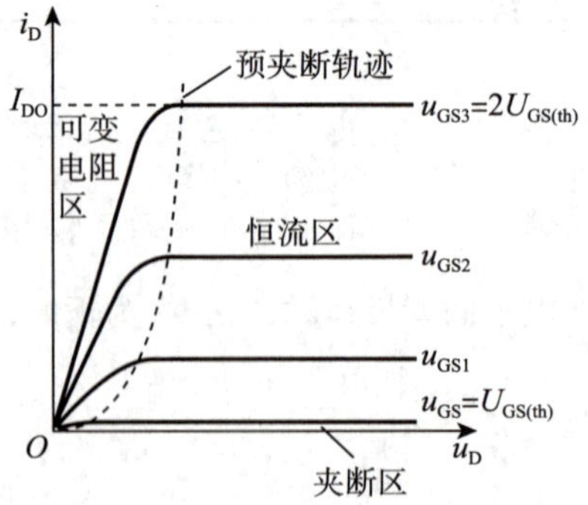

图 1.12

1.5.4 场效应管的电流方程

对于结型场效应管，在恒流区的漏极电流和 g–s 电压的关系为

$$i_D = I_{DSS}\left(1-\frac{u_{GS}}{U_{GS(off)}}\right)^2$$

→ 电流方程比较重要，可利用其求解第二章的静态参数，或者求解 g_m

式中，I_{DSS} 为 $u_{GS}=0$ 时的漏极电流，称为饱和漏极电流。场效应管的转移特性曲线如图 1.13 所示。

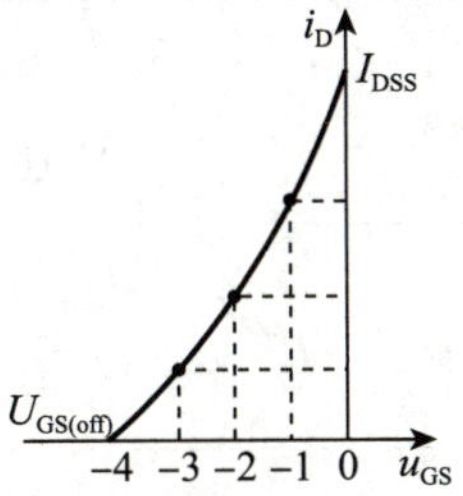

图 1.13

对于增强型 MOS 管，在恒流区的漏极电流和 g–s 电压的关系为

$$i_D = I_{DO}\left(\frac{u_{GS}}{U_{GS(th)}}-1\right)^2$$

→ 与上式稍有不同，一个结型，一个增强型

式中，I_{DO} 为 $u_{GS}=2U_{GS(th)}$ 时的漏极电流。增强型 MOS 管的转移特性曲线如图 1.14 所示。

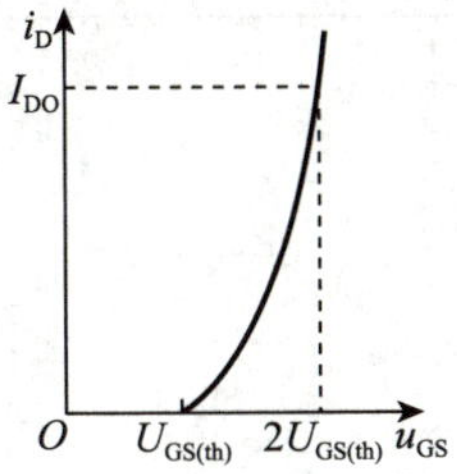

图 1.14

1.5.5 双极型晶体管和单极型晶体管的工作区域

晶体管三个工作区域的极间电压如表 1.4 所示，场效应管三个工作区域的极间电压如表 1.5 所示。据此，可判断其工作状态。

表 1.4

管子类型	截止区	放大区	饱和区
NPN 型	$u_{BE}<U_{on}$	$u_{BE}>U_{on}$ 且 $u_{CE}\geqslant u_{BE}$	$u_{BE}>U_{on}$ 且 $u_{CE}<u_{BE}$
PNP 型	$u_{BE}>U_{on}$	$u_{BE}<U_{on}$ 且 $u_{CE}\leqslant u_{BE}$	$u_{BE}<U_{on}$ 且 $u_{CE}>u_{BE}$

提示：NPN 型和 PNP 型管子对应相反，故分析它们时只需要将大于小于号颠倒。N 沟道和 P 沟道记一类就可以，另一个与之相反

表 1.5

管子类型	截止区	恒流区	可变电阻区
N 沟道结型管	$u_{GS}<U_{GS(off)}$	$U_{GS(off)}<u_{GS}<0$ 且 $u_{GD}<U_{GS(off)}$	$U_{GS(off)}<u_{GS}<0$ 且 $u_{GD}>U_{GS(off)}$
P 沟道结型管	$u_{GS}>U_{GS(off)}$	$0<u_{GS}<U_{GS(off)}$ 且 $u_{GD}>U_{GS(off)}$	$0<u_{GS}<U_{GS(off)}$ 且 $u_{GD}<U_{GS(off)}$
N 沟道增强型 MOS 管	$u_{GS}<U_{GS(th)}$	$u_{GS}>U_{GS(th)}$ 且 $u_{GD}<U_{GS(th)}$	$u_{GS}>U_{GS(th)}$ 且 $u_{GD}>U_{GS(th)}$
N 沟道耗尽型 MOS 管	$u_{GS}<U_{GS(off)}$	$u_{GS}>U_{GS(off)}$，可大于 0 且 $u_{GD}<U_{GS(off)}$	$u_{GS}>U_{GS(off)}$，可大于 0 且 $u_{GD}>U_{GS(off)}$
P 沟道增强型 MOS 管	$u_{GS}>U_{GS(th)}$	$u_{GS}<U_{GS(th)}$ 且 $u_{GD}>U_{GS(th)}$	$u_{GS}<U_{GS(th)}$ 且 $u_{GD}<U_{GS(th)}$
P 沟道耗尽型 MOS 管	$u_{GS}>U_{GS(off)}$	$u_{GS}<U_{GS(off)}$，可大于 0 且 $u_{GD}>U_{GS(off)}$	$u_{GS}<U_{GS(off)}$，可大于 0 且 $u_{GD}<U_{GS(off)}$

斩题型

题型 1 考查 N/P 型半导体相关概念

破题小记一笔

N 型半导体和 P 型半导体的概念有不同的考查形式，可以从掺杂元素方面考查，也可从自由电子和空穴方面考查。另外，PN 结的形成也是常考简答题。

例 1 判断下列说法是否正确，用"√"和"×"表示判断结果填入括号内。

（1）在 N 型半导体中如果掺入足够量的三价元素，可将其改型为 P 型半导体。(　　)

（2）因为 N 型半导体的多子是自由电子，所以它带正电。(　　)

在 N 型半导体中，参与导电的主要是带负电的电子，但 N 型半导体中正电荷量与负电荷量相等，所以呈电中性；同理，在 P 型半导体中，参与导电的主要是带正电的空穴，但 P 型半导体中正电荷量与负电荷量相等，所以呈电中性

答案（1）√；（2）×

解析（1）在半导体器件的制造流程中，扩散工艺扮演着重要角色。这一工艺不仅能够中和原先掺入的五价元素所产生的自由电子，而且通过进一步掺入三价元素，可以使得空穴成为多数载流子，从而制备出 P 型半导体。同样的道理，若向 P 型半导体中掺入足够量的五价元素，也可以将其转变为 N 型半导体。

（2）N 型半导体虽然以自由电子作为多数载流子，但从其构成上来看，原子核所带的正电荷与电子所带的负电荷数量相等，因此整体保持电中性。同样地，P 型半导体也呈现出电中性的特征。在没有外部激发的情况下，这两种半导体中的电流均为零。

例 2 简述 PN 结形成的原理。

提示（1）由于电场作用而导致载流子的运动称为漂移，因浓度差引起载流子从高浓度区域向低浓度区域的运动称为扩散。

（2）在一块半导体的一侧掺入五价杂质元素形成 N 型区域，在另一侧加入三价杂质元素形成 P 型区域，在两区域的交界面就会形成 PN 结。

解析 物质具有从高浓度区域向低浓度区域自然移动的趋势，这一现象被称为扩散运动。当 P 型半导体与 N 型半导体紧密结合时，它们的交界区域会呈现出显著的载流子浓度差异。因此，P 区的空穴会倾向于向 N 区扩散，同时 N 区的自由电子也会向 P 区扩散。由于扩散到 P 区的自由电子与空穴复合，且扩散到 N 区的空穴与自由电子复合，所以在交界面附近多子的浓度下降，具体而言，P 区会出现负离子区，N 区则出现正离子区。这些离子无法移动，因此不能移动的离子区被称为空间电荷区，并随之产生内电场。随着扩散运动的持续进行，空间电荷区逐渐拓宽，内电场强度也随之增强，其方向由 N 区指向 P 区，这一电场力实际上会阻碍扩散运动的进一步进行。在电场力作用下，载流子的运动称为漂移运动。当空间电荷区形成后，在内电场作用下，少子产生漂移运动，空穴从 N 区向 P 区运动，而自由电子从 P 区向 N 区运动。在无外电场和其他激发作用下，参与扩散运动的多子数目等于参与漂移运动的少子数目，从而达到动态平衡，形成 PN 结。

星峰点悟

N 型半导体和 P 型半导体的概念要牢记，特别要注意掺杂的元素分别是磷（P）和硼（B）。自由电子和空穴、扩散运动与漂移运动的概念、PN 结的形成等也是常考知识点。

PN 结形成速记。两种运动。（1）扩散运动（多子参与运动）：两种不同杂质的半导体挨在一起会发生扩散运动，分别扩散到对面后发生复合运动形成不能移动的空间电荷区（相当于电场）。（2）漂移运动（少子参与运动）：正是因为形成了空间电荷区（电场），进而阻碍原来多子的扩散，而促进少子进行漂移。

题型 2 考查半导体二极管的单向导电性

破题小记一笔

半导体二极管的单向导电性是一个常考的知识点，一般出题方向为判断电路中的输出电压、画出输入输出波形。

例 3 已知两电路如图 1.15 所示，二极管导通时 $U_D = 0.7\text{ V}$。试分别求解各电路的输出电压。

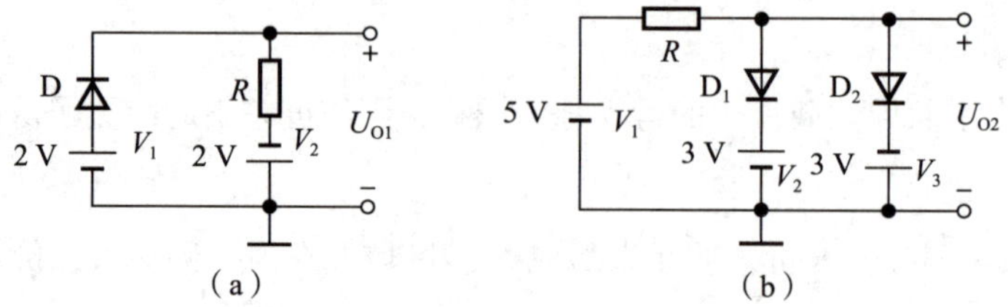

图 1.15

解析 ①如图 1.16（a）所示，断开 D，$U_B = 2\text{ V}$，$U_A = -2\text{ V}$，$U_{BA} = 4\text{ V} > U_D = 0.7\text{ V}$，所以 D 导通，故

$$U_{O1} = 2 - 0.7 = 1.3\text{ (V)}$$

②遇到有两个二极管的情况时，通过断开二极管判断发现均能导通时，可先判断谁优先导通，再判断另一个是否导通。如图 1.16（b）所示，断开 D_1，$U_{AB1} = 2\text{ V}$，如图 1.16（c）所示，断开 D_2，$U_{AB2} = 8\text{ V} > U_{AB1}$，所以 D_2 先导通。

如图 1.16（c）所示，因为二极管的钳位作用，$U_{A2} = -2.3\text{ V}$，故对于 D_1 来说，$(-2.3-3)\text{ V} < 0.7\text{ V}$，所以 D_1 截止。综上，D_1 截止，D_2 导通。

$$U_{O2} = -3 + 0.7 = -2.3\text{ (V)}$$

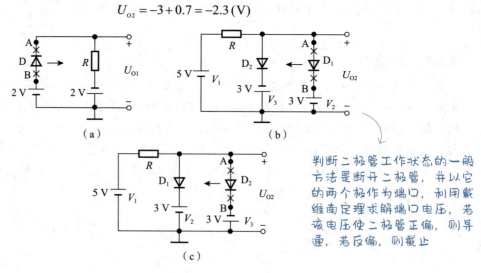

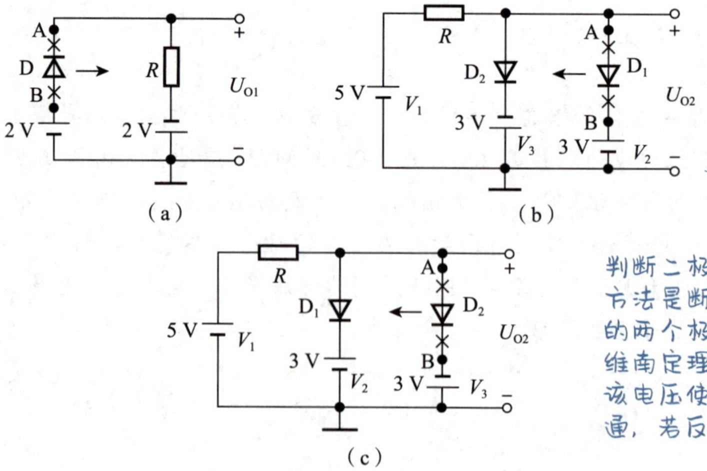

图 1.16

判断二极管工作状态的一般方法是断开二极管，并以它的两个极作为端口，利用戴维南定理求解端口电压，若该电压使二极管正偏，则导通，若反偏，则截止

例 4 电路如图 1.17（a）所示，已知 $u_I = 5\sin(\omega t)$ V，二极管导通电压 $U_D = 0.7$ V。试画出 u_I 与 u_O 的波形，并标出幅值。

必考题型，本题考查在有动态电压输入时二极管工作状态的判断，二极管的工作状态取决于电路中直流电源与交流信号的幅值关系

解析 ①当 $u_I \geqslant 3.7$ V 时，D_1 导通，D_2 截止，所以 $u_O = 3.7$ V。

②当 $u_I \leqslant -3.7$ V 时，D_2 导通，D_1 截止，所以 $u_O = -3.7$ V。

③当 $-3.7\text{ V} < u_I < 3.7$ V 时，D_1、D_2 均截止，所以 $u_O = u_I$。

故 u_I 与 u_O 的波形如图 1.17（b）所示。

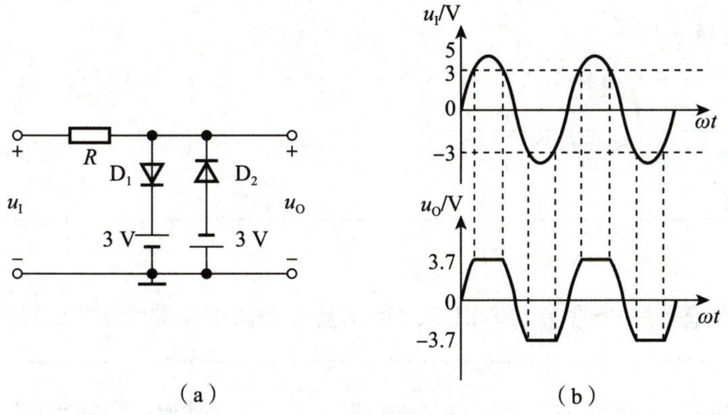

图 1.17

星峰点悟

此类题目先搞清楚二极管是否为理想二极管（由题目告知或根据题图二极管符号是否空心判断，如果题目没有告知且无法根据题图二极管符号判断，那么默认该二极管为非理想二极管），理想二极管导通电压为 0，非理想二极管导通电压通常硅管为 0.7 V、锗管为 0.3 V，其他情况看题中所给。做题方法：断开二极管，求解两极电压，若该电压使二极管正偏，则导通，若反偏，则截止。若遇到多个二极管都导通，电压差大的优先导通（原因：二极管的导通是正向偏置的电压使 PN 结耗尽层不断变薄，从而达到导通的效果。电压差大 PN 结各区的多子运动快，从而使耗尽层快速变薄，扩散运动增强，漂移运动减弱，从而电压差大的先导通）。同时要注意二极管的钳位作用，即二极管导通后两端电压为 0.7 V 不变。

题型 3 考查 PN 结、半导体二极管的电流方程

破题小记一笔

PN 结和半导体二极管的电流方程是一个常考的知识点，而且容易出错，同学们要牢记。

例 5 正偏二极管电压增大 5%，通过二极管的电流（　　）。

A. 增大约 5%　　　　B. 增大小于 5%

C. 增大大于 5%　　　　D. 基本不变

答案 C

解析 二极管的电流随着电压呈指数形式变化，非线性，所以当电压增大 5% 时，电流增大大于 5%。

星峰点悟

PN 结和半导体二极管的电流方程是同一个方程，电流随着电压呈指数形式变化，是非线性的，所以遇到这种题目，答案肯定是“大于”。希望大家看到 PN 结和半导体二极管脑海里就出现它们的伏安特性曲线和方程。

题型 4 考查稳压二极管的相关知识

破题小记一笔

稳压二极管的工作状态是一个常考的知识点，利用其求限流电阻是大题的出题方向。

例 6 稳压管通常工作在反向击穿区，其动态电阻越________越好。（填“大”或“小”）

（这也是一个小考点）

答案 小

解析 当稳压管进入反向击穿区域时，即便电压有所上升，电流的增长却相对有限。这一现象得益于稳压管在此区域内展现出的一个相对恒定的电阻，即动态电阻。为了确保电压的微小波动不会引发电流的显著变化，进而维持电压的稳定性，动态电阻需要尽可能小。因为较小的动态电阻意味着电压的细微变化对电流的影响较小，从而有效地保持了电压的恒定。

例 7 如图 1.18 所示的稳压管稳压电路中，已知稳压管的稳定电压 $U_Z = 6\text{ V}$，最小稳定电流 $I_{Z\min} = 5\text{ mA}$，最大稳定电流 $I_{Z\max} = 25\text{ mA}$，负载电阻 $R_L = 600\ \Omega$。求限流电阻 R 的取值范围。

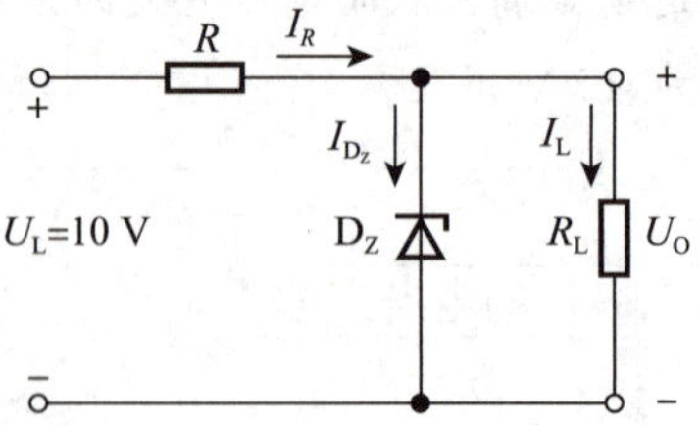

图 1.18

提示 本题涉及限流电阻的求解，从稳压二极管的稳压特性入手。

解析 从图 1.18 所示的电路可知，R 上电流 I_R 等于稳压管中电流 I_{D_Z} 和负载电流 I_L 之和，即 $I_R = I_{D_Z} + I_L$。其中 I_{D_Z} 变化范围为 5 ~ 25 mA，$I_L = U_Z / R_L = 6/600 = 0.01\,(\text{A}) = 10\,(\text{mA})$，所以 I_R 变化范围为 15 ~ 35 mA。

稳定电流范围已知，在稳压状态下 I_L 可求，故可求出限流电阻上的电流范围，从而求出限流电阻的取值范围

R 上电压 $U_R = U_L - U_Z = 10 - 6 = 4\,(\text{V})$，因此

$$R_{max} = \frac{U_R}{I_{R\,min}} = \frac{4}{15\times10^{-3}} \approx 267\,(\Omega)$$

$$R_{min} = \frac{U_R}{I_{R\,max}} = \frac{4}{35\times10^{-3}} \approx 114\,(\Omega)$$

故限流电阻 R 的取值范围为 114 ~ 267 Ω。

星峰点悟

稳压二极管这类题目要先判断它是否工作在稳压状态，只有工作在稳压状态 U_{D_Z} 下才能等于稳定电压 U_Z，否则当作普通二极管看待。像例 7 这类题目直接根据稳定电流范围求限流电阻范围即可。还有一类题型是与晶体管结合，在题型 6 讲解。

题型 5 考查对于晶体管三个电位的判断

破题小记一笔

晶体管三个电位的判断综合考查了 NPN 型和 PNP 型三极管电位关系和放大状态的外部条件。

例 8 测得放大电路中三只晶体管三个电极的直流电位如图 1.19 所示。试分别判断它们的管型、管脚和所用材料（即是硅管还是锗管）。

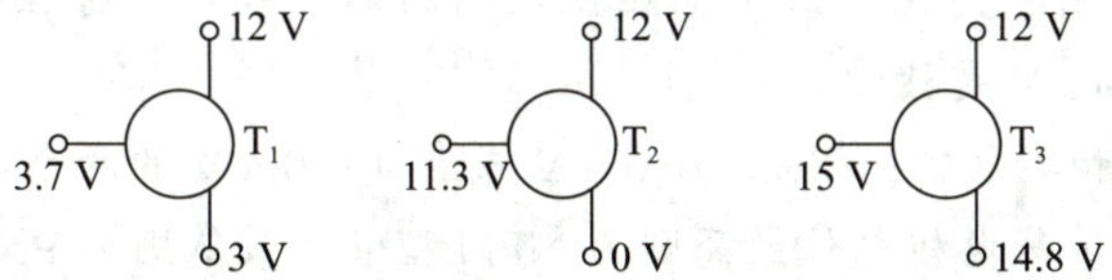

图 1.19

提示（1）判断是硅管还是锗管：先看图中三个电压值之间的电压差是否存在 0.6~0.8 V 和 0.1~0.3 V，0.6~0.8 V 是硅管，0.1~0.3 V 是锗管。

（2）分辨基极、发射极和集电极：相差 0.6~0.8 V 或者 0.1~0.3 V 的两个电极是基极或者发射极，则另一个一定为集电极，电位居中的为基极。集电极电位最高的为 NPN 型管，最低的则为 PNP 型管。在放大区，NPN 型和 PNP 型晶体管三个极的电位关系分别为

$$U_C \geq U_B > U_E \quad (式 1)$$

$$U_C \leq U_B < U_E \quad (式 2)$$

硅材料管导通时的$|U_{BE}|$约为0.5~0.7 V，锗材料管导通时的$|U_{BE}|$约为0.1~0.3 V，据此可知晶体管所用材料。

解析 由于T_1和T_2管均存在两个电极之间的电位差为0.7 V，故均为硅管。根据式1和式2，T_1管中一电极电位最高，被识别为集电极，因此T_1管是NPN型，且电位最低的电极是发射极。相反，T_2管一电极电位最低，为集电极，所以T_2管是PNP型，且电位最高的电极是发射极。T_3管其两个电极之间的电位差为0.2 V，这一特征表明它是锗管。在T_3管中，电位最低的电极是集电极，而电位最高的电极是发射极，因此T_3管也是PNP型。答案如表1.6所示。

表 1.6

管号	集电极	基极	发射极	管型	材料
T_1	12 V	3.7 V	3 V	NPN	Si
T_2	0 V	11.3 V	12 V	PNP	Si
T_3	12 V	14.8 V	15 V	PNP	Ge

例 9 双极型晶体管工作在放大状态，发射结________，集电结________。

答案 正偏，反偏

解析 本题考查双极型晶体管工作在放大状态的外部条件。牢记！

星峰点悟

晶体管三个电位的判断步骤。

（1）判断是硅管还是锗管：看图中三个电压值之间的电压差是否存在0.6~0.8 V和0.1~0.3 V，0.6~0.8 V是硅管，0.1~0.3 V是锗管。

（2）确定基极、发射极和集电极：相差0.6~0.8 V或者0.1~0.3 V的两个电极是基极或者发射极，则另一个一定为集电极。集电极电位最高则为NPN型管，最低则为PNP型管。电位居中的为基极。若需要画出符号，则箭头方向永远是从电压大的指向电压小的（且由P指向N）。

题型 6 判断晶体三极管的工作状态以及与稳压二极管相结合求输出电压

破题小记一笔

判断晶体三极管的工作状态是三极管必考的题型，是后续学习三极管的基础，这一类题型必须掌握并会根据不同的出题方式做题。

例 10 电路如图 1.20 所示，晶体管的 $\beta=50$，$|U_{BE}|=0.2\text{ V}$，饱和管压降 $|U_{CES}|=0.4\text{ V}$，稳压管的 $u_Z=5\text{ V}$，正向导通电压 $U_D=0.5\text{ V}$。求：

（1）当 $u_I=0\text{ V}$ 时 u_O 为多少？

（2）当 $u_I=-4\text{ V}$ 时 u_O 为多少？

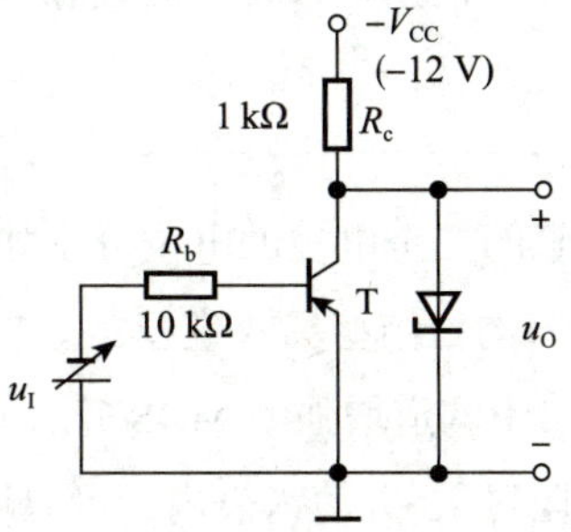

图 1.20

提示（1）首先判断是否工作在截止区。

当 $u_I=0\text{ V}$ 时，此时发射极与集电极两端电压差小于开启电压 $U_{BE}=0.2\text{ V}$，故三极管截止。

（2）不工作在截止区就需要进一步判断工作在放大区还是饱和区。

U_{CES} 为饱和管压降，可以理解为临界饱和对应的集电极和发射极之间的电压差，I_{BQS} 是临界饱和处对应的基极电流，若此时通过基极回路关系式求得的真实 $I_{BQ}>I_{BQS}$，则代表工作在饱和区，工作在放大区时 $I_{BQ}\leqslant I_{BQS}$。

当 $u_I=-4\text{ V}$ 时，发射极与集电极两端电压差大于开启电压 $U_{BE}=0.2\text{ V}$，故三极管导通，此时可进一步判断工作在饱和区还是放大区。

解析（1）当 $u_I=0$ 时，三极管截止，稳压管处于稳压状态，$u_O=u_Z=-5\text{ V}$。

这里稳压管阳极接 −12 V，阴极接地，故处于稳压状态

（2）假设 T 工作在临界饱和状态，则 $|I_{BQS}|=\dfrac{|V_{CC}|-|U_{CES}|}{\beta R_c}=0.232\ (\text{mA})$。

当 $u_I=-4\text{ V}$ 时，$|I_{BQ}|=\dfrac{|u_I|-|U_{BE}|}{R_b}=0.38\ (\text{mA})$。

由 $|I_{BQ}|>|I_{BQS}|$ 可以判断晶体管进入饱和区，$u_O=-|U_{CES}|=-0.4\text{ V}$。

星峰点悟

本题的做题技巧同样适用于仅有三极管的题目，遇到三极管导通，不管三极管是工作在放大区，还是饱和区，都要先假设其工作在放大状态或者临界饱和状态，再通过比较 $|I_{BQ}|$ 与 $|I_{BQS}|$ 的大小判断假设是否成立。若 $|I_{BQ}|>|I_{BQS}|$，则工作在饱和区；否则，工作在放大状态。还可以通过比较 U_{CE} 和 U_{BE} 的大小来判断工作状态，具体题目如“解习题”中的 1-10。

题型 7 考查对于场效应管工作状态的判断

破题小记一笔

场效应管工作状态的判断也是出题频率比较高的知识点，同学们在学习的过程中千万不要觉得未考过而忽略场效应管的复习。大家可以根据转移特性曲线和输出特性曲线判断场效应管类型，以及根据电位判断工作状态。

例 11 测得某放大电路中五只场效应管的三个电极的电位分别如表 1.7 所示，它们的开启电压也在表中。试分析各管为哪种场效应管（①N沟道结型场效应管；②P沟道结型场效应管；③N沟道增强型MOS 管；④N沟道耗尽型 MOS 管；⑤P沟道增强型 MOS 管；⑥P沟道耗尽型 MOS 管）及其工作状态（①截止区；②恒流区；③可变电阻区），并填入表内，可只填写编号。

本题考查是否能够通过场效应管各极的电位来判断管型及工作状态。应注意只有耗尽型 MOS 管在栅－源电压大于零、等于零或小于零时均可导通

表 1.7

管号		$U_{GS(th)}$ / V 或 $U_{GS(off)}$ / V	U_S / V	U_G / V	U_D / V	管型	工作状态
结型	T_1	3	1	3	−10		
	T_2	−3	3	−1	10		
MOS	T_3	−4	5	0	−5		
	T_4	4	−2	3	−1.2		
	T_5	−3	0	0	10		

提示 通过观察管脚符号，可以区分结型场效应管和 MOS 管：结型场效应管拥有三个管脚，分别是源极、栅极和漏极；MOS 管则有四个管脚，除了这三个极之外，还有一个衬底。在判断它们的工作状态时，过程与判断晶体管的工作状态相似。首先，确定管子是否处于导通状态，如果导通，接下来就判断管子是在恒流区工作，还是在可变电阻区工作。具体可根据表 1.5 中的电位关系进行判断，先根据 $U_{GS(off)}$ 或 $U_{GS(th)}$ 判断是 N 或 P 沟道，再根据 u_{GD}、u_{DS}（表 1.5 中关系）判断工作状态。

解析 T_1 管为结型场效应管，且 $U_{GS(off)}=3\text{ V}>0$，故为 P 沟道管；由于 $u_{GD}=U_G-U_D=3-(-10)=13\text{(V)}>U_{GS(off)}$，故管子工作在恒流区。

T_2 管为结型场效应管，且 $U_{GS(off)}=-3\text{ V}<0$，故为 N 沟道管；由于 $u_{GS}=U_G-U_S=-1-3=-4\text{(V)}<U_{GS(off)}$，故管子截止。

T_3管为MOS管，由于$U_{GS(th)}=-4\text{ V}<0$且$u_{DS}=U_D-U_S=-5-5=-10\,(\text{V})<0$，故为增强型P沟道管；由于$u_{GS}=U_G-U_S=-5\,(\text{V})<U_{GS(th)}$，$u_{GD}=U_G-U_D=5\,(\text{V})$，故工作在恒流区。

T_4管为MOS管，由于$U_{GS(th)}=4\text{ V}>0$且$u_{DS}=U_D-U_S=-1.2-(-2)=0.8\,(\text{V})>0$，故为增强型N沟道管；$u_{GD}=U_G-U_D=3-(-1.2)=4.2\,(\text{V})>U_{GS(th)}$，故管子工作在可变电阻区。

T_5管为MOS管，由于$U_{GS(off)}=-3\text{ V}<0$且$u_{DS}=U_D-U_S=10-0=10\,(\text{V})>0$，故为耗尽型N沟道管；$u_{GD}=U_G-U_D=0-10=-10\,(\text{V})<U_{GS(off)}$，故管子工作在恒流区。

答案如表1.8所示。

表 1.8

管号		$U_{GS(th)}$/V或$U_{GS(off)}$/V	U_S/V	U_G/V	U_D/V	管型	工作状态
结型	T_1	3	1	3	−10	②	②
	T_2	−3	3	−1	10	①	①
MOS	T_3	−4	5	0	−5	⑤	②
	T_4	4	−2	3	−1.2	③	③
	T_5	−3	0	0	10	④	②

例 12 电路如图1.21所示，其中管子T的输出特性曲线如图1.22所示。试分析u_I为0 V，8 V和10 V三种情况下u_O分别为多少？

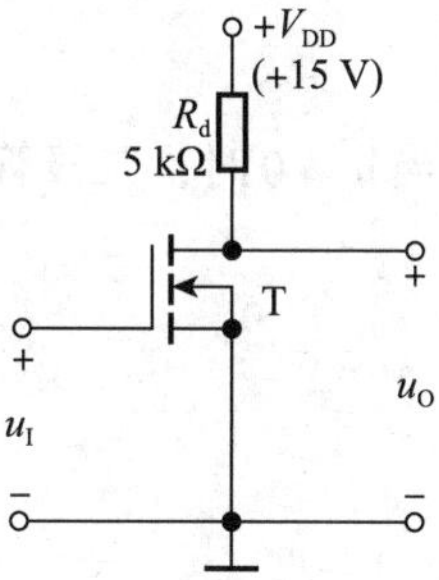

图 1.21

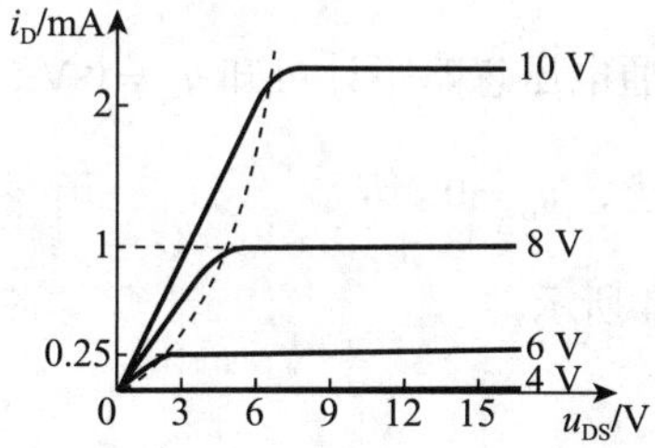

图 1.22

解析 当$u_{GS}=u_I=0\text{ V}$时，管子处于截止状态，因而$i_D=0\text{ V}$。而$u_O=u_{DS}=V_{DD}-i_DR_d=V_{DD}=15\,(\text{V})$。

当$u_{GS}=u_I=8\text{ V}$时，假设管子工作在恒流区，由图1.22可知$i_D=1\text{ mA}$，因此

$$u_O=u_{DS}=V_{DD}-i_DR_d=15-1\times5=10\,(\text{V})>u_{GS}-u_{GS(th)}=8-4=4\,(\text{V})$$

说明假设成立，管子工作在恒流区。

当$u_{GS}=u_I=10\text{ V}$时，假设管子工作在恒流区，由图1.22可知i_D约为2.2 mA，因而$u_O=15-2.2\times5=4\,(\text{V})$。

$$u_{GD}=u_{GS}-u_{DS}=u_I-u_O=6\,(\text{V})>u_{GS(th)}$$

所以假设不成立，T工作在可变电阻区。

从输出特性曲线取坐标值（3，1），可得$u_{GS}=10\text{ V}$时d−s间的等效电阻为

$$r_{DS}=u_{DS}/I_D\approx\frac{3}{1\times10^{-3}}=3\,(\text{k}\Omega)$$

所以

$$u_O=\frac{r_{DS}}{R_d+r_{DS}}\bullet V_{DD}=\frac{3}{5+3}\times15\approx5.6\,(\text{V})$$

星峰点悟

场效应管工作状态可根据表1.5中电压之间的关系进行判断。对于例12这样的题，首先判断管子是否导通，若导通，再判断管子是工作在恒流区还是可变电阻区。做题时对其进行假设，通过电压关系进行判断，看假设是否成立。

解习题

【1-1】略。

【1-2】电路如图1.23所示，已知$u_i=10\sin(\omega t)\text{ V}$，试画出$u_i$与$u_O$的波形。设二极管正向导通电压可忽略不计。

解析 由二极管正向导通电压忽略不计可知$u_{on}=0\text{ V}$，所以当$u_i>0$时，二极管正向导通，故$u_O=u_i$。当$u_i<0$时，二极管截止，$u_O=0$。

u_i和u_O的波形如图1.24所示。

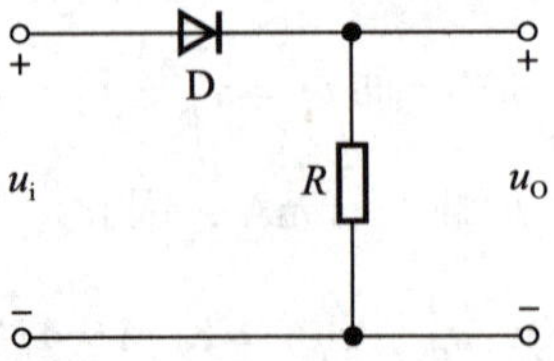

图 1.23

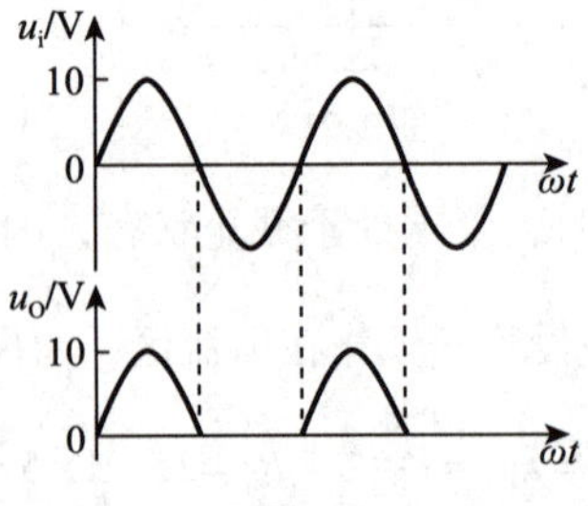

图 1.24

从此图中可以看出这是一个整流电路

【1-3】略。

【1-4】电路如图 1.25 所示，二极管导通电压 $U_D = 0.7\,V$，常温下 $U_T \approx 26\,mV$，电容 C 对交流信号可视为短路；u_i 为正弦波，有效值为 10 mV。试问二极管中流过的交流电流有效值为多少？

→ 知二极管非理想

可将二极管等效成一个动态电阻 r_d，利用 $r_d \approx \frac{U_T}{I_D}$ 求解

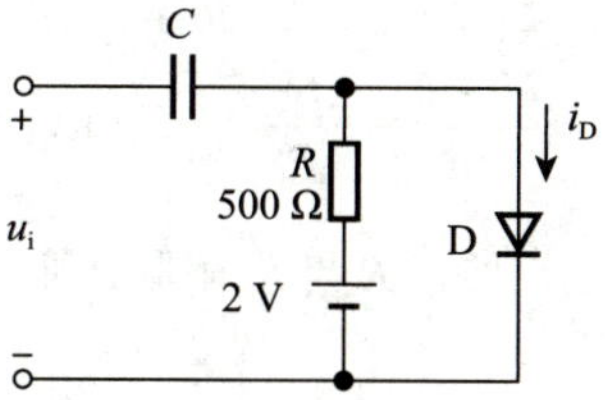

图 1.25

解析 从 2 V − R − D 闭环回路得

$$I_D R + U_D - 2 = 0$$

所以二极管的直流电流

$$I_D = (2 - U_D) / R = 2.6\,(mA)$$

故二极管的动态电阻 $r_d \approx U_T / I_D = 10\,(\Omega)$。

又 $U_i = 10\,mV$，所以二极管中流过的交流电流有效值为

$$I_d = U_i / r_d \approx 1\,(mA)$$

【1-5】略。

【1-6】已知图 1.26 所示电路中稳压管的稳定电压 $U_Z = 6\,V$，最小稳定电流 $I_{Z\,min} = 5\,mA$，最大稳定电流 $I_{Z\,max} = 25\,mA$。

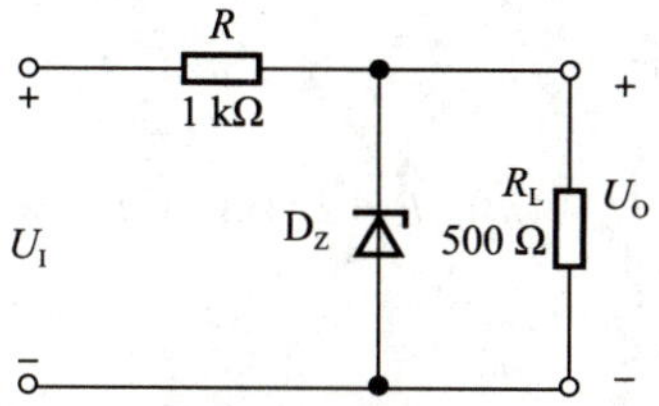

图 1.26

（1）分别计算 U_I 为 10 V、15 V、35 V 三种情况下输出电压 U_O 的值；

（2）若 $U_I = 35\,V$ 时负载开路，则会出现什么现象？为什么？

解析（1）方法一：假设 D_Z 工作在稳压状态，求 I_{D_Z} 与 $I_{Z\,min}$，$I_{Z\,max}$ 作比较，是否在此范围内。若在，假设成立，否则假设不成立。当 $U_I = 10\,V$ 时，若 $U_O = U_Z = 6\,V$，则限流电阻 R 的电流 $I_R = \frac{U_I - U_O}{R} = 4\,(mA) <$ $I_{Z\,min} = 5\,mA$，故即使 I_R 全部流入稳压管，稳压管都不可能击穿。所以 R 与 R_L 串联，则

$$U_O = \frac{R_L}{R + R_L} \cdot U_I \approx 3.33\,(V)$$

当 $U_I = 15$ V 时，假设稳压管工作在稳压状态，即 $U_O = U_Z = 6$ V，则稳压管中的电流为限流电阻 R 的电流与负载电阻 R_L 的电流之差，即

$$I_{D_Z} = I_R - I_{R_L} = \frac{U_I - U_Z}{R} - \frac{U_Z}{R_L} = -3\,(mA) < I_{Z\min} = 5\text{ mA}$$

说明假设稳压管工作在稳压状态不成立，所以 R 与 R_L 串联，则

$$U_O = \frac{R_L}{R + R_L} \cdot U_I \approx 5\,(V)$$

当 $U_I = 35$ V 时，假设稳压管工作在稳压状态，即 $U_O = U_Z = 6$ V，则稳压管中的电流

$$I_{D_Z} = I_R - I_{R_L} = \frac{U_I - U_Z}{R} - \frac{U_Z}{R_L} = 17\,(mA)$$

根据已知条件，$I_{Z\min} < I_{D_Z} < I_{Z\max}$，说明假设正确，$U_O = U_Z = 6$ V。

方法二：假设 D_E 工作在稳压状态求 U_I 的范围，若 U_I 在此范围内假设成立，否则假设不成立。假设 D_E 工作在稳压状态下，则 $5\text{ mA} \leqslant I_{D_Z} \leqslant 25\text{ mA}$，由

$$I_{D_Z} = I_R - I_{R_L} = \frac{U_I - U_Z}{R} - \frac{U_Z}{R_L} = \frac{U_I - 6}{1} - \frac{6}{0.5}$$

解得 $23\text{ V} \leqslant U_I \leqslant 43\text{ V}$。故只有 $U_I = 35$ V 时假设成立，$U_O = U_Z = 6$ V，其他两种情况都是 R 与 R_L 对 U_I 的分压。

（2）当负载开路时，此时 $I_R = I_{D_Z}$，即

$$I_{D_Z} = (U_I - U_Z)/R = 29\,(mA) > I_{Z\max} = 25\text{ mA}$$

稳压管将因功耗过大而损坏。

【1-7】略。

【1-8】现测得放大电路中两只管子两个电极的电流如图 1.27 所示。分别求另一电极的电流，标出其实际方向，并在圆圈中画出管子，且分别求出它们的电流放大系数 β。

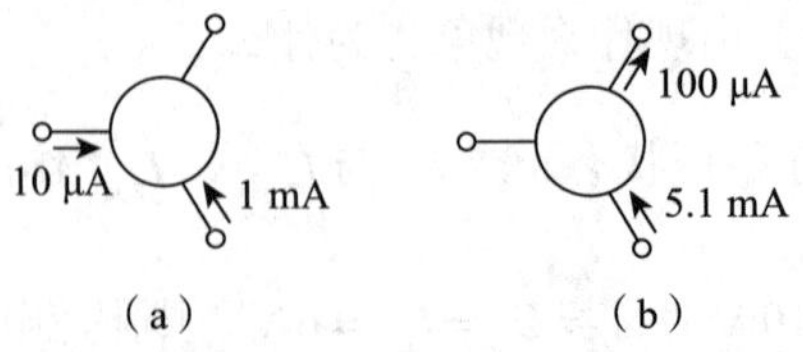

图 1.27

解析 由于晶体管的集电极电流约等于发射极电流，故图中较小的为基极电流，较大的是集电极电流或发射极电流。

如图 1.27（a）所示，晶体管的基极电流 I_B（10 μA）的箭头方向是流入管子，故为 NPN 型管；且由 1 mA 电流的方向知，该电流为集电极电流 I_C，电流放大系数

$$\beta \approx \overline{\beta} = I_C / I_B = 100\text{，}\quad I_E = I_B + I_C = 1.01\,(\text{mA})$$

如图 1.27（b）所示晶体管的基极电流 I_B（100 μA）流出管子，故为 PNP 型管；且由 5.1 mA 电流的方向知，该电流为发射极电流 I_E，$1+\overline{\beta} = I_E / I_B = 51$，电流放大系数

$$\beta \approx \overline{\beta} = 50\text{，}\quad I_C = I_E - I_B = 5\,(\text{mA})$$

两只管子另一极的电流大小及其方向如图 1.28 所示。

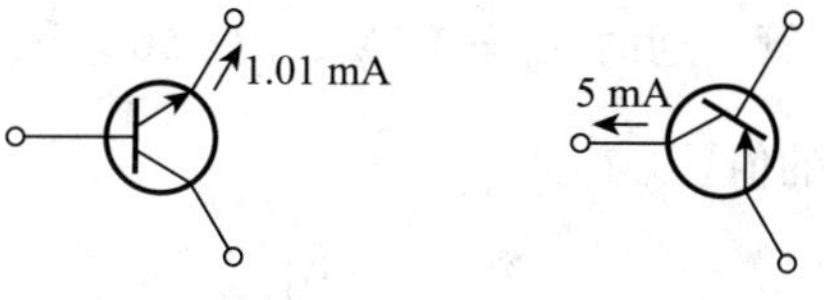

图 1.28

【1-9】测得放大电路中六只晶体管的直流电位如图 1.29 所示。在圆圈中画出管子，并分别说明它们是硅管还是锗管。

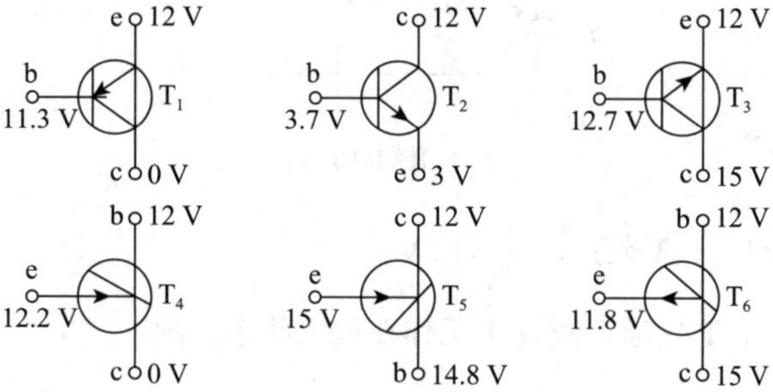

图 1.29

解析 ①识别集电极 c。

找出电压值相近的两个管脚，它们分别为发射极 e 和基极 b，而剩下的一个管脚即集电极 c。

②判断管子类型。

观察集电极 c 的电压值。如果 c 的电压值最大，那么该管子为 NPN 型；反之，则为 PNP 型。另外，通过基极 b 和发射极 e 之间的电压差，也可以进一步确认管子的材料：若电压差在 0.1~0.3 V 之间，则为锗管；若电压差在 0.6~0.8 V 之间，则为硅管。

③确定发射极 e 和基极 b。

对于 NPN 型管子，则发射极 e 的电压值最小；对于 PNP 型管子，则发射极 e 的电压值最大。值得注

意的是，无论是哪种类型的管子，电流箭头总是从 P 型材料指向 N 型材料。

假设晶体管的三个极分别位于上、中、下三个位置，根据上述原则进行判断，答案如表 1.9 所示。

表 1.9

管号	T_1	T_2	T_3	T_4	T_5	T_6
上	e = 12 V	c = 12 V	e = 12 V	b = 12 V	c = 12 V	b = 12 V
中	b = 11.3 V	b = 3.7 V	b = 12.7 V	e = 12.2 V	e = 15 V	e = 11.8 V
下	c = 0 V	e = 3 V	c = 15 V	c = 0 V	b = 14.8 V	c = 15 V
管型	PNP	NPN	NPN	PNP	PNP	NPN
材料	Si	Si	Si	Ge	Ge	Ge

【1-10】 电路如图 1.30 所示，晶体管导通时 $u_{BE}=0.7\text{ V}$，$\beta=50$。试分析 u_I 为 0 V、1 V、3 V 三种情况下 T 的工作状态及输出电压 u_O 的值。

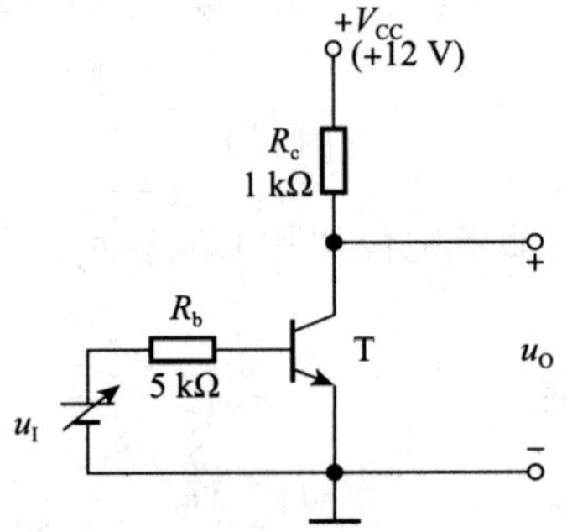

图 1.30

解析 ①$u_I=0\text{ V}$ 时，$u_{BE}<U_{on}$，T 截止，$u_o=12\text{ V}$。

②当 $u_I=1\text{ V}$ 时，$u_{BE}>U_{on}$，T 导通，假设 T 工作在放大状态，则

$$I_B=\frac{u_I-u_{BE}}{R_b}=60\,(\mu\text{A})$$

$$I_C=\beta I_B=3\,(\text{mA})$$

$$u_O=V_{CC}-I_CR_c=9\,(\text{V})$$

$u_{CE}>u_{BE}$，故假设成立，T 处于放大状态，$u_O=9\text{ V}$。

③当 $u_I=3\text{ V}$ 时，$u_{BE}>U_{on}$，T 导通，假设 T 工作在放大状态，则

$$I_B=\frac{u_I-u_{BE}}{R_b}=0.46\,(\text{mA})$$

$$I_C=\beta I_B=23\,(\text{mA})$$

$$u_O = V_{CC} - I_C R_c = -11\,(\text{V}) < u_{BE} = 0.7\ \text{V}$$

$u_{CE} < u_{BE}$，说明假设不成立，即 T 处于饱和状态，$u_{CE} = u_{CES} \approx u_{BE} = 0.7\ \text{V}$，式中 u_{CES} 为饱和管压降。

$u_O = u_{CE} \approx 0.7\ \text{V}$。

提示：$u_{CE} < u_{BE}$ 说明集电结正偏，处于饱和状态

对于 u_{CES}，若题中未告知具体数值，则使其约等于 u_{BE}，若题中已知，则用题中数值，所以要注意审题

也可以假设 T 工作在临界饱和状态，则 $u_{CES} \approx u_{BE} = 0.7\ \text{V}$。

$$I_{BS} = \frac{I_{CS}}{\beta} = \frac{V_{CC} - u_{CES}}{\beta R_c} = 0.226\,(\text{mA})$$

而实际的基极电流 I_B 为

$$I_B = \frac{u_I - u_{BE}}{R_b} = 0.46\,(\text{mA})$$

因为 $I_B > I_{BS}$，说明晶体管工作在饱和状态，$u_O = u_{CES} \approx 0.7\ \text{V}$。

【1-11】 电路如图 1.31 所示，晶体管的 $\beta = 50$，$|U_{BE}| = 0.2\ \text{V}$，饱和管压降 $|U_{CES}| = 0.1\ \text{V}$；稳压管的稳定电压 $U_Z = 5\ \text{V}$，正向导通电压 $U_D = 0.5\ \text{V}$。试求：当 $u_I = 0\ \text{V}$ 时 u_O 的值；当 $u_I = -5\ \text{V}$ 时 u_O 的值。

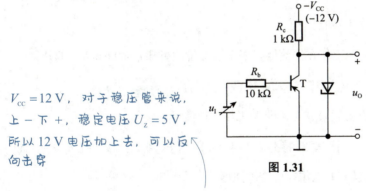

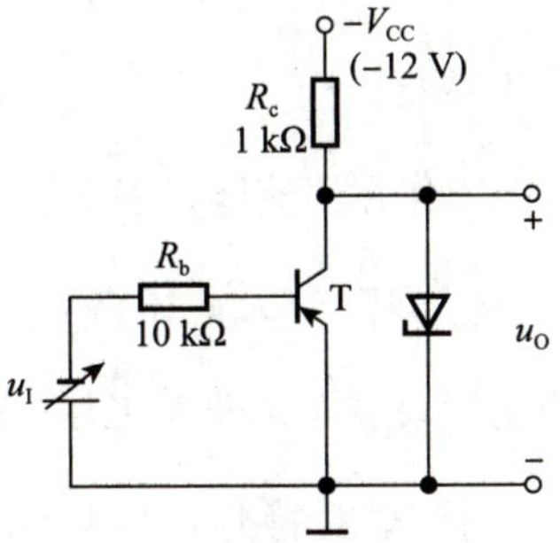

图 1.31

$V_{CC} = 12\ \text{V}$，对于稳压管来说，上 − 下 +，稳定电压 $U_Z = 5\ \text{V}$，所以 12 V 电压加上去，可以反向击穿

解析 当 $u_I = 0$ 时，T 截止，稳压管击穿，$u_O = -U_Z = -5\ \text{V}$。

当 $u_I = -5\ \text{V}$ 时，T 导通，基极电流

$$|I_B| = \frac{|u_I| - |U_{BE}|}{R_b} = 0.48\,(\text{mA})$$

假设 T 工作在临界饱和状态，则临界饱和时的基极电流

$$|I_{BS}| = \frac{V_{CC} - |U_{CES}|}{\beta R_c} = 0.238\,(\text{mA})$$

对于 PNP 型的三极管，在求解时，完全可以用绝对值来求解，看作 NPN 型，做题就会容易很多

$|I_B| > |I_{BS}|$，说明晶体管饱和，故 $u_O = -0.1\ \text{V}$。

注意，这里也用绝对值来比较

【1-12】、【1-13】略。

【1-14】电路如图 1.32（a）所示，T 的输出特性如图 1.32（b）所示，分析当 $u_I = 4\,V$、8 V、12 V 三种情况下场效应管分别工作在什么区域。

判断场效应管工作状态类的题目与三极管类似，均可通过假设其工作状态，然后求相应的参数进行比较判断

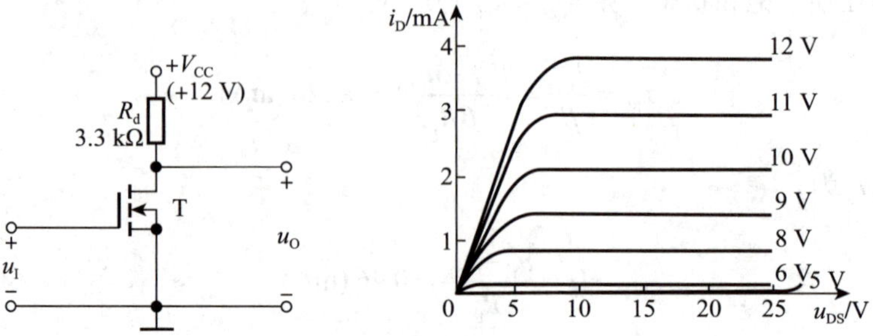

（a）　　　　（b）

图 1.32

解析 根据图 1.32（a）所示电路可知，T 为 N 沟道增强型 MOS 管。

根据图 1.32（b）所示 T 的输出特性可知，图 1.32（a）所示电路中管子的开启电压 $U_{GS(th)}$ 为 5 V。

①当 $u_I = 4\,V$ 时，$u_{GS} = 4\,V < U_{GS(th)}$，故 T 截止。

②当 $u_I = 8\,V$ 时，$u_{GS} = 8\,V > U_{GS(th)}$，设 T 工作在恒流区，根据输出特性可知 $i_D \approx 0.6\,mA$，管压降

$$u_{DS} \approx V_{CC} - i_D R_d \approx 10\,(V)$$

从图中估计出的值

由于 $u_{GD} = u_{GS} - u_{DS} \approx -2\,(V) < U_{GS(th)}$，说明假设成立，即 T 工作在恒流区。

③当 $u_I = 12\,V$ 时，由于 $V_{CC} = 12\,V$，根据输出特性 $i_D \approx 4\,mA$，管压降 $u_{DS} \approx V_{CC} - i_D R_d \approx -1.2\,(V)$，$u_{GD} = u_{GS} - u_{DS} \approx 13.2\,(V)$，根据判断条件，T 工作在可变电阻区。

其实根据 $u_I = 12\,V$，$V_{CC} = 12\,V$，可直接判断出 T 工作在可变电阻区

【1-15】~【1-17】略。

第二章　基本放大电路

本章是晶体管学习的基础，也是重中之重，同学们一定要牢固掌握。本章重点内容为：基本共射放大电路的工作原理，静态工作点的稳定，直流通路和交流通路的分析方法，微变等效电路的画法，产生截止失真、饱和失真的原因及消除方法，晶体管、场效应管放大电路的基本接法，静态工作点、动态参数的求解，派生放大电路的组成原则。

划重点

知识架构

- 基本放大电路
  - 放大的概念和放大电路的主要性能指标
  - 基本共射放大电路的工作原理
  - 放大电路的分析方法
    - 直流通路和交流通路
    - 图解法
    - 等效电路法
  - 放大电路静态工作点的稳定
  - 晶体管单管放大电路的基本接法
    - 三种接法的比较
    - 共集放大电路
    - 共基放大电路
  - 场效应管放大电路
  - 基本放大电路的派生电路
    - 复合管放大电路
    - 共射-共基放大电路
    - 共集-共基放大电路

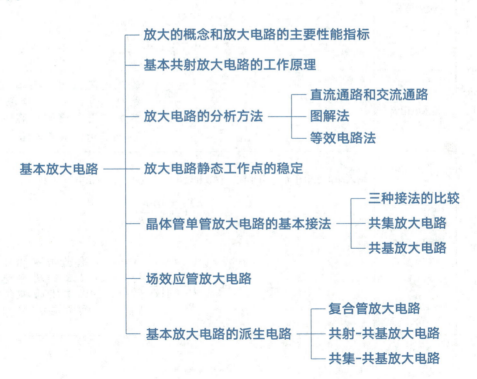

2.1 放大的概念和放大电路的主要性能指标

<table>
<tr><th>名称</th><th colspan="2">内容</th><th>说明</th></tr>
<tr><td>放大的概念</td><td colspan="2">放大的对象：变化量。
放大的本质：能量的控制和转换。
放大的元件：晶体管和场效应管。
放大的特征：功率放大。
放大的基本要求：不失真
熟记，这部分常考概念，命题形式多为填空题</td><td>在放大电路中提供一个能源，由能量较小的输入信号控制这个能源，使之输出较大的能量，然后推动负载</td></tr>
<tr><td rowspan="4">放大电路的主要性能指标（Ⅰ）</td><td colspan="3">放大电路可看成二端口网络：
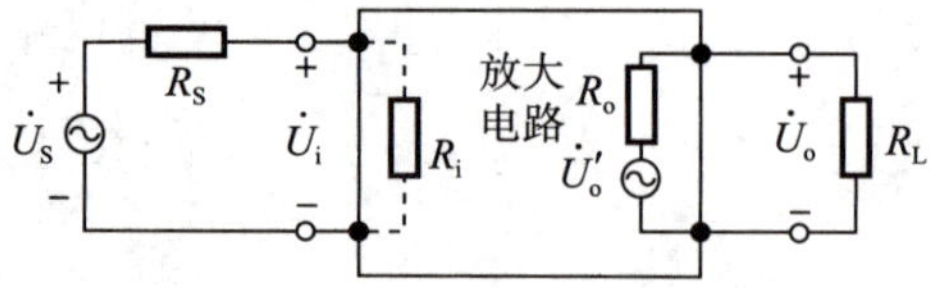
</td></tr>
<tr><td>放大倍数</td><td colspan="2">输出量与输入量之比：
$$\dot{A}_{uu}=\dot{A}_u=\frac{\dot{U}_o}{\dot{U}_i},\quad \dot{A}_{ii}=\dot{A}_i=\frac{\dot{I}_o}{\dot{I}_i}$$
$$\dot{A}_{ui}=\frac{\dot{U}_o}{\dot{I}_i},\quad \dot{A}_{iu}=\frac{\dot{I}_o}{\dot{U}_i}$$</td></tr>
<tr><td>输入电阻 R_i</td><td colspan="2">$$R_i=\frac{U_i}{I_i}$$ → 输入电阻越大，表明放大电路从信号源索取的电流越小，放大电路所得到的输入电压 U_i 越接近信号源电压</td></tr>
<tr><td>输出电阻 R_o</td><td colspan="2">输入端正弦电压 U_i，分别测量空载和输出端接负载 R_L 的输出电压 U_o' 和 U_o。
$$U_o=\frac{U_o'R_L}{R_o+R_L}$$
得
$$R_o=\frac{U_o'-U_o}{\frac{U_o}{R_L}}=\left(\frac{U_o'}{U_o}-1\right)R_L$$ → 输出电阻越小，带负载能力越强，输出电阻反映的是带负载能力</td></tr>
</table>

续表

<table>
<tr><th>名称</th><th colspan="2">内容</th><th>说明</th></tr>
<tr><td>放大电路的主要性能指标（Ⅰ）</td><td>通频带 f_{bw}</td><td colspan="2">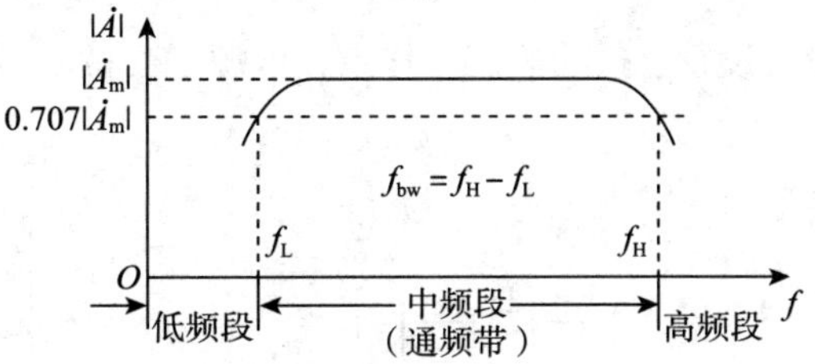
f_L：下限截止频率，f_H：上限截止频率</td></tr>
<tr><td rowspan="2">放大电路的主要性能指标（Ⅱ）</td><td colspan="2">最大不失真输出电压 U_{om}</td><td>在输出波形没有明显失真的情况下，放大电路能够提供负载的最大输出电压，通常是交流有效值</td></tr>
<tr><td colspan="2">最大输出功率 P_{om} 和效率 η</td><td>输出不产生明显失真的最大输出功率 P_{om}。
$\eta=\frac{P_{om}}{P_V}$，P_V：直流电源消耗的功率</td></tr>
</table>

2.2 基本共射放大电路的工作原理

2.2.1 静态工作点（Q 点）

图 2.1 所示为基本共射放大电路。

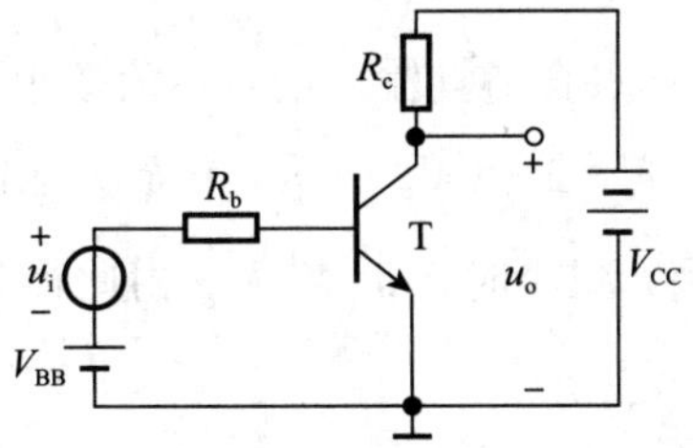

图 2.1

在图 2.1 所示电路中，令 $\dot{u}_i=0$，根据回路方程，便可得到静态工作点的表达式

$$\begin{cases} I_{BQ}=\dfrac{V_{BB}-U_{BEQ}}{R_b} \\ I_{CQ}=\overline{\beta}I_{BQ}=\beta I_{BQ} \\ U_{CEQ}=V_{CC}-I_{CQ}R_c \end{cases}$$

2.2.2 为什么要设置静态工作点

为了保证放大电路不失真，要设置静态工作点。为了更清晰地说明这一问题，将基极电源去掉，如图 2.2 所示，没有设置合适的静态工作点，电源 $+V_{CC}$ 的负端接“地”。

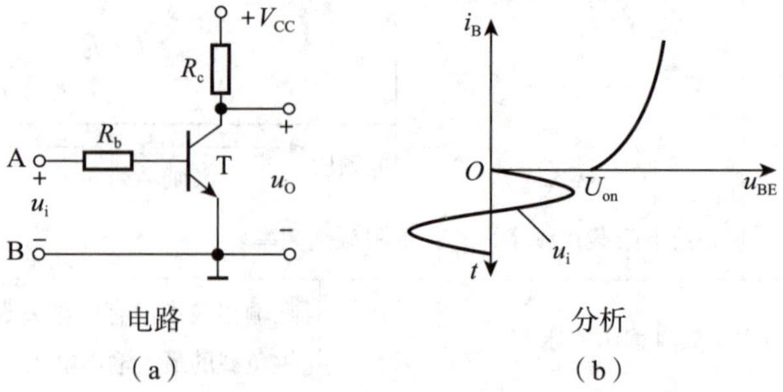

图 2.2

在图 2.2 所示的电路中，当处于静态时，若将输入端进行短路处理，晶体管会进入截止状态。随后，当向电路施加输入电压 u_i 时，如果 u_i 的峰值未能超过晶体管 b–e 间的开启电压 U_{on}，那么在整个信号周期内，晶体管都将保持截止状态，此时 U_{CE}（集电极 – 发射极电压）将保持不变，且输出电压为零。即使 u_i 的幅值足够大，晶体管也仅在信号正半周且超过 U_{on} 的时间段内才会导通。因此，这种情况下，输出电压会发生严重的失真。

对于放大电路的最基本要求：一是不失真，二是能够放大。⟶常考填空题

Q 点不仅影响电路是否会产生失真，而且影响着放大电路几乎所有的动态参数。

2.2.3 波形非线性失真的分析

当输入电压为正弦波时，若静态工作点合适且输入信号幅值较小，则晶体管 b–e 间的动态电压为正弦波，基极动态电流也为正弦波，如图 2.3（a）所示。在放大区内集电极电流随基极电流按 β 倍变化，并且当 i_C 增大时，u_{CE} 减小；当 i_C 减小时，u_{CE} 增大。由此得到动态管压降 u_{CE}，即输出电压 u_o，u_o 与 u_i 反相，如图 2.3（b）所示。

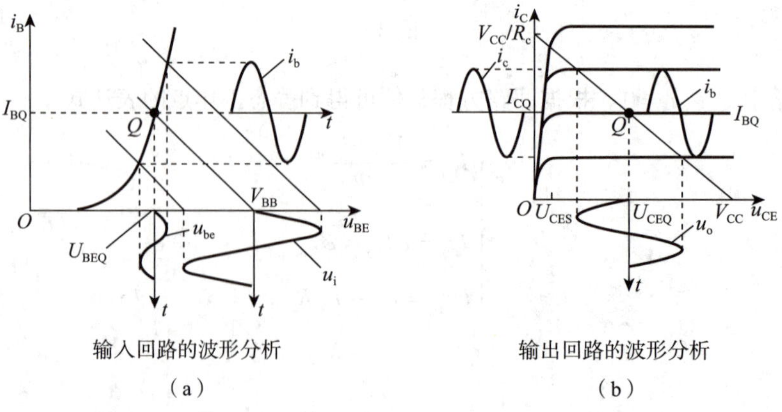

图 2.3

当 Q 点过低时，因晶体管截止而产生的失真称为截止失真。基本共射放大电路的截止失真如图 2.4 所示。

截止失真：i_b、i_c 底部失真，u_o 顶部失真。——> 提示：截止失真是在输入回路首先产生失真

消除方法：只有增大基极电源 V_{BB}，才能消除截止失真。——> 此为 NPN 型管子分析，观察输入特性曲线：当 Q 点过低时，i_b 动态电流会被削底，i_c 动态电流也会被削底；u_o 与它们相反，会被削顶

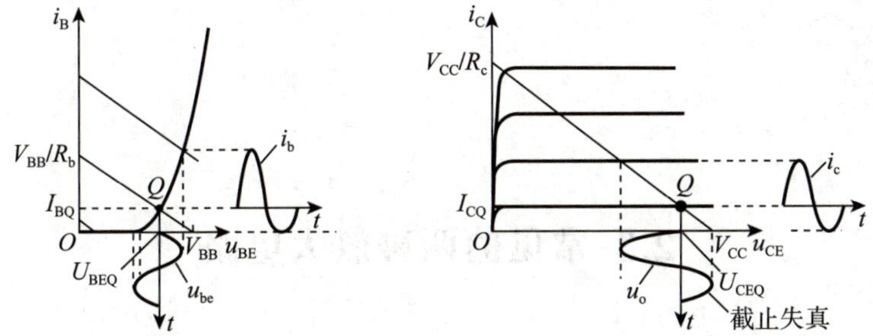

输入回路的波形分析

（a）

输出回路的波形分析

（b）

图 2.4

当 Q 点过高时，因晶体管饱和而产生的失真称为饱和失真。——> 提示：饱和失真是输出回路产生失真

基本共射放大电路的饱和失真如图 2.5 所示。

饱和失真：i_b 不失真，i_c 顶部失真，u_o 底部失真。

消除方法：①增大基极电阻 R_b；②减小集电极电阻 R_c；③更换一只 β 较小的管子。

当 Q 点过高时，输入特性曲线不会变化，因为无上界；输出特性曲线会向饱和区移动，i_c 增大，U_{CEQ} 减小，发生削底

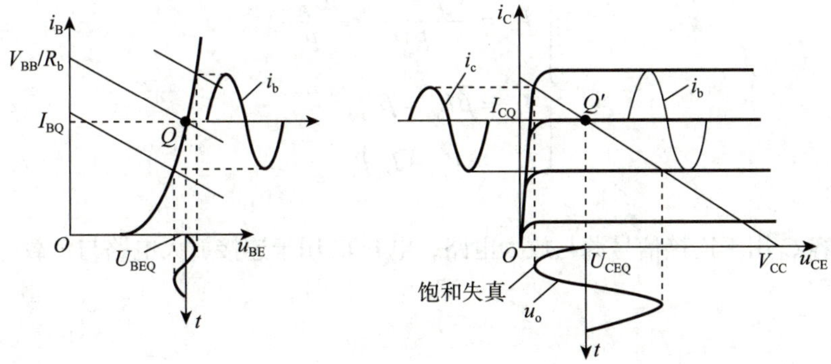

输入回路的波形分析

（a）

输出回路的波形分析

（b）

图 2.5

最大不失真输出电压就是横轴上 u_{CE} 所能取到的动态范围，最大 V_{CC} ——最小饱和管压降 U_{CES}

2.2.4 最大不失真输出电压 U_{om}

从图 2.3（b）所示输出特性的图解分析可得最大不失真输出电压的峰值，其方法是以 U_{CEQ} 为中心，取"$V_{CC}-U_{CEQ}$"和"$U_{CEQ}-U_{CES}$"这两段距离中较小的数值，并除以 $\sqrt{2}$，则得到有效值 U_{om}。为了使 U_{om} 尽可能大，应将 Q 点设置在放大区内负载线的中心，即横坐标值为 $\frac{V_{CC}+U_{CES}}{2}$ 的位置，此时的 $U_{om}=\frac{V_{CC}-U_{CEQ}}{\sqrt{2}}$。

2.3 常见的两种放大电路

如图 2.6 所示，电路中信号源与放大电路、放大电路与负载电阻均直接相连，故称为**"直接耦合"**，"耦合"即"连接"。

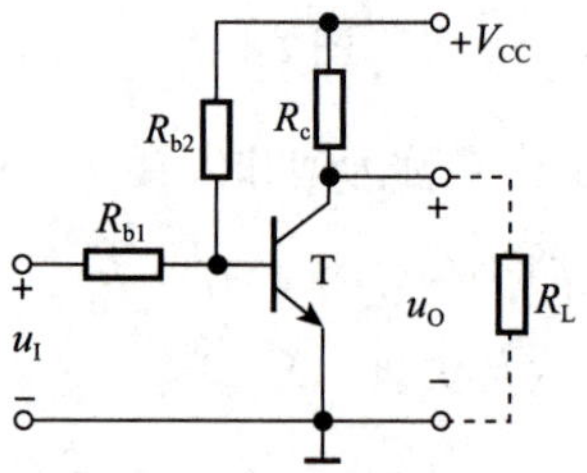

图 2.6

将图 2.6 所示电路的输入端短路，便可求出静态工作点。

$$\begin{cases} I_{BQ}=\dfrac{V_{CC}-U_{BEQ}}{R_{b2}}-\dfrac{U_{BEQ}}{R_{b1}} \\ I_{CQ}=\bar{\beta}I_{BQ}=\beta I_{BQ} \\ U_{CEQ}=V_{CC}-I_{CQ}R_c \end{cases}$$

图 2.7（a）中电容 C_1 用于连接信号源与放大电路，电容 C_2 用于连接放大电路与负载。

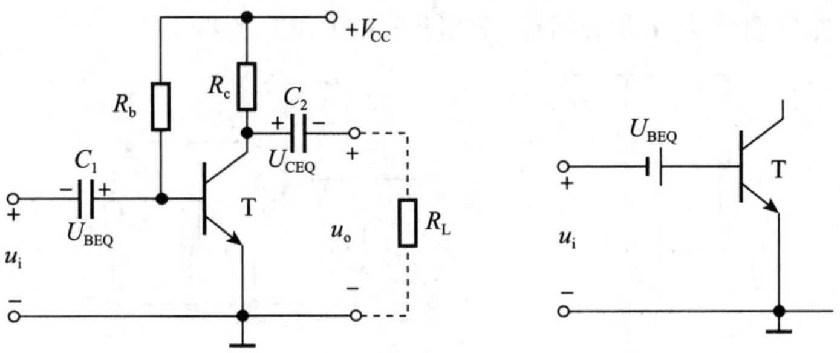

电路

（a）

输入回路等效电路

（b）

图 2.7

在电子电路中起连接作用的电容称为**耦合电容**，利用电容连接电路称为**阻容耦合**，故图 2.7（a）所示电路为阻容耦合共射放大电路。耦合电容的作用是**“隔离直流，通过交流”**。

令输入端短路，可以求出静态工作点。

$$\begin{cases} I_{BQ} = \dfrac{V_{CC} - U_{BEQ}}{R_b} \\ I_{CQ} = \overline{\beta} I_{BQ} = \beta I_{BQ} \\ U_{CEQ} = V_{CC} - I_{CQ} R_c \end{cases}$$

2.4 放大电路的分析方法

2.4.1 直流通路和交流通路

放大电路的分析应遵循**“先静态、后动态”**的顺序。

直流通路用于研究静态工作点 Q：信号源（U_i、U_s）短路，C 开路，L 短路。

交流通路用于研究动态参数：直流电源（V_{CC}、V_{BB}）短路，信号源保留，C 短路。

直接耦合共射放大电路及其直流通路和交流通路如图 2.8 所示。

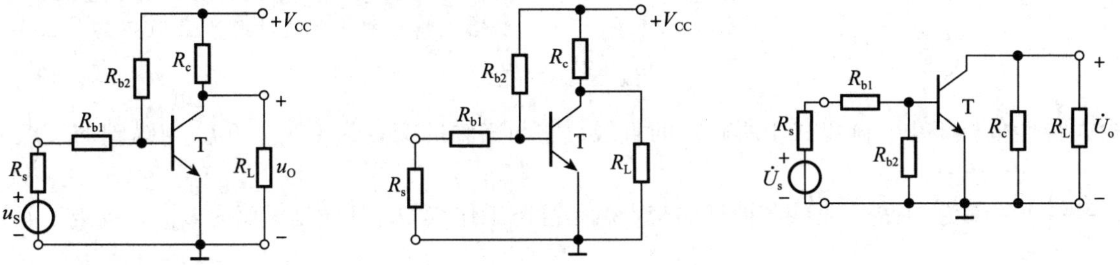

直接耦合共射放大电路

（a）

直流通路

（b）

交流通路

（c）

图 2.8

阻容耦合共射放大电路的直流通路和交流通路如图 2.9 所示。

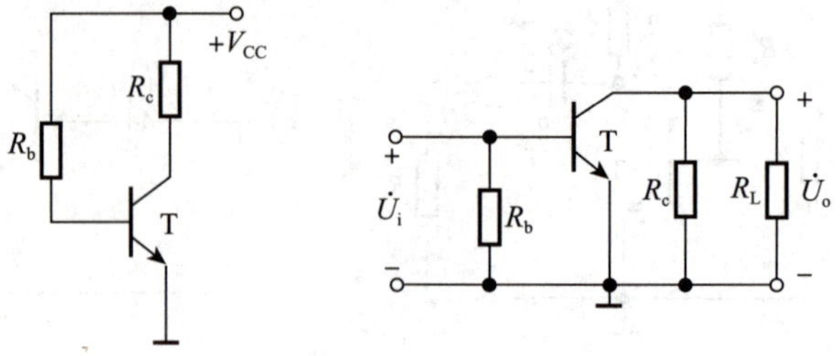

图 2.9

2.4.2 图解法 ⟶ 图解法一般用来分析电路是否存在失真等情况

1. Q 点如何找

① Q 点在输入 / 输出特性曲线上；

②满足外部电路的回路方程。

2. 静态工作点的分析

用虚线将图 2.10 所示电路的晶体管与外电路分开，两条虚线之间为晶体管，虚线之外是电路的其他元件。

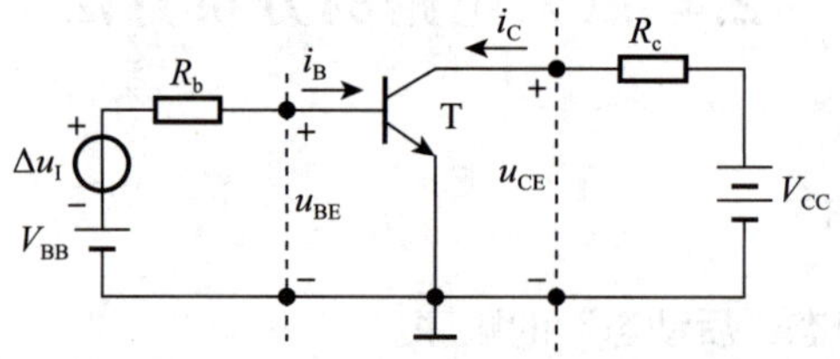

图 2.10

当输入信号 $\Delta u_I=0$ 时，在晶体管的输入回路中，静态工作点既应在晶体管的输入特性曲线上，又应满足外电路的回路方程：

根据这个公式，在输入特性坐标系中画出来，与输入特性曲线相交的那个点就是静态工作点

$$u_{BE}=V_{BB}-i_B R_b \qquad \text{（式 1）}$$

在输入特性坐标系中，画出式 1 所确定的直线，它与横轴的交点为（V_{BB}，0），与纵轴的交点为 $\left(0,\ \dfrac{V_{BB}}{R_b}\right)$，斜率为 $-1/R_b$。直线与曲线的交点就是静态工作点 Q，其横坐标值为 U_{BEQ}，纵坐标值为 I_{BQ}，如图 2.11（a）中所标注。式 1 所确定的直线称为输入回路负载线。

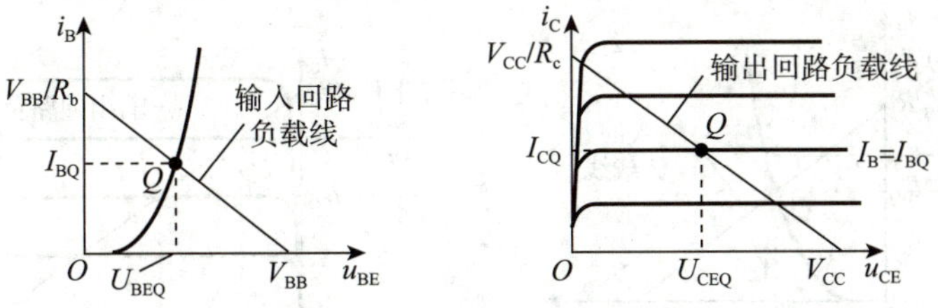

输入回路的图解分析
（a）

输出回路的图解分析
（b）

图 2.11

与输入回路相似，在晶体管的输出回路中，静态工作点既应在 $I_B = I_{BQ}$ 的那条输出特性曲线上，又应满足外电路的回路方程：

将这个公式画在输出特性坐标系中，并且找到 I_{BQ} 那条线，两线相交的点就是输出静态工作点

$$u_{CE} = V_{CC} - i_C R_c \qquad （式 2）$$

在输出特性坐标系中，画出式 2 所确定的直线，它与横轴的交点为（ V_{CC}，0），与纵轴的交点为 $\left(0, \dfrac{V_{CC}}{R_c}\right)$，斜率为 $-1/R_c$；并且找到 $I_B = I_{BQ}$ 的那条输出特性曲线，该曲线与上述直线的交点就是静态工作点 Q，其纵坐标值为 I_{CQ}，横坐标值为 U_{CEQ}，如图 2.11（b）中所标注。由式 2 所确定的直线称为输出回路负载线。

3. 电压放大倍数的分析

当加入输入信号 Δu_I 时，输入回路方程为

$$u_{BE} = V_{BB} + \Delta u_I - i_B R_b \qquad （式 3）$$

该直线与横轴的交点为（ $V_{BB} + \Delta u_I$，0），与纵轴的交点为 $\left(0, \dfrac{V_{BB} + \Delta u_I}{R_b}\right)$，但斜率仍为 $-1/R_b$。

为了求解电压放大倍数 A_u，首先设定一个输入电压的变化量 Δu_I。然后利用式 3 绘制输入回路的负载线。通过这条负载线与输入特性曲线的交点，可以确定在 Δu_I 作用下基极电流的变化量 Δi_B。随后，在输出特性图中，找到对应 $i_B = I_{BQ} + \Delta i_B$ 的输出特性曲线。此时，输出回路负载线与该曲线的交点为（ $U_{CEQ} + \Delta u_{CE}$，$I_{CQ} + \Delta i_C$ ），其中 Δu_{CE} 即输出电压的变化量，如图 2.12 所示。根据这些信息，计算出电压放大倍数

$$A_u = \frac{\Delta u_{CE}}{\Delta u_I} = \frac{\Delta u_O}{\Delta u_I} \qquad （式 4）$$

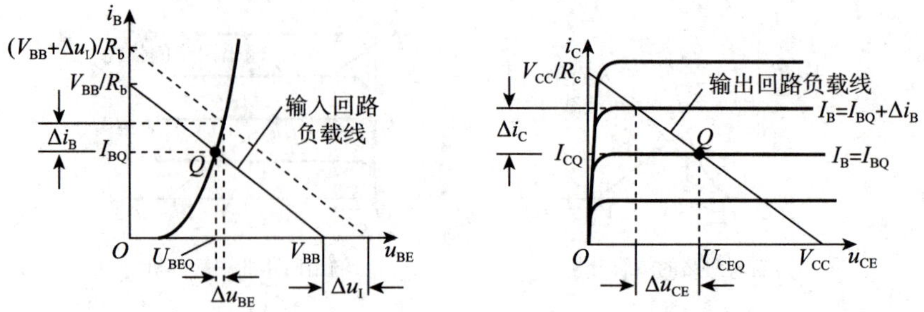

从 Δu_I 得出 Δi_B

（a）

从 Δi_B 得出 Δi_C 和 Δu_{CE}

（b）

图 2.12

4. Q 点和 U_{om} ——→ U_{om} 在不同情况下的求解需要弄明白，反复多看，并结合课后习题加深记忆

空载时，图 2.13 所示阻容耦合共射放大电路的交、直流负载线合二为一，输出电压沿图 2.14 所示直流负载线变化。

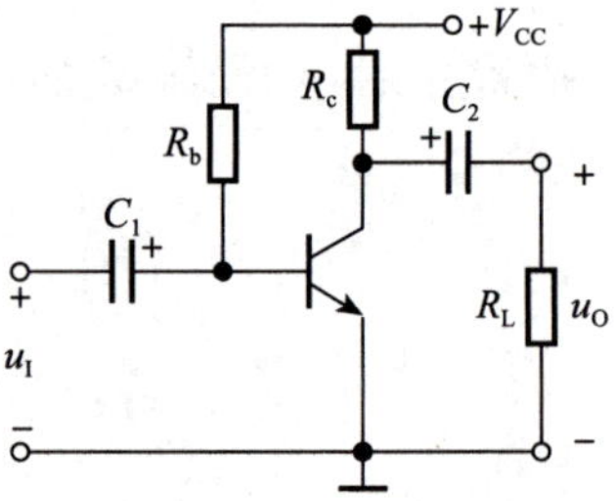

图 2.13

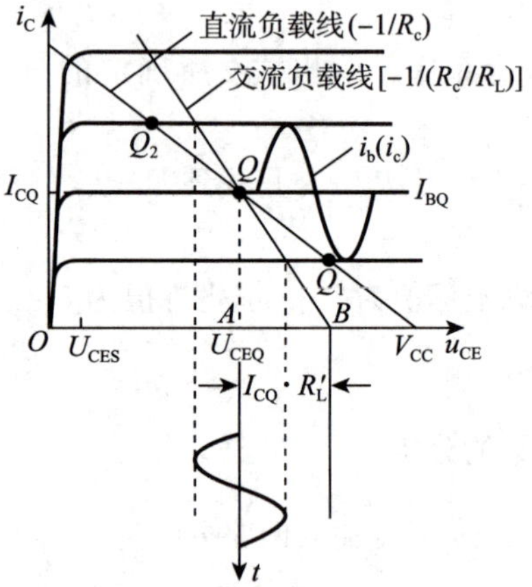

图 2.14

当静态工作点在 Q_1 处时，增大输入电压将首先出现截止失真，这时有最大不失真输出电压

$$U_{om}=\frac{V_{CC}-U_{CEQ}}{\sqrt{2}}$$

Q 点沿直流负载线上移时，最大不失真输出电压 U_{om} 将随之增大，若上移到某一点，有

$$U_{CEQ}-U_{CES}=V_{CC}-U_{CEQ}$$

则 U_{om} 最大，输入电压增大到一定值时电路同时出现截止失真和饱和失真，有

$$U_{om}=\frac{U_{CEQ}-U_{CES}}{\sqrt{2}}=\frac{V_{CC}-U_{CEQ}}{\sqrt{2}}$$

若 Q 点再继续上移，则 U_{om} 将减小，上移至 Q_2 时，增大输入电压将首先出现饱和失真，有最大不失

真输出电压

$$U_{om}=\frac{U_{CEQ}-U_{CES}}{\sqrt{2}}$$

在带负载的情况下，求解 U_{om} 时，应首先画出放大电路的交流负载线，如图 2.14 所示，其斜率为 $-1/R'_L$（$R'_L=R_c//R_L$），且过 Q 点，与横轴的交点为（$U_{CEQ}+I_{CQ}R'_L$，0），输出电压将沿交流负载线变化。输出电压不产生饱和失真的最大幅值 U_{omax1} 为 $U_{CEQ}-U_{CES}$，输出电压不产生截止失真的最大幅值 U_{omax2} 为 $I_{CQ}R'_L$。

若 $U_{omax1}<U_{omax2}$，说明当输入电压增大时，电路首先出现饱和失真，则

$$U_{om}=\frac{U_{CEQ}-U_{CES}}{\sqrt{2}}$$

若 $U_{omax1}>U_{omax2}$，说明当输入电压增大时，电路首先出现截止失真，则

$$U_{om}=\frac{I_{CQ}R'_L}{\sqrt{2}}$$

当 $U_{CEQ}-U_{CES}=I_{CQ}R'_L$，即 Q 点约在交流负载线中点时 U_{om} 最大，为

$$U_{om}=\frac{U_{CEQ}-U_{CES}}{\sqrt{2}}=\frac{I_{CQ}R'_L}{\sqrt{2}}$$

综上所述，U_{om} 会随着 Q 点的变化而变化，在求解阻容耦合共射放大电路的 U_{om} 时，应依据交流负载线来进行。对于任何放大电路，都存在一个唯一的 Q 点，能使 U_{om} 达到最大。

值得注意的是，在直接耦合共射放大电路中，直流负载线与交流负载线是重合的，因此其 U_{om} 的分析方法与阻容耦合共射放大电路在空载时的分析方法相同。

注：图解法虽然能够直观形象地展示晶体管的工作状态，但这种方法依赖于实际测量的晶体管特性曲线，且在定量分析时可能产生较大的误差。此外，晶体管的特性曲线主要反映了信号频率较低时的电压和电流关系，并不反映信号频率较高时极间电容的影响。因此，图解法更适用于分析输出幅值较大且工作频率不高的情况。在实际应用中，图解法多用于确定 Q 点的位置、最大不失真输出电压及失真情况等。

2.4.3 等效电路法

→ 这里只需要知道如何画图即可，参考表 2.1。一般情况下晶体管在考试中考查最多，更为重要

直流通路：Q 点。

交流通路：h 参数等效模型（求 r_{be} 的公式）。

放大电路的动态分析就是求解各动态参数和分析输出波形。通常，利用等效电路法求解 $\dot{A}_u$、R_i 和 R_o，

利用图解法分析 U_{om} 和失真情况。

1. 双极型管和单极型管的简化 h 参数等效模型

h 参数等效模型是适用于低频小信号的模型，双极型管和单极型管简化的 h 参数等效模型及其参数来源如表 2.1 所示。

表 2.1

放大管	低频小信号模型	参数来源
双极型管（NPN 和 PNP 管） 提示：NPN 和 PNP 的小信号模型相同，只是电流方向有区别	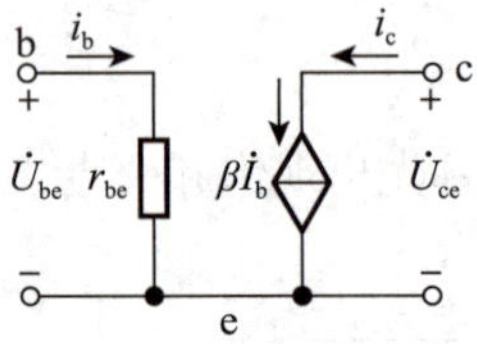 	①实测 β； ② $r_{be}=r_{bb'}+(1+\beta)\dfrac{26}{I_{EQ}}$
单极型管（结型、绝缘栅型场效应管）	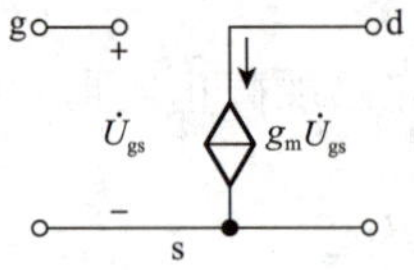 	① N 沟道结型管的 $g_m=-\dfrac{2}{U_{GS(off)}}\sqrt{I_{DSS}I_{DQ}}$； ② N 沟道增强型 MOS 管的 $g_m=\dfrac{2}{U_{GS(th)}}\sqrt{I_{DO}I_{DQ}}$

2. 求解 $\dot{A}_u$、R_i 和 R_o 的方法和步骤

在利用等效电路法求解 $\dot{A}_u$、R_i 和 R_o 时，如图 2.15 所示，应首先画出放大电路的交流通路，并用晶体管简化的 h 参数等效模型取代其中的晶体管，从而得出交流等效电路；然后写出输入电压 $\dot{U}_i$（或信号源电压 $\dot{U}_s$）和输出电压 $\dot{U}_o$ 的表达式，根据 $\dot{A}_u$（或 $\dot{A}_{us}$）的定义，利用 $\dot{I}_c=\beta\dot{I}_b$ 描述出 $\dot{U}_i$（或 $\dot{U}_s$）与 $\dot{U}_o$ 的关系，进而得出 $\dot{A}_u$（或 $\dot{A}_{us}$）的值；最后根据 R_i 和 R_o 的物理意义，观察交流等效电路，得出结论。

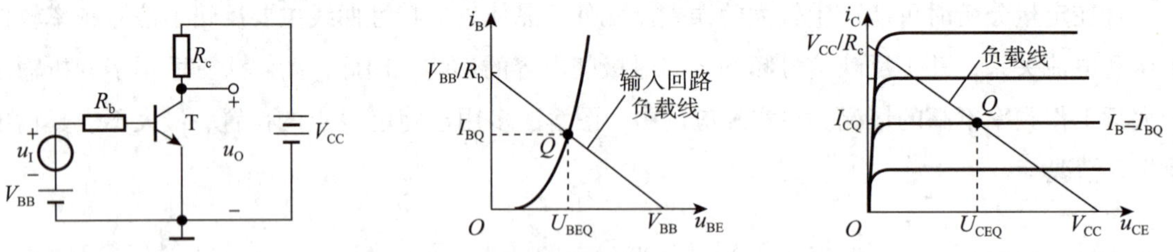

基本共射放大电路　　求解 I_{BQ} 和 U_{BEQ}　　求解 I_{CQ} 和 U_{CEQ}

（a）　　（b）　　（c）

图 2.15

图 2.15（a）所示基本共射放大电路的交流等效电路如图 2.16 所示。因而

$$\dot{U}_{i}=\dot{I}_{i}(R_{b}+r_{be})=\dot{I}_{b}(R_{b}+r_{be})$$

$$\dot{U}_{o}=-\dot{I}_{c}R_{c}=-\beta\dot{I}_{b}R_{c}$$

所以 $\dot{A}_u$、R_i 和 R_o 为

$$\dot{A}_u=-\frac{\beta R_c}{R_b+r_{be}}$$

$$R_i=R_b+r_{be}$$

$$R_o=R_c$$

提示：输出电阻一定断去负载从输出端往回看，此时输入电压应该短路，输入回路没有电流，故 $\dot{I}_b$ 等于 0，此时 $\dot{I}_c$ 也等于 0，故 $R_o=R_c$

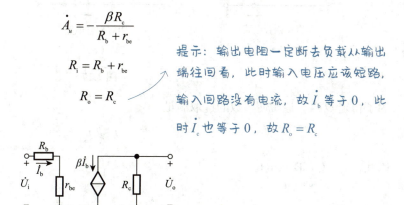

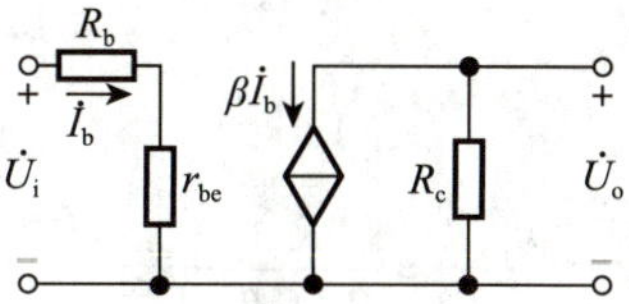

图 2.16

2.5 放大电路静态工作点的稳定

2.5.1 放大电路 Q 点的稳定

影响 Q 点的因素包括温度变化、电源电压的波动以及电路元件的老化。

提示：温度是对静态工作点影响最大的因素

所谓 Q 点稳定，是指即使在温度变化的情况下，Q 点在晶体管输出特性坐标平面上的位置也能保持相对稳定。为了实现这一点，当温度升高时，需要减小基极静态电流 I_{BQ}；而当温度降低时，则需要增大 I_{BQ}。通过采用直流负反馈或温度补偿等技术手段，可以有效地稳定静态工作点。

常考填空题，如何稳定静态工作点

图 2.17（a）、图 2.17（b）所示为典型的静态工作点稳定电路，前者为直接耦合电路，后者为阻容耦合电路，图 2.17（c）为它们的直流通路。——提示：通过 R_e 起到直流负反馈的作用

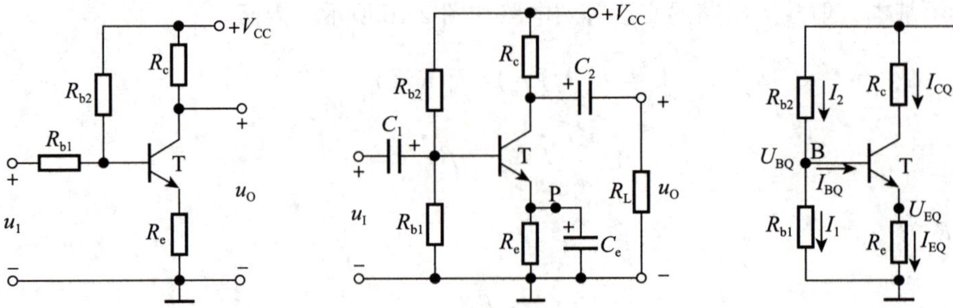

直接耦合电路

（a）

阻容耦合电路

（b）

直流通路

（c）

图 2.17

为了稳定 Q 点，通常使参数的选取满足

$$I_1 \gg I_{BQ}$$

⟶ 满足这一条件的前提是 $(1+\beta)R_e \gg R_{b1}//R_{b2}$，可以利用这个关系判断是否满足 $I_1 \gg I_{BQ}$

因此，$I_1 \approx I_2$，B 点电位

$$U_{BQ} \approx \frac{R_{b1}}{R_{b1}+R_{b2}} \cdot V_{CC}$$

上式表明基极电位几乎仅取决于 R_{b1} 与 R_{b2} 对 V_{CC} 的分压，而与环境温度无关，即当温度变化时 U_{BQ} 基本不变。当温度升高时，过程可简写为

$$T(℃)\uparrow \to I_C\uparrow (I_E\uparrow) \to U_E\uparrow \text{（因为 } U_{BQ} \text{ 基本不变）} \to U_{BE}\downarrow \to I_B\downarrow$$

$$I_C\downarrow \longleftarrow$$

当温度下降时，各相关物理量会朝着与原来相反的方向变动，但集电极电流 I_C 和晶体管两端电压 U_{CE} 却能基本维持不变。

在稳定 Q 点的过程中，电阻 R_e 扮演着至关重要的角色。当晶体管输出回路的电流 I_C 发生变化时，R_e 上会产生相应的电压变化，进而影响晶体管基极与发射极之间的电压，使得基极电流 I_B 朝着与 I_C 变化相反的方向调整，从而起到稳定 Q 点的效果。

由此可见，Q 点稳定的原因是：

①R_e 的直流负反馈作用；

②在 $I_1 \gg I_{BQ}$ 的情况下，U_{BQ} 在温度变化时基本不变。

因此，这种电路也被称为分压式电流负反馈 Q 点稳定电路。从理论角度来看，R_e 的阻值越大，提供的反馈就越强，Q 点也就越稳定。然而，在实际应用中，对于给定的集电极电流 I_C，由于电源电压 V_{CC} 的限制，如果 R_e 的阻值过大，可能会导致晶体管进入饱和区，从而使电路无法正常工作。

静态工作点：

$$I_{EQ}=\frac{U_{BQ}-U_{BEQ}}{R_e}，\ I_{BQ}=\frac{I_{EQ}}{1+\beta}，\ U_{CEQ}\approx V_{CC}-I_{CQ}R_c-I_{EQ}R_e$$

电路通过发射极电阻 R_e，引入直流负反馈来稳定工作点。若在图 2.17（b）所示电路中，R_{b1} 用负温度系数的热敏电阻或 R_{b2} 用正温度系数的热敏电阻来实现温度补偿，则 Q 点更加稳定。图 2.17（b）所示电路的电压放大倍数、输入电阻和输出电阻为

$$\dot{A}_u=-\frac{\beta(R_c//R_L)}{r_{be}}，\ R_i=R_{b1}//R_{b2}//r_{be}，\ R_o=R_c$$

若旁路电容开路，则

$$\dot{A}_u=-\frac{\beta(R_c//R_L)}{r_{be}+(1+\beta)R_e}，\ R_i=R_{b1}//R_{b2}//\left[r_{be}+(1+\beta)R_e\right]，\ R_o=R_c$$

$\left|\dot{A}_u\right|$减小，R_i 增大。

2.5.2 稳定静态工作点的措施

→ 一般情况下，考试考得较多的是直流负反馈稳定静态工作点，用温度补偿比较冷门，了解工作原理即可

典型的静态工作点稳定电路中利用负反馈稳定 Q 点，而图 2.18 采用温度补偿的方法来稳定 Q 点。

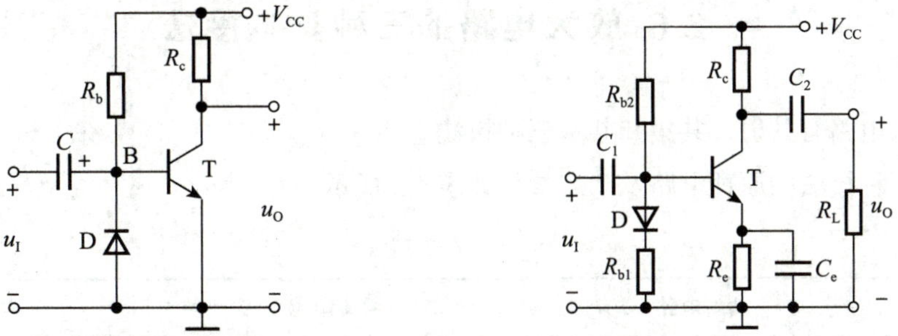

利用二极管的反向特性进行温度补偿（a）　利用二极管的正向特性进行温度补偿（b）

图 2.18

使用温度补偿方法稳定静态工作点时，必须在电路中采用对温度敏感的器件，如二极管、热敏电阻等。在图 2.18（a）所示电路中，电源电压 V_{CC} 远大于晶体管 b–e 间导通电压 U_{BEQ}，因此 R_b 中静态电流为

$$I_{R_b}=\frac{V_{CC}-U_{BEQ}}{R_b}\approx\frac{V_{CC}}{R_b}$$

节点 B 的电流方程为

$$I_{R_b}=I_R+I_{BQ}$$

I_R 为二极管的反向电流，I_{BQ} 为晶体管基极静态电流。当温度升高时，一方面 I_C 增大，另一方面由于 I_R 增大导致 I_B 减小，从而 I_C 随之减小。当参数合适时，I_C 可基本不变。其过程简述如下：

$$T(℃)\uparrow\to I_C\uparrow$$
$$\searrow$$
$$I_R\uparrow\to I_B\downarrow\to I_C\downarrow$$

通过分析这一过程，我们可以了解到温度补偿方法的工作原理是通过温度敏感器件直接作用于基极电流 I_B，使其产生与集电极电流 I_C 相反方向的变化。

在图 2.18（b）所示的电路中，同时采用了直流负反馈和温度补偿两种策略来确保 Q 点的稳定。假设在温度升高的情况下，二极管内部的电流保持基本不变，那么其两端的电压降 U_D 就会相应减小。这个过程的简要描述如下：

$$T(℃)\uparrow\to I_C\uparrow\to U_E\uparrow$$
$$\searrow \qquad\qquad \searrow$$
$$U_D\downarrow\to U_B\downarrow\to U_{BE}\downarrow\to I_C\downarrow$$

当温度降低时，各物理量向相反方向变化。

2.6 放大电路的三种基本接法

晶体管基本放大电路有共射、共集和共基三种接法。

在空载情况下三种接法的原理电路及动态参数如表 2.2 所示。

表 2.2

基本接法	共射电路	共集电路	共基电路
原理电路	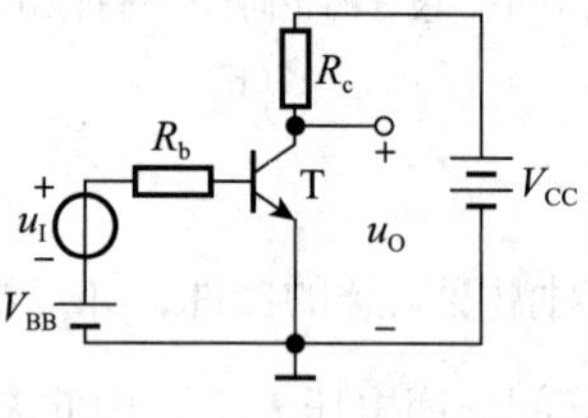	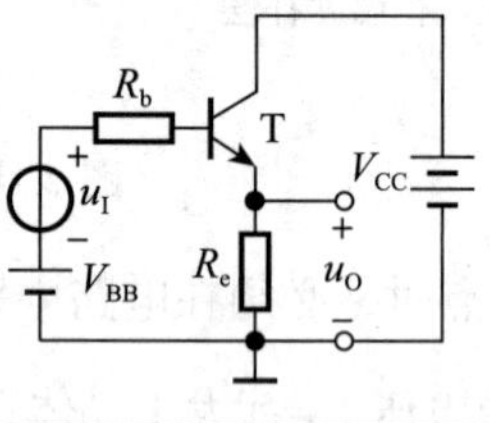	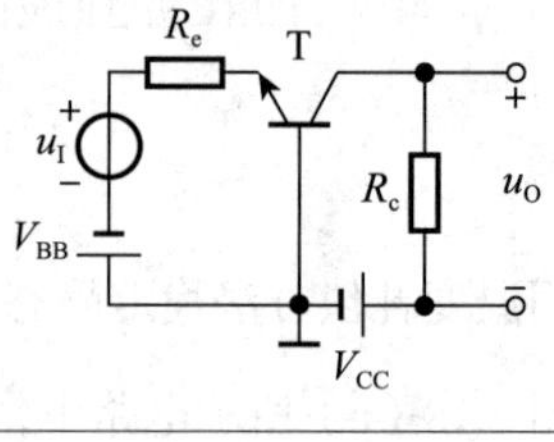
Q 点	$I_{BQ}=\dfrac{V_{BB}-U_{BEQ}}{R_b}$ $I_{CQ}=\beta I_{BQ}$ $U_{CEQ}=V_{CC}-I_{CQ}R_c$	$I_{BQ}=\dfrac{V_{BB}-U_{BEQ}}{R_b+(1+\beta)R_e}$ $I_{EQ}=(1+\beta)I_{BQ}$ $U_{CEQ}=V_{CC}-I_{EQ}R_e$	$I_{BQ}=\dfrac{V_{BB}-U_{BEQ}}{(1+\beta)R_e}$ $I_{CQ}=\beta I_{BQ}$ $U_{CEQ}=V_{CC}-I_{CQ}R_c+U_{BEQ}$

续表

基本接法	共射电路	共集电路	共基电路
电压放大倍数	$-\dfrac{\beta R_c}{R_b+r_{be}}$	$\dfrac{(1+\beta)R_e}{R_b+r_{be}+(1+\beta)R_e}$	$\dfrac{\beta R_c}{r_{be}+(1+\beta)R_e}$ 分析电压放大倍数时需要画微变等效电路图，注意 A_u 的正负号
电流放大倍数	β	$1+\beta$	$\alpha=\dfrac{\beta}{1+\beta}\approx 1$
输入电阻	R_b+r_{be}	$R_b+r_{be}+(1+\beta)R_e$	$R_e+\dfrac{r_{be}}{1+\beta}$
输出电阻	R_c	$R_e//\dfrac{R_b+r_{be}}{1+\beta}$	R_c
频带	窄	中	宽
用途	一般放大	输入级、输出级	宽频带放大器

综上所述，晶体管单管放大电路的三种基本接法各自特点如下。

(1) 共射电路在功能上实现了电流和电压的双重放大，其输入电阻处于三种接法的中等水平，而输出电阻相对较大，同时频带宽度较窄。因此，它常被用作低频电压放大电路的基本单元。

(2) 共集电路专注于电流放大，而不具备电压放大能力。在三种接法中，它的输入电阻最大，输出电阻最小，并展现出电压跟随的特性。这种电路常被应用于电压放大电路的输入和输出级，同时在功率放大电路中，射极输出的形式也常被采用。

(3) 共基电路专注于电压放大，而不具备电流放大能力，具有电流跟随的特点。它的输入电阻较小，电压放大倍数和输出电阻与共射电路相当。在三种接法中，共基电路的高频特性最为出色，因此常被用作宽频带放大电路。

阻容耦合晶体管基本放大电路的比较如表 2.3 所示。

表 2.3

基本接法	共射电路	共集电路	共基电路
原理电路	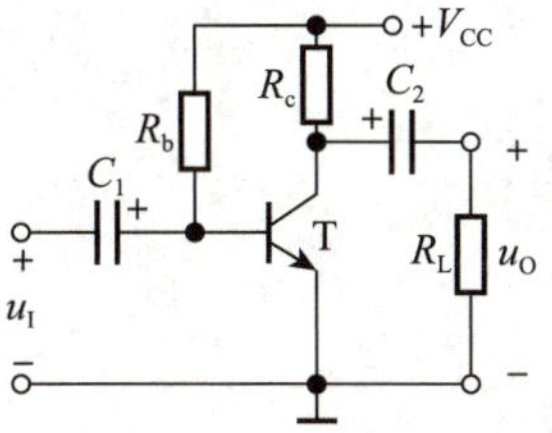	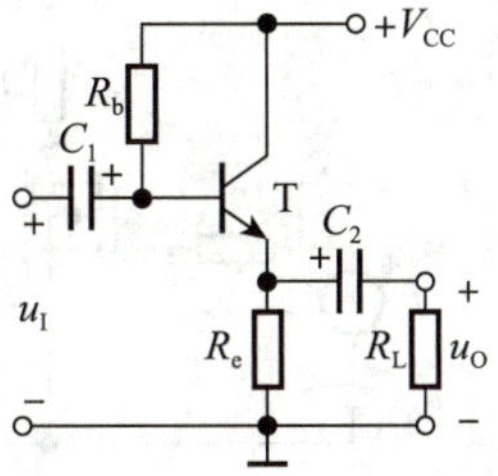	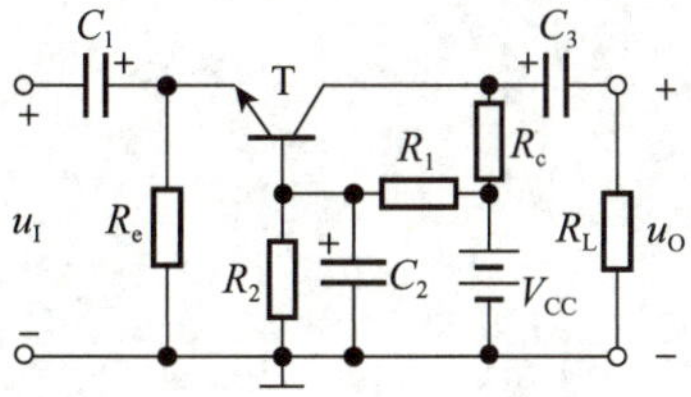

续表

基本接法	共射电路	共集电路	共基电路
Q点	$I_{BQ}=\frac{V_{BB}-U_{BEQ}}{R_b}$ $I_{CQ}=\beta I_{BQ}$ $U_{CEQ}=V_{CC}-I_{CQ}R_c$	$I_{BQ}=\frac{V_{BB}-U_{BEQ}}{R_b+(1+\beta)R_e}$ $I_{EQ}=(1+\beta)I_{BQ}$ $U_{CEQ}=V_{CC}-I_{EQ}R_e$	$I_{EQ}=\frac{U_{BQ}-U_{BEQ}}{R_e}$ $I_{BQ}=\frac{I_{EQ}}{1+\beta}$ $U_{CEQ}\approx V_{CC}-I_{CQ}(R_e+R_c)$
交流等效电路	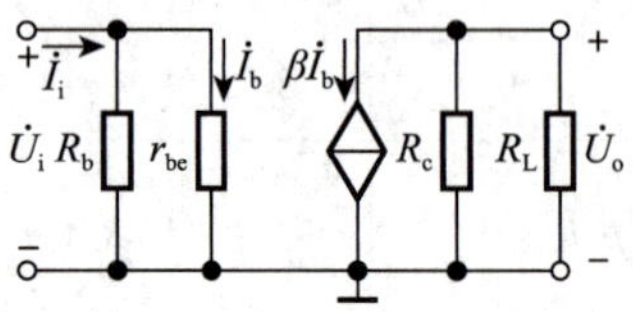	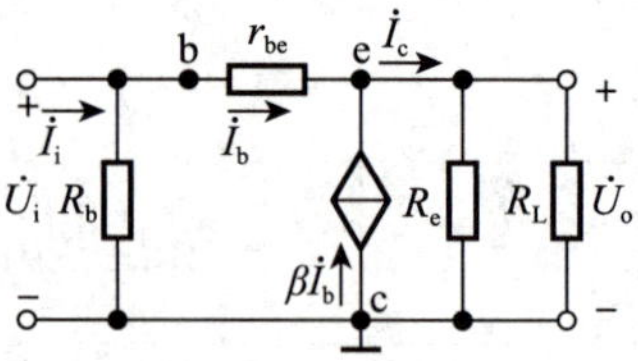	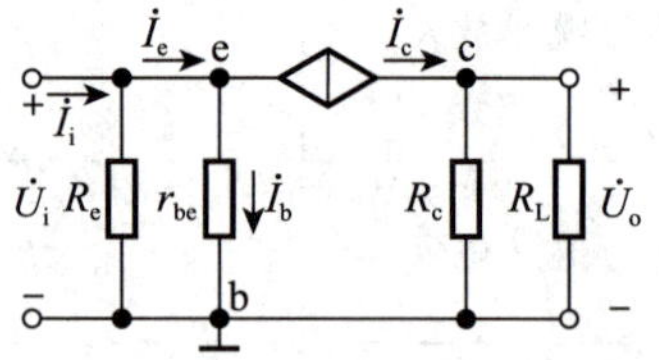
电压放大倍数	$-\frac{\beta(R_c//R_L)}{r_{be}}$	$\frac{\beta(R_e//R_L)}{r_{be}+(1+\beta)(R_e//R_L)}$	$\frac{\beta(R_c//R_L)}{r_{be}}$ 分析电压放大倍数时带上负载，分析输出电阻时不考虑负载
输入电阻	$R_b//r_{be}\approx r_{be}$	$R_b//[r_{be}+(1+\beta)(R_e//R_L)]$	$R_e//\frac{r_{be}}{1+\beta}$
输出电阻	R_c	$R_e//\frac{r_{be}+R_b//R_s}{1+\beta}$	R_c

由表 2.3 可知，共集放大电路的输入电阻可达一百千欧以上，输出电阻可至百欧以下；共基放大电路的输入电阻最小，输出电阻也可至百欧以下。

2.7 场效应管的三种接法

场效应管的三种基本放大电路（共源、共漏和共栅电路）与晶体管的三种基本放大电路（共射、共集和共基电路）相对应。

共源和共漏常考，大家着重掌握

基本共源放大电路静态分析如图 2.19 所示。

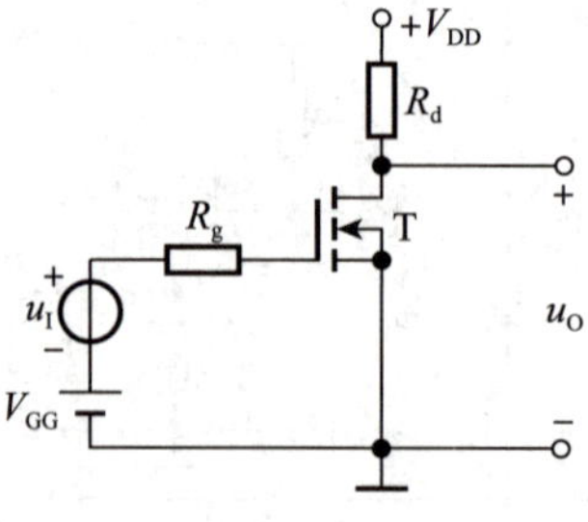

图 2.19

$$U_{GSQ}=V_{GG}$$

$$I_{DQ}=I_{DO}\left(\frac{V_{GS}}{U_{GS(th)}}-1\right)^2$$

$$U_{DSQ}=V_{DD}-I_{DQ}R_d$$

自给偏压电路分析：

$$U_{GQ}=0\text{，}\quad U_{SQ}=I_{DQ}R_s$$

$$U_{GSQ}=U_{GQ}-U_{SQ}=-I_{DQ}R_s$$

$$I_{DQ}=I_{DSS}\left(1-\frac{U_{GSQ}}{U_{GS(off)}}\right)^2$$

$$U_{DSQ}=V_{DD}-I_{DQ}(R_d+R_s)$$

→ 提示：由于二氧化硅存在，所有场效应管栅极电流为0，所以 R_{g3} 上的电流为0

自给偏电压电路和分压式偏置电路如图 2.20 所示。

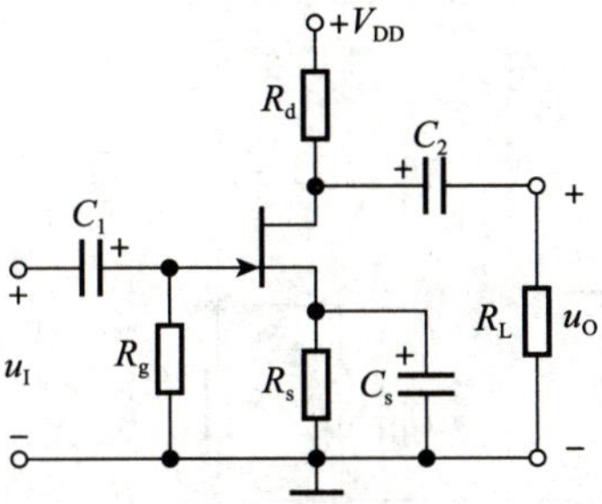

自给偏压电路

（a）

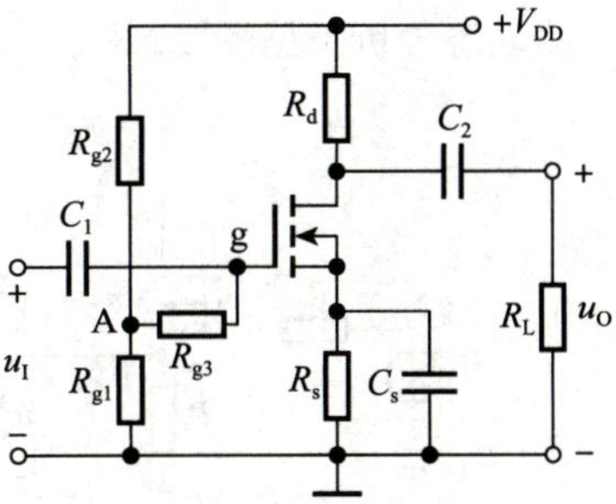

分压式偏置电路

（b）

图 2.20

分压式偏置电路分析：

$$U_{GQ}=U_A=\frac{R_{g1}}{R_{g1}+R_{g2}}\cdot V_{DD}$$

$$U_{SQ}=I_{DQ}R_s$$

$$I_{DQ}=I_{DO}\left(\frac{V_{GSQ}}{U_{GS(th)}}-1\right)^2$$

$$U_{DSQ}=V_{DD}-I_{DQ}(R_d+R_s)$$

基本共源放大电路动态分析（见图 2.21）：

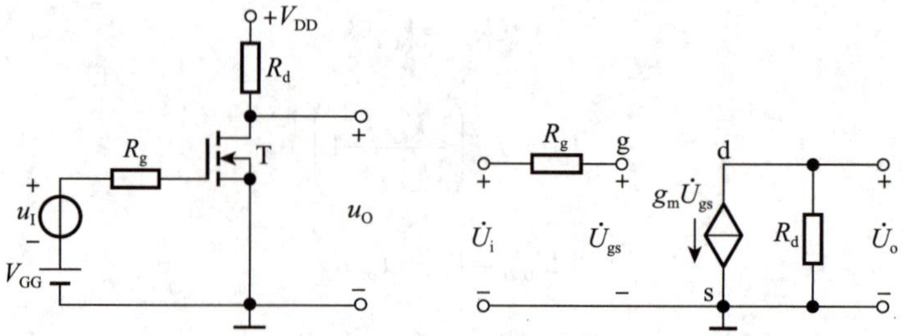

电路　　　　　　交流等效电路

（a）　　　　　　（b）

图 2.21

$$\dot{A}_u = \frac{\dot{U}_o}{\dot{U}_i} = \frac{-\dot{I}_d R_d}{\dot{U}_{gs}} = -g_m R_d$$

$$R_i = \infty$$

$$R_o = R_d$$

→ 无论是共源还是共漏，输入电阻都为无穷大，输出电阻不需要考虑负载

基本共漏放大电路动态分析（见图 2.22）：

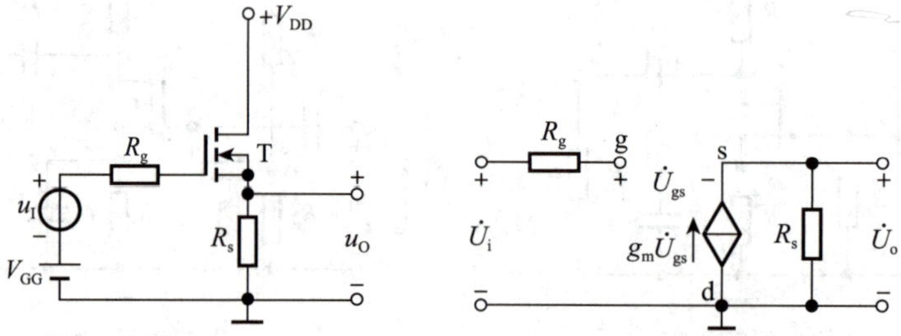

电路　　　　　　交流等效电路

（a）　　　　　　（b）

图 2.22

$$\dot{A}_u = \frac{\dot{U}_o}{\dot{U}_i} = \frac{\dot{I}_d R_s}{\dot{U}_{gs} + \dot{I}_d R_s} = \frac{g_m R_s}{1 + g_m R_s}$$

$$R_i = \infty$$

$$R_o = \frac{U_o}{I_o} = \frac{U_o}{\frac{U_o}{R_s} + g_m U_o} = R_s // \frac{1}{g_m}$$

对于复合管放大电路而言，组成的放大电路一般等效为最左边的管子类型

2.8 复合管放大电路

图 2.23（a）和图 2.23（b）所示为两只同类型（NPN 或 PNP）晶体管组成的复合管，等效成与组成它们的晶体管同类型的管子；图 2.23（c）和图 2.23（d）所示为不同类型晶体管组成的复合管，等效

成与 T_1 管同类型的管子。下面以图 2.23（a）为例说明复合管的电流放大系数 β 与 T_1、T_2 的电流放大系数 β_1、β_2 的关系。

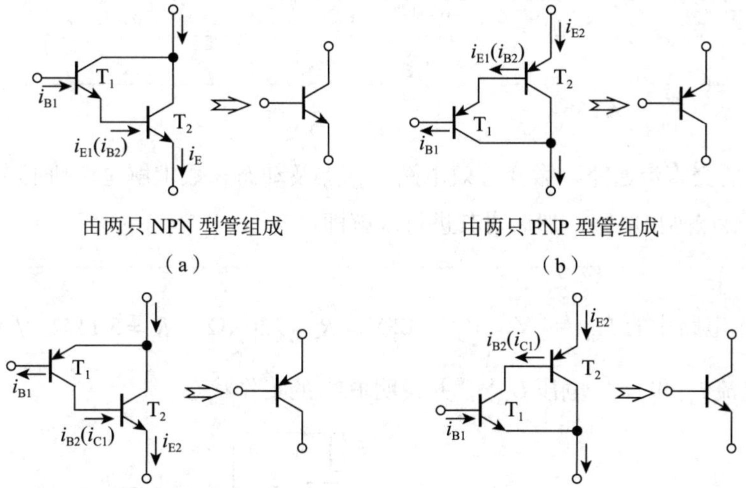

由两只 NPN 型管组成 （a） 由两只 PNP 型管组成 （b）

由 PNP 型管和 NPN 型管组成 （c） 由 NPN 型管和 PNP 型管组成 （d）

图 2.23

在图 2.23（a）中，复合管的基极电流 i_B 等于 T_1 管的基极电流 i_{B1}，集电极电流 i_C 等于 T_2 管的集电极电流 i_{C2} 与 T_1 管的集电极电流 i_{C1} 之和，而 T_2 管的基极电流 i_{B2} 等于 T_1 管的发射极电流 i_{E1}，所以

$$i_C = i_{C1} + i_{C2} = \beta_1 i_{B1} + \beta_2(1+\beta_1) i_{B1} = (\beta_1 + \beta_2 + \beta_1\beta_2) i_{B1}$$

因为 β_1 和 β_2 至少为几十，因而

$$\beta_1\beta_2 \gg \beta_1 + \beta_2$$

所以可以认为复合管的电流放大系数

$$\beta \approx \beta_1\beta_2$$

复合管的构建需遵循以下原则：

（1）在施加正确的外部电压条件下，确保每只晶体管或场效应管的各电极电流均有顺畅的流通路径，并且所有管子均处于放大区或恒流区工作状态；

（2）为了达到电流放大的目的，需将第一只管子的集电极或发射极的电流，作为驱动第二只管子的基极电流源。

斩题型

题型 1 考查三极管放大电路的交直流通路、Q 点及动态参数求解

破题小记一笔

三极管放大电路的交直流通路、微变等效电路、Q 点及动态参数求解是考研必考的题型。先根据画交直流通路的要点画出电路，然后对其进行求解即可。

例 1 设图 2.24 所示电路中的 $V_{BB}=4\text{ V}$，$V_{CC}=12\text{ V}$，$R_b=220\text{ k}\Omega$，$R_c=5.1\text{ k}\Omega$，$\beta=80$，$U_{BEQ}=0.7\text{ V}$，试求该电路中的电流 I_{BQ} 和 I_{CQ}、电压 U_{CEQ}，并说明 BJT 的工作状态。

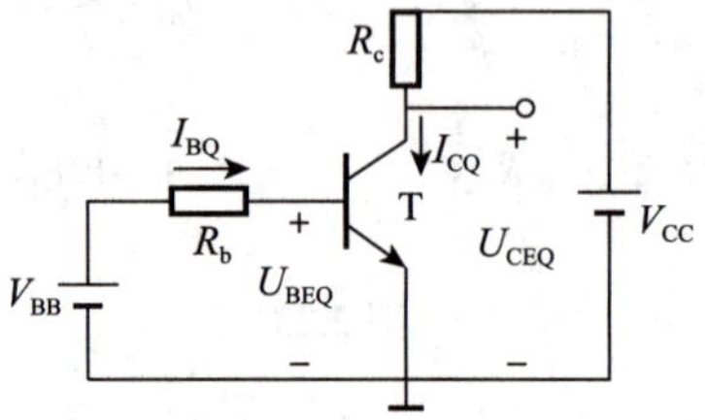

图 2.24

解析

$$I_{BQ}=\frac{V_{BB}-U_{BEQ}}{R_b}=\frac{4-0.7}{220\times10^3}=1.5\times10^{-5}\text{ (A)}=15\text{ (μA)}$$

$$I_{CQ}=\beta I_{BQ}=80\times15=1\,200\text{ (μA)}=1.2\text{ (mA)}$$

$$U_{CEQ}=V_{CC}-I_{CQ}R_c=12-1.2\times5.1\approx5.9\text{ (V)}$$

由 $U_{BEQ}=0.7\text{ V}$，$U_{CEQ}=5.9\text{ V}$ 知，该电路中的 BJT 工作在发射结正偏、集电结反偏的放大区。

例 2 如图 2.25 所示，（1）画出静态通路，求静态工作点；（2）画出交流通路；（3）求动态参数。

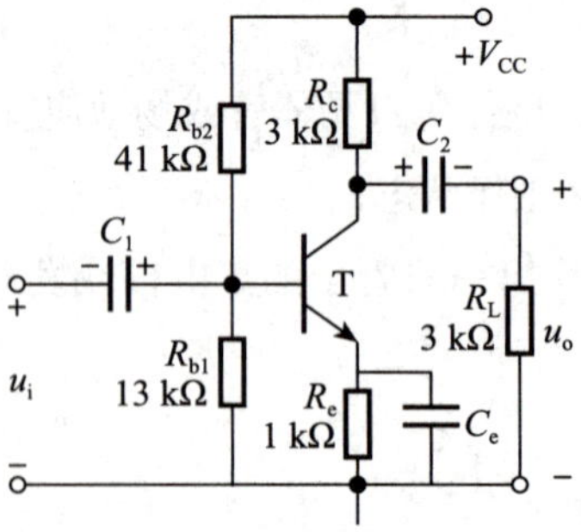

图 2.25

解析（1）静态通路如图 2.26 所示。

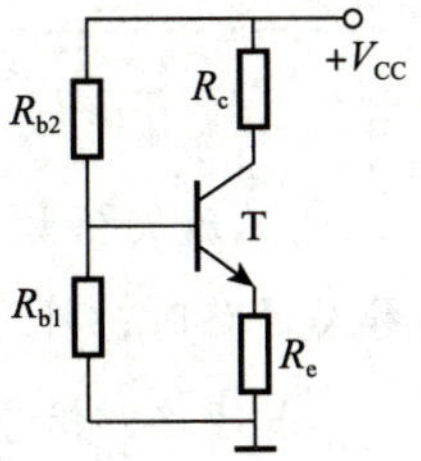

图 2.26

因为

$$(1+\beta)R_e \gg R_{b1}//R_{b2} \approx 9.87(\text{k}\Omega)$$

所以

$$U_{BQ} = \frac{R_{b1}}{R_{b1}+R_{b2}} \cdot V_{CC}$$

所以

$$I_{EQ} = \frac{U_{BQ} - U_{BEQ}}{R_e}$$

$$I_{BQ} = \frac{I_{EQ}}{1+\beta}$$

$$U_{CEQ} \approx V_{CC} - I_{EQ}(R_c + R_e)$$

（2）交流通路如图 2.27 所示。

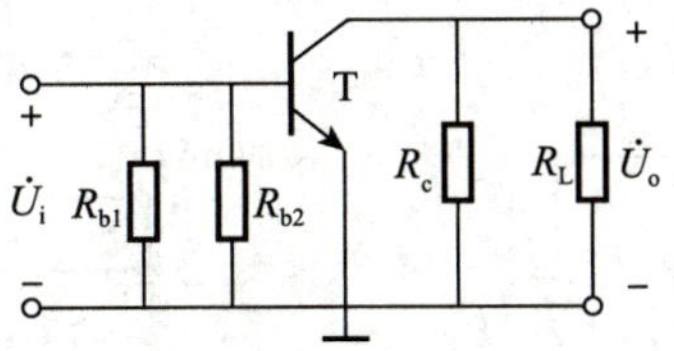

图 2.27

微变等效电路如图 2.28 所示。

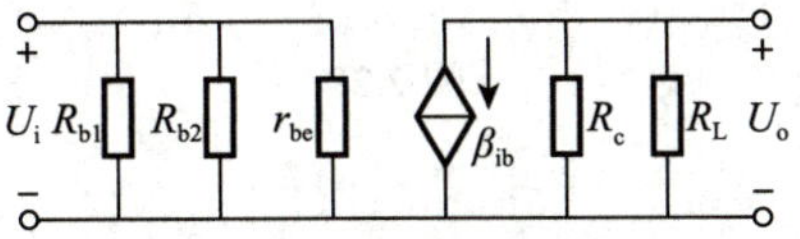

图 2.28

（3）动态参数：

$$r_{be} = r_{bb'} + (1+\beta)\frac{U_T}{I_{EQ}}$$

$$\dot{A}_u = \frac{\dot{U}_o}{\dot{U}_i} = -\frac{\beta(R_c//R_L)}{r_{be}}$$

$$R_i = R_{b1}//R_{b2}//r_{be}$$

$$R_o = R_c = 3\,\text{k}\Omega$$ ⟶ 记住求输出电阻时要去除负载

星峰点悟

考试基本上会对此类型题目进行考查，求电压放大倍数 $\dot{A}_u$、输入电阻 R_i、输出电阻 R_o。此类题目的做题步骤是先静态，后动态。画静态通路时，将信号源（U_i、U_s）短路，C 开路，L 短路；画交流通路时，将直流电源（V_{CC}、V_{BB}）短路，信号源保留，C 短路。画微变等效电路时，将三极管符号换成 h 参数等效模型，即 b–e 之间用电阻 r_{be} 替代，c–e 之间用流控电压源替代，注意电流方向（符合 $i_e=i_c+i_b$ 即可）。求解动态参数时，要注意 r_{be} 电阻的求解公式。

题型 2 考查利用图解法分析参数变化对 Q 点的影响，判断截止失真、饱和失真及最大不失真输出电压

破题小记一笔

利用图解法分析参数变化对 Q 点的影响，判断截止失真、饱和失真及最大不失真输出电压，是常见的一种出题方法。

例 3 在图 2.29（a）所示的基本共射放大电路中，由于电路参数的改变使静态工作点产生如图 2.29（b）所示的变化。

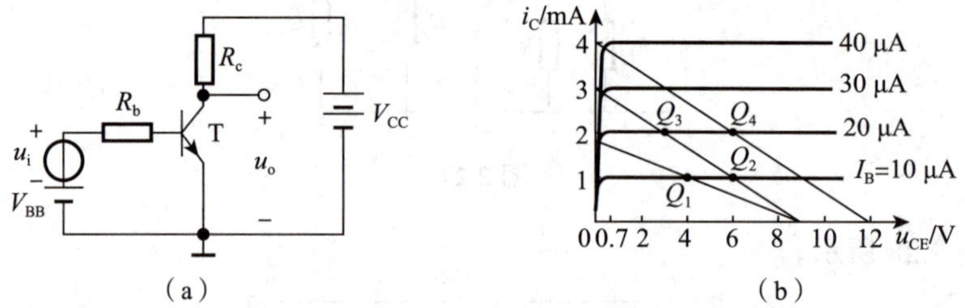

图 2.29

试问：

（1）当静态工作点从 Q_1 移到 Q_2、从 Q_2 移到 Q_3、从 Q_3 移到 Q_4 时，分别是因为电路的哪个参数变化造成的？这些参数是如何变化的？

（2）当电路的静态工作点分别为 $Q_1 \sim Q_4$ 时，从输出电压的角度看，哪种情况下最易产生截止失真？哪种情况下最易产生饱和失真？哪种情况下最大不失真输出电压 U_{om} 最大？其值约为多少？

（3）电路的静态工作点为 Q_4 时，集电极电源 V_{CC} 为多少伏，集电极电阻 R_c 为多少千欧？

提示 本题考查利用图解法分析参数变化对 Q 点的影响，判断截止失真、饱和失真及最大不失真输出电压。以下面两个公式为做题依据：

$$I_{BQ}=\frac{V_{BB}-U_{BEQ}}{R_b},\quad i_C=\frac{V_{CC}-U_{CE}}{R_c}$$

解析（1）Q_2 和 Q_1 在同一条输出特性曲线上，这意味着它们的基极静态电流 I_{BQ} 是相同的，基极电阻 R_b 和电源电压 V_{BB} 均未发生变化。Q_2 和 Q_1 不在同一条负载线上，集电极电阻 R_c 变化。由于负载线的斜率变陡，因此可以推断出静态工作点从 Q_1 移动到 Q_2 的原因是 R_c 的减小。

因为负载线的斜率为 $-\frac{1}{R_c}$，所以若负载线没变，则 R_c 不变

由于 Q_3 和 Q_2 位于同一条负载线上，因此可以推断出集电极电阻 R_c 没有改变。然而，Q_3 和 Q_2 并不在同一条输出特性曲线上，这表明电阻 R_b 或电源电压 V_{BB} 发生了变化。进一步观察发现，Q_3 的基极静态电流 I_{BQ}（20 μA）大于 Q_2 的 I_{BQ}（10 μA），因此，从 Q_2 移动到 Q_3 的原因可能是 R_b 的减小、V_{BB} 的增大，或者两者同时发生。

Q_4 和 Q_3 位于同一条输出特性曲线上，这意味着输入回路的参数没有发生变化。同时，Q_4 所在的负载线与 Q_3 所在的负载线平行，再次证实了 R_c 没有改变。通过观察负载线与横轴的交点，可以得出，从 Q_3 移动到 Q_4 的原因是集电极电源 V_{CC} 的增大。

（2）通过观察晶体管输出特性坐标平面中 Q 点的位置可知：Q_2 点最接近截止区，因此该电路最容易发生截止失真；Q_3 点最接近饱和区，所以该电路最容易发生饱和失真；而 Q_4 点距离饱和区和截止区都最远，这意味着当静态工作点设置为 Q_4 时，电路的 U_{om} 达到最大。

特别地，当 Q_4 点的 U_{CEQ} 为 6 V 时，正好位于负载线的中点，所以其最大不失真输出电压有效值

$$U_{om}=\frac{U_{CEQ}-U_{CES}}{\sqrt{2}}\approx 3.75\,(\text{V})$$

估算时，U_{CES} 取 0.7 V。（当题目不具体给出 U_{CES} 的大小时，默认 $U_{BE}=U_{CES}=0.7$ V。）

（3）根据 Q_4 所在负载线与横轴的交点可知，集电极电源为 12 V；根据 Q_4 所在负载线与纵轴的交点可知，集电极电阻

$$R_c=\frac{V_{CC}}{I_C}=\frac{12}{4}=3\,(\text{k}\Omega)$$

例 4 如图 2.30 所示，假设晶体管始终处于放大区，r_{ce}、$r_{bb'}$ 略去。（填：变大、变小或基本不变）

（1）当 R_3 变大时，则 I_{CQ} ________；U_{CEQ} ________；R_i ________；R_o ________；$\dot{A}_u$ ________。

（2）当 R_2 变大时，则 I_{CQ} ________；U_{CEQ} ________；R_i ________；R_o ________；$\dot{A}_u$ ________。

（3）当 R_1 变大时，则 I_{CQ} ________；U_{CEQ} ________；R_i ________；R_o ________；$\dot{A}_u$ ________。

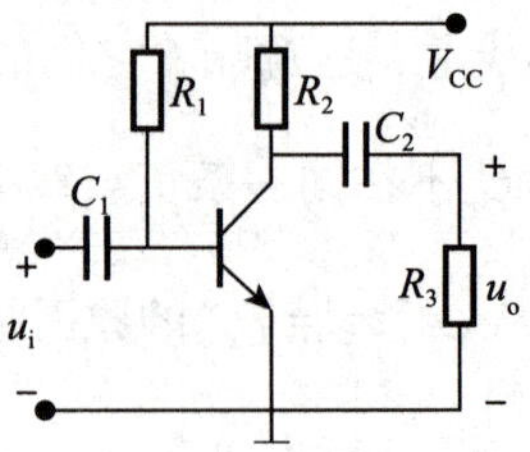

图 2.30

将静态工作点和微变等效电路图分别画出，并写出相关表达式，当其中某一个参数发生变化时，代入相关表达式可以得出结论

答案（1）基本不变，基本不变，基本不变，基本不变，变大；（2）基本不变，变小，基本不变，变大，变大；（3）变小，变大，变大，基本不变，变小

解析

$$I_{CQ}=\beta\times\left(\frac{V_{CC}-U_{BEQ}}{R_1}\right)$$

$$U_{CEQ}=V_{CC}-I_{CQ}\times R_2$$

$$R_i=R_1//(1+\beta)\frac{U_T}{I_{CQ}}$$

$$R_o=R_2$$

$$\dot{A}_u=\frac{-\beta(R_2//R_3)}{r_{be}}$$

（1）当 R_3 变大时，则 I_{CQ} 基本不变；U_{CEQ} 基本不变；R_i 基本不变；R_o 基本不变；$\dot{A}_u$ 变大。

（2）当 R_2 变大时，则 I_{CQ} 基本不变；U_{CEQ} 变小；R_i 基本不变；R_o 变大；$\dot{A}_u$ 变大。

（3）当 R_1 变大时，则 I_{CQ} 变小；U_{CEQ} 变大；R_i 变大；R_o 基本不变；$\dot{A}_u$ 变小。

星峰点悟

此类题目的做题方法是先根据图列出 i_C 与 U_{CE} 之间的关系表达式，确定已知的量，根据变化的量去看是什么参数发生了变化，如何变化。

题型 3 考查三极管放大电路中有无负载 R_L 对 $\dot{A}_u$ 的影响

破题小记一笔

有无负载 R_L 对 $\dot{A}_u$ 的影响，这类题目还会换种思路出题，比如有负载的动态参数求解和空载情况下的动态参数求解。

例 5 设图 2.31 所示电路中 BJT 的 $\beta=40$，$r_{bb'}=200\,\Omega$，$U_{BEQ}=0.7$ V，其他元件参数如图 2.31 所示。试求该电路的 $\dot{A}_u$、R_i 和 R_o。若 R_L 开路，则 $\dot{A}_u$ 如何变化？

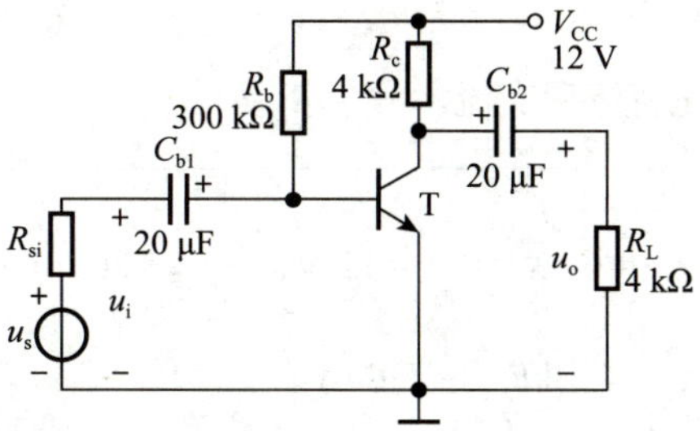

图 2.31

解析 ①画出图 2.31 所示电路的小信号等效电路，如图 2.32 所示。

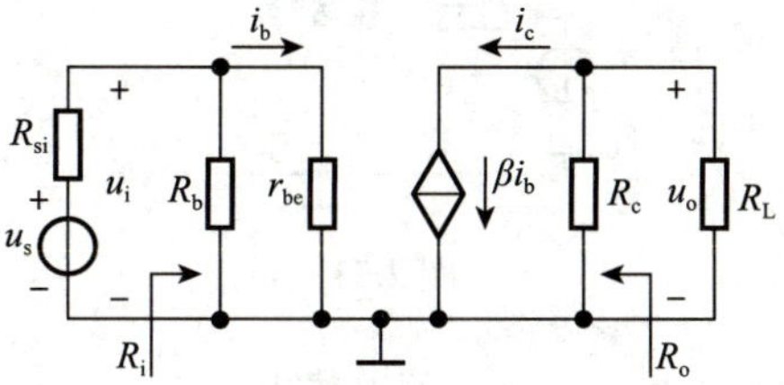

图 2.32

②估算 r_{be}。要估算 r_{be}，必须先求静态电流 I_{EQ}，即

$$I_{EQ}\approx\beta I_{BQ}=\beta\frac{V_{CC}-U_{BEQ}}{R_b}\approx\beta\frac{V_{CC}}{R_b}=40\times\frac{12}{300}=1.6\,(\text{mA})$$

$$r_{be}=r_{bb'}+(1+\beta)\frac{U_T}{I_{EQ}}=200+(1+40)\frac{26}{1.6}\approx 866\,(\Omega)$$

③求 $\dot{A}_u$、R_i 和 R_o，有

$$\dot{A}_u=\frac{\dot{U}_o}{\dot{U}_i}=\frac{-\beta\dot{I}_b(R_c//R_L)}{\dot{I}_b r_{be}}=\frac{-\beta R_L'}{r_{be}}=\frac{-40\times\dfrac{4\times4}{4+4}}{0.866}\approx-92.4$$

$$R_i=\frac{\dot{U}_i}{\dot{I}_i}=\frac{\dot{U}_i}{\dfrac{\dot{U}_i}{R_b}+\dfrac{\dot{U}_i}{r_{be}}}=R_b//r_{be}=\frac{1}{\dfrac{1}{300}+\dfrac{1}{0.866}}\approx0.866\,(\text{k}\Omega)$$

$$R_o\approx R_c=4\,\text{k}\Omega$$

④ R_L 开路时，$\dot{A}_u=\dfrac{-\beta R_c}{r_{be}}=\dfrac{-40\times4}{0.866}\approx-184.8$，$\dot{A}_u$ 的数值增大了。→ 因为电压放大倍数本来在分子上是 $R_c//R_L$，越并越小，故此时电压放大倍数增大，输入电阻、输出电阻都没有变化

题型 4 考查场效应管的 Q 点、动态参数求解

破题小记一笔

场效应管的动态参数的求解是先直流后交流。

例 6 已知图 2.33 所示电路中，$V_{GG}=6\text{ V}$，$V_{DD}=12\text{ V}$，$R_d=3\text{ k}\Omega$；场效应管的开启电压 $U_{GS(th)}=4\text{ V}$，$I_{DO}=10\text{ mA}$。试估算电路的 Q 点、$\dot{A}_u$ 和 R_o。

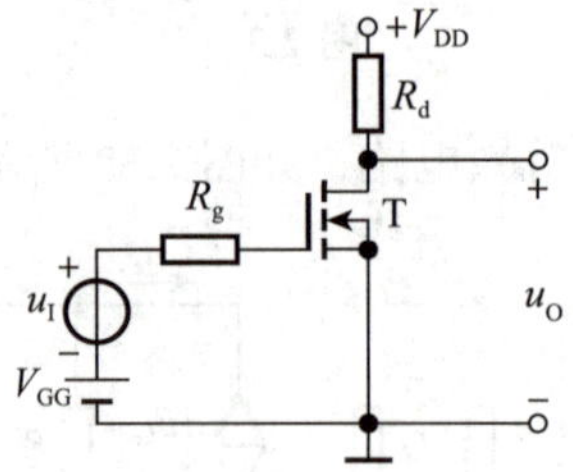

图 2.33

N 沟道增强型场效应管的 i_D 与 U_{GS} 的关系式为 $i_D=I_{DO}\left(\dfrac{U_{GS}}{U_{GS(th)}}-1\right)^2$

解析 ①估算静态工作点：已知 $U_{GS}=V_{GG}=6\text{ V}$，可以得出

$$I_{DQ}=I_{DO}\left(\frac{V_{GG}}{U_{GS(th)}}-1\right)^2=10\times\left(\frac{6}{4}-1\right)^2=2.5\,(\text{mA})$$

$$U_{DSQ}=V_{DD}-I_{DQ}R_d=12-2.5\times3=4.5\,(\text{V})$$

②估算 $\dot{A}_u$ 和 R_o：

根据 I_{DQ} 与 U_{GS} 的关系式推导 g_m，

$$g_m=\frac{2}{U_{GS(th)}}\sqrt{I_{DO}I_{DQ}}=\frac{2}{4}\sqrt{10\times2.5}=2.5\,(\text{mS})$$ → 增强型低频跨导计算公式

$$\dot{A}_u=-g_mR_d=-2.5\times3=-7.5$$

$$R_o=R_d=3\text{ k}\Omega$$

由以上分析可知，要提高共源电路的电压放大能力，最有效的方法是增大漏极静态电流以增大 g_m。

星峰点悟

场效应管的动态参数的求解是先直流后交流。求静态时注意 g_m 的求解公式，本题是 N 沟道增强型场效应管，换成结型推导公式稍有不同，所以要学会灵活应用，不要死记公式。

题型 5 考查复合管的组成原则

破题小记一笔

掌握复合管的组成原则是判断复合管是否得以构成的关键。

例 7 图 2.34 中哪些接法可以构成复合管？标出等效管的类型及引脚。

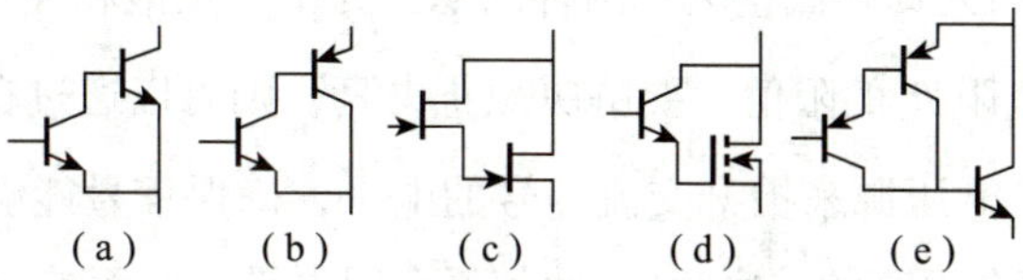

图 2.34

提示 构成复合管的原则：第 1 个元件的集电极电流或发射极电流作第 2 个元件的基极电流，真实电流方向一致。等效晶体管的类型是第 1 个元件的类型。顺序都是从左往右数。

解析 在图 2.34 中，(a)(c)(d)三个图示并未构成复合管结构。(b)图为一个复合管结构，其等效管的类型为 NPN 型。在此结构中，第一个晶体管的基极充当了复合管的基极，第二个晶体管的发射极则成为复合管的集电极，而第三个晶体管的发射极则作为复合管的发射极。

(e)图构成一个复合管，其等效管的类型为 PNP 型。在这个结构中，第一个晶体管的基极是复合管的基极，第二个晶体管的发射极是复合管的发射极，而第三个晶体管的发射极则转变为复合管的集电极。

星峰点悟

本题分析步骤：

内部连接处：第 1 个元件的集电极电流或发射极电流作第 2 个元件的基极电流，真实电流方向一致，需要满足一个流出一个流入的特点。

外部连接处：电流同时从一个节点各自流出或同时汇聚于这个节点，不能一个流出一个流入。

题型 6 考查饱和失真、截止失真的消除方法

破题小记一笔

截止失真和饱和失真的常考题型，一般为判断电路产生了什么失真，如何消除。

例 8 放大电路和示波器测得输出电压 u_o 的波形如图 2.35 所示，试问该放大电路产生了什么失真（饱和、截止）？为消除失真应采取什么措施？

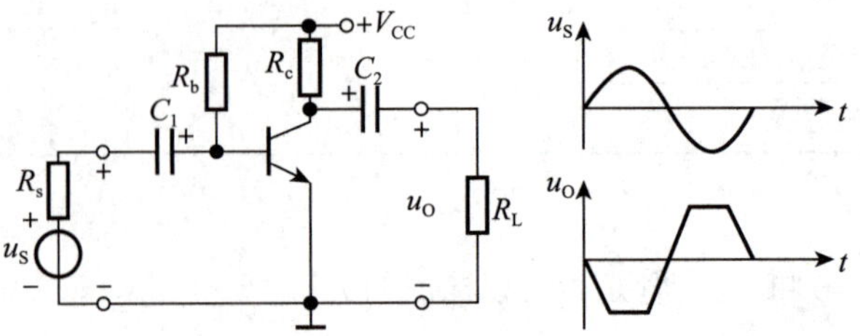

图 2.35

解析 该电路同时出现了饱和失真和截止失真两种问题。为了纠正饱和失真，可以采取的措施是增大电阻 R_b 的阻值，同时减小电阻 R_c 的阻值。要解决截止失真，则可以通过在输入端增加一个直流电压源的方式，即串联一个直流电压源来抬升交流信号的电平，确保信号能够顺利通过电路而不发生失真。这样做实质上提供了一个更高的“底板”，使其不会因电平过低而被截止。

星峰点悟

当 Q 点过低时，因晶体管截止而产生的失真为截止失真。截止失真 i_b、i_c 底部失真，u_o 顶部失真。消除方法：只有增大基极电源 V_{BB} 才能消除截止失真。

当 Q 点过高时，因晶体管饱和而产生的失真为饱和失真。饱和失真 i_b 不失真，i_c 顶部失真，u_o 底部失真。消除方法：①可以增大基极电阻 R_b；②减小集电极电阻 R_c；③更换一只 β 较小的管子。

解习题

【2-1】略。

【2-2】画出图 2.36 所示各电路的直流通路和交流通路。设图中所有电容对交流信号均可视为短路。

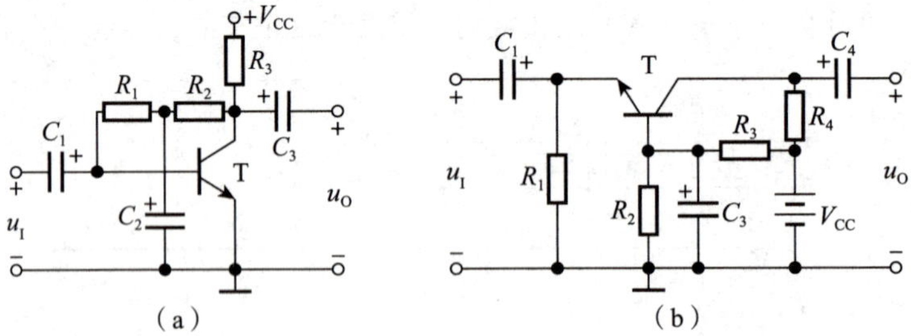

图 2.36

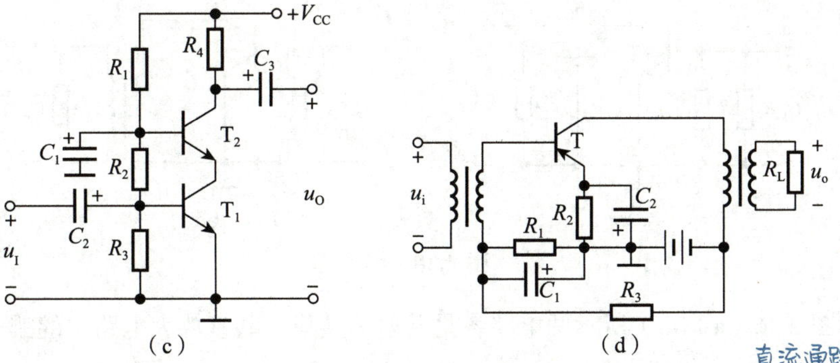

图 2.36（续）

直流通路：C 开路，L 短路，V_{CC}、V_{BB} 保留

解析 将图 2.36 所示各电路中的电容开路、变压器线圈短路，即可得其直流通路，如图 2.37 所示。将图 2.36 所示各电路中的电容和直流电源短路，即可得其交流通路，如图 2.38 所示。

交流通路：C 短路，信号源 u_i、u_s 保留，V_{CC}、V_{BB} 短路

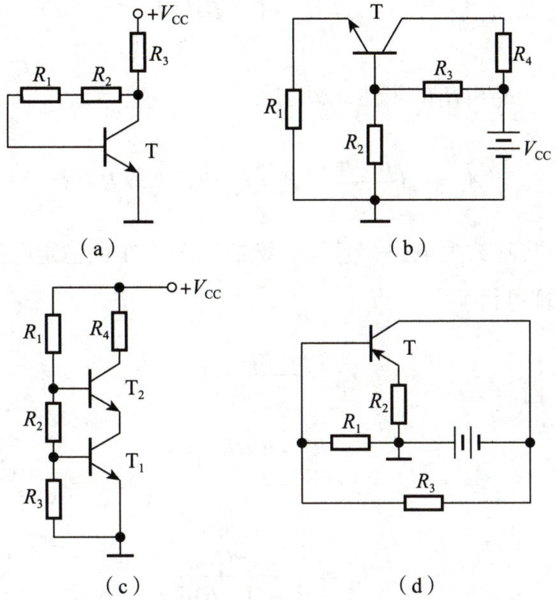

图 2.37

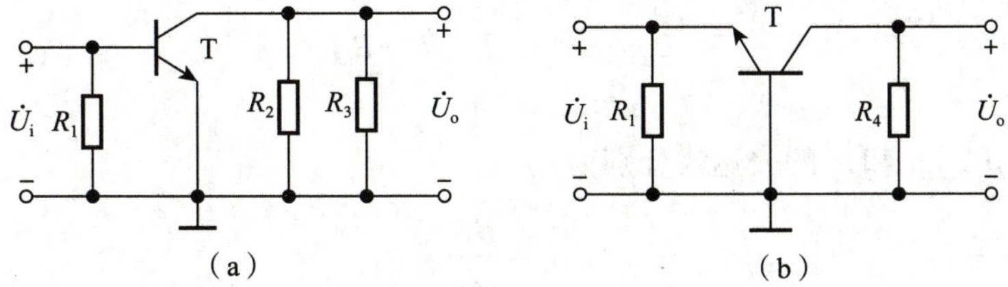

图 2.38

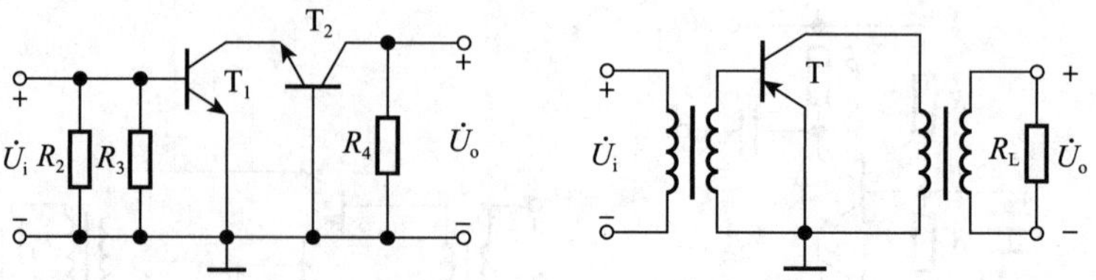

(c)　　　　　　　　(d)

图 2.38（续）

【2-3】分别判断图 2.36（a）（b）所示两电路各是共射、共集、共基放大电路中的哪一种，并写出 Q、$\dot{A}_u$、R_i 和 R_o 的表达式。

解析 ①图 2.36（a）所示电路为共射放大电路，根据图 2.37（a）所示，其 Q 点为

$$I_{BQ}=\frac{V_{CC}-U_{BEQ}}{R_1+R_2+(1+\beta)R_3}$$

$$I_{CQ}=\beta I_{BQ}$$

$$U_{CEQ}=V_{CC}-(1+\beta)I_{BQ}R_3$$

根据图 2.38（a）所示，$\dot{A}_u$、R_i 和 R_o 的表达式分别为

$$\dot{A}_u=-\beta\frac{R_2//R_3}{r_{be}}，\ R_i=r_{be}//R_1，\ R_o=R_2//R_3$$

②图 2.36（b）所示电路为共基放大电路，且为典型的静态工作点稳定电路。根据图 2.37（b），为求解其 Q 点，根据戴维南定理可得

$$V_{BB}=\frac{R_2}{R_2+R_3}\bullet V_{CC}$$

$$R_b=R_2//R_3$$

则 I_{BQ}、I_{CQ}、U_{CEQ} 为

$$I_{BQ}=\frac{V_{BB}-U_{BEQ}}{R_b+(1+\beta)R_1}$$

$$I_{CQ}=\beta I_{BQ}$$

$$U_{CEQ}\approx V_{CC}-I_{CQ}(R_4+R_1)$$

根据图 2.38（b），$\dot{A}_u$、R_i 和 R_o 的表达式分别为

$$\dot{A}_u=\frac{\beta R_4}{r_{be}}$$

$$R_i=R_1//\frac{r_{be}}{1+\beta}$$

$$R_o=R_4$$

【2-4】电路如图 2.39（a）所示，图 2.39（b）是晶体管的输出特性，静态时 $U_{BEQ}=0.7\text{ V}$。利用图解法分别求出 $R_L=\infty$ 和 $R_L=3\text{ k}\Omega$ 时的静态工作点和最大不失真输出电压 U_{om}（有效值）。

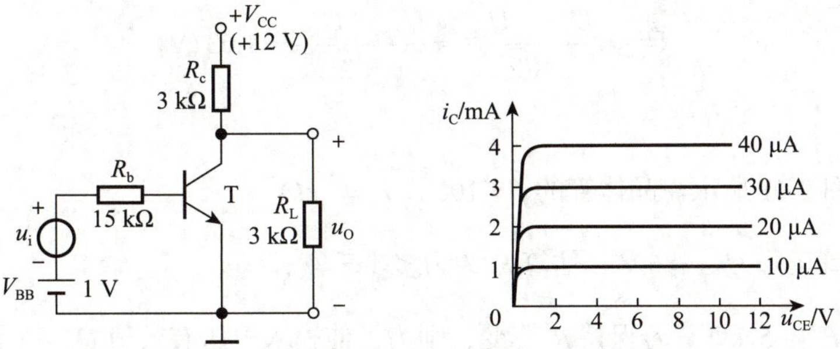

（a）　　　　　　　　（b）

图 2.39

解析 令 $u_i=0$，估算静态基极电流

$$I_{BQ}=\frac{V_{BB}-U_{BEQ}}{R_b}=20\,(\mu\text{A})$$

当 $R_L=\infty$ 时，$i_C=\dfrac{V_{CC}-u_{CE}}{R_c}$，画出负载线与 $I_{BQ}=20\,\mu\text{A}$ 相交于 Q_1 点，如图 2.40 所示。读 Q_1 的值，得 $I_{BQ}=20\,\mu\text{A}$，$I_{CQ}=2\text{ mA}$，$U_{CEQ}=6\text{ V}$。最大不失真输出电压为

$$U_{om}=\frac{U_{CEQ}-U_{CES}}{\sqrt{2}}\approx\frac{U_{CEQ}-U_{BEQ}}{\sqrt{2}}=3.75\,(\text{V})$$

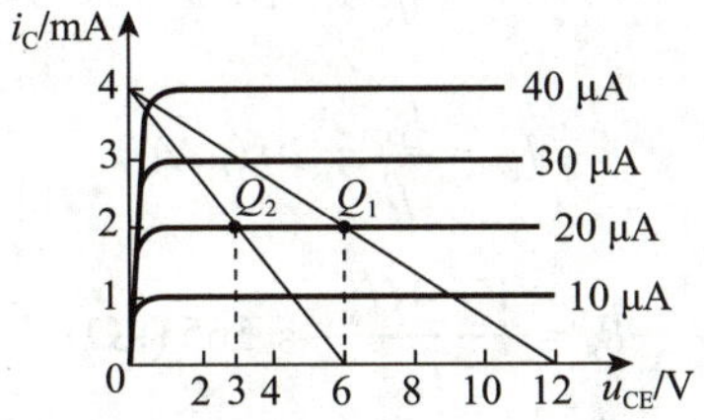

图 2.40

当 $R_L=3\text{ k}\Omega$ 时，首先利用戴维南定理对输出回路进行等效变换，得出等效电源和等效的集电极电阻，为

$$V'_{CC}=\frac{R_L}{R_c+R_L}\cdot V_{CC}$$

由戴维南等效定理可以得到，将 R_c 与 R_L 等效成一个电阻，V_{CC} 变为 V'_{CC}

$$R'_c=R_c//R_L$$

$$i_C=\frac{V'_{CC}-u_{CE}}{R'_c}$$

作负载线 $u_{CE}=V'_{CC}-i_C R'_c$，负载线与 $I_{BQ}=20\,\mu A$ 相交于 Q_2，如图 2.40 所示。读 Q_2 的值，得 $I_{BQ}=20\,\mu A$，$I_{CQ}=2\,mA$，$U_{CEQ}=3\,V$。最大不失真输出电压为

$$U_{om}=\frac{U_{CEQ}-U_{CES}}{\sqrt{2}}\approx\frac{U_{CEQ}-U_{BEQ}}{\sqrt{2}}\approx 1.63\,(V)$$

【2-5】~【2-8】 略。

【2-9】 已知电路如图 2.41 所示。晶体管的 $\beta=100$，$r_{be}=1\,k\Omega$。

（1）现已测得静态管压降 $U_{CEQ}=6\,V$，估算 R_b 约为多少千欧；

（2）已知负载电阻 $R_L=5\,k\Omega$。若保持 R_b 不变，则为了使输入电压有效值 $U_i=1\,mV$ 时输出电压有效值 $U_o>200\,mV$，R_c 至少应选取多少千欧？

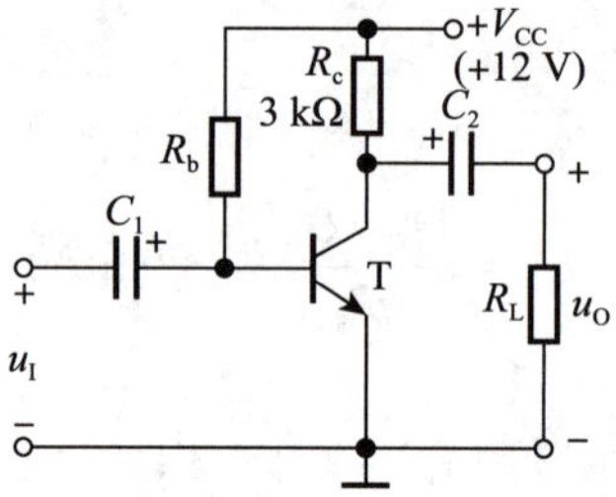

图 2.41

解析（1）求解 R_b。步骤是先求 I_{CQ}，再求 I_{BQ}，最后求 R_b。→ 本题与以往直接求静态工作点相反，先求出相关的 Q 点，再求出 R_b

$$I_{CQ}=\frac{V_{CC}-U_{CEQ}}{R_c}=2\,(mA)$$

$$I_{BQ}=\frac{I_{CQ}}{\beta}=20\,(\mu A)$$

$$R_b=\frac{V_{CC}-U_{BEQ}}{I_{BQ}}\approx 565\,(k\Omega)$$

（2）求解 R_c。由于 $A_u=U_o/U_i=-200$，根据 $A_u=-\dfrac{\beta(R_c/\!/R_L)}{r_{be}}$，可得 $R_c/\!/R_L=2\,k\Omega$，表明 $\dfrac{1}{R_c}+\dfrac{1}{R_L}=\dfrac{1}{2}$，所以 $R_c\approx 3.3\,k\Omega$。R_c 取值应大于 $3.3\,k\Omega$。

【2-10】 在图 2.41 所示电路中，设静态时 $I_{CQ}=2\,mA$，晶体管饱和管压降 $U_{CES}=0.6\,V$。试问：当 $R_L=3\,k\Omega$ 时电路的最大不失真输出电压为多少伏？若要使输出不失真输出电压最大，则在其他电路参数不变的情况下 R_b 应选取多少千欧？

解析 由于 $I_{CQ}=2\,mA$，所以 $U_{CEQ}=V_{CC}-I_{CQ}R_c=6\,(V)$。

当 $R_L=3\,k\Omega$ 时，$U_{CEQ}-U_{CES}>I_{CQ}(R_c//R_L)$，说明当输入信号增大到一定幅值，电路首先出现截止失真。故

对于没有负载的情况来说是比较 $U_{CEQ}-U_{CES}$ 和 $V_{CC}-U_{CEQ}$ 的大小；
对于有负载的情况来说是比较 $U_{CEQ}-U_{CES}$ 与 $I_{CQ}(R_c//R_L)$ 的大小

$$U_{om}=\frac{I_{CQ}R_L'}{\sqrt{2}}\approx 2.12\,(V)$$

为使 U_{om} 最大，应令 $U_{CEQ}-U_{CES}=I_{CQ}(R_c//R_L)$，解得 $I_{CQ}\approx 2.53\,mA$。根据

为使 U_{om} 尽可能大，应将 Q 点设置在放大区内负载线的中点，即 $U_{CEQ}-U_{CES}=I_{CQ}(R_c//R_L)$

$$I_{BQ}=\frac{I_{CQ}}{\beta},\quad R_b=\frac{V_{CC}-U_{BEQ}}{I_{BQ}}$$

取 $U_{BEQ}\approx 0.7\,V$，解得 $R_b\approx 447\,k\Omega$。此时 $U_{om}\approx 2.68\,V$。

【**2-11**】电路如图 2.42 所示，晶体管的 $\beta=100$，$r_{bb'}=100\,\Omega$。

（1）求电路的 Q 点、$\dot{A}_u$、R_i 和 R_o；

（2）若改用 $\beta=200$ 的晶体管，则 Q 点如何变化？

（3）若电容 C_e 开路，则将引起电路的哪些动态参数发生变化？如何变化？

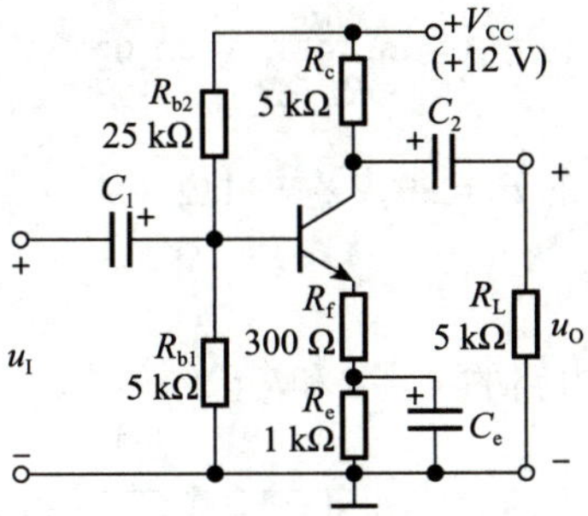

图 2.42

解析（1）静态分析：因为 $(1+\beta)(R_f+R_e)\gg R_{b1}//R_{b2}$，所以可直接求得

$$V_{CC}'\approx\frac{R_{b1}}{R_{b1}+R_{b2}}\cdot V_{CC}=2\,(V)$$

$$R_b=R_{b1}//R_{b2}\approx 4.2\,(k\Omega)$$

$$I_{BQ}=\frac{V_{CC}'-U_{BEQ}}{R_b+(R_f+R_e)(1+\beta)}\approx 10\,(\mu A)$$

$$I_{EQ}\approx I_{CQ}=\beta I_{BQ}=1\,(mA)$$

静态工作点：

$$U_{CEQ}\approx V_{CC}-I_{EQ}(R_c+R_f+R_e)=5.7\,(V)$$

动态分析：

$$r_{be}=r_{bb'}+(1+\beta)\frac{26}{I_{EQ}}\approx 2.73\,(k\Omega)$$

$$\dot{A}_u=-\frac{\beta(R_c//R_L)}{r_{be}+(1+\beta)R_f}\approx -7.6$$

$$R_i=R_{b1}//R_{b2}//[r_{be}+(1+\beta)R_f]\approx 3.7\,(k\Omega)$$

$$R_o=R_c=5\,k\Omega$$

（2）$\beta=200$ 时，I_{EQ} 基本不变，因而 U_{CEQ} 也基本不变，而

$$I_{BQ}=\frac{I_{EQ}}{1+\beta}\approx 5\,(\mu A)$$

故 I_{BQ} 变小。

（3）若电容 C_e 开路，则 R_i 增大，变为

$$R_i=R_{b1}//R_{b2}//\left[r_{be}+(1+\beta)(R_f+R_e)\right]\approx 4.1\,(k\Omega)$$

$|\dot{A}_u|$ 减小，变为

$$\dot{A}_u\approx -\frac{R_L'}{R_f+R_e}\approx -1.92$$

→ 这是上下做近似忽略得到的表达式，r_{be} 相对来说，电阻较小，可以近似忽略

【**2-12**】电路如图 2.43 所示，晶体管的 $\beta=80$，$r_{be}=1\,k\Omega$。

（1）求出 Q 点；

（2）分别求出 $R_L=\infty$ 和 $R_L=3\,k\Omega$ 时电路的 $\dot{A}_u$、R_i 和 R_o。

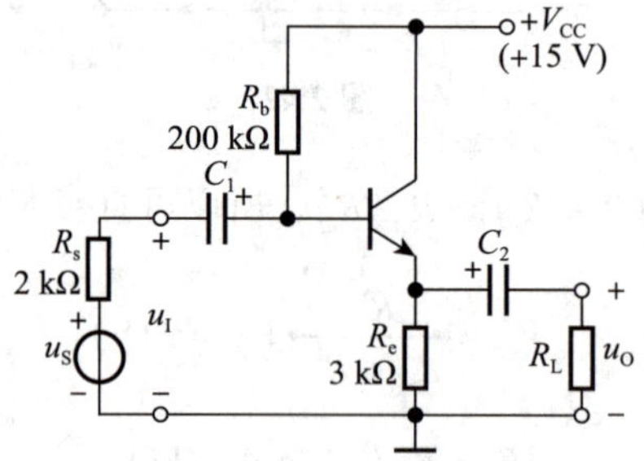

图 2.43

解析（1）静态通路如图 2.44 所示。

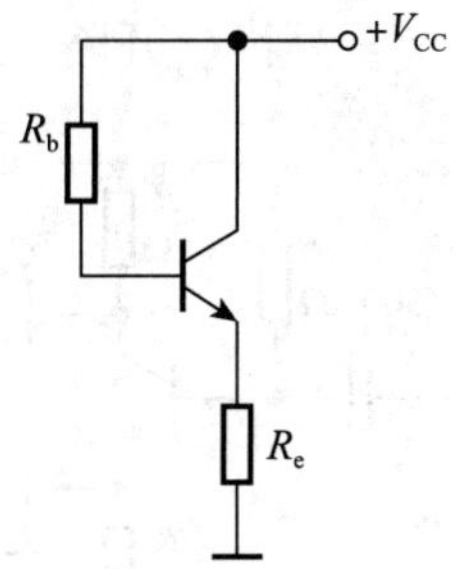

图 2.44

$$I_{BQ}=\frac{V_{CC}-U_{BEQ}}{R_b+(1+\beta)R_e}\approx 32.3\ (\mu A)$$

$$I_{EQ}=(1+\beta)I_{BQ}\approx 2.62\ (mA)$$

$$U_{CEQ}=V_{CC}-I_{EQ}R_e\approx 7.14\ (V)$$

（2）画微变等效电路，如图 2.45 所示。

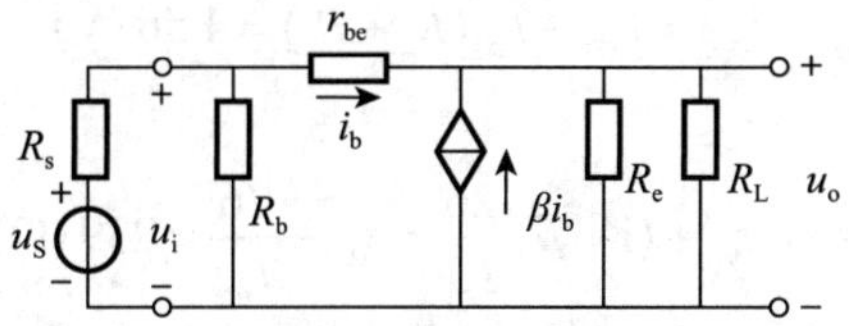

图 2.45

当 $R_L=\infty$ 时，

$$R_i=R_b//\left[r_{be}+(1+\beta)R_e\right]\approx 110\ (k\Omega)$$

$$\dot{A}_u=\frac{(1+\beta)R_e}{r_{be}+(1+\beta)R_e}\approx 0.996$$

当 $R_L=3\,k\Omega$ 时，

$$R_i=R_b//\left[r_{be}+(1+\beta)(R_e//R_L)\right]\approx 76\ (k\Omega)$$

$$\dot{A}_u=\frac{(1+\beta)(R_e//R_L)}{r_{be}+(1+\beta)(R_e//R_L)}\approx 0.992$$

求解输出电阻：由于输出电阻与负载无关，因而两种情况下的输出电阻相等，为

$$R_o=R_e//\frac{R_s//R_b+r_{be}}{1+\beta}\approx 37\ (\Omega)$$

【2-13】电路如图 2.46 所示，晶体管的 $\beta=60$，$r_{bb'}=100\ \Omega$。

（1）求解 Q 点、$\dot{A}_u$、R_i和R_o；

（2）设 $U_s=10\text{ mV}$（有效值），问 $U_i=?$ $U_o=?$ 若 C_3 开路，则 $U_i=?$ $U_o=?$

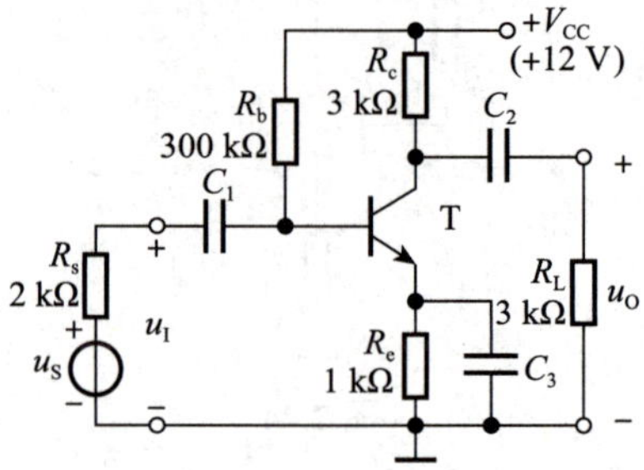

图 2.46

解析（1）Q 点：

$$I_{BQ}=\frac{V_{CC}-U_{BEQ}}{R_b+(1+\beta)R_e}\approx 31\,(\mu\text{A})$$

$$I_{CQ}=\beta I_{BQ}\approx 1.86\,(\text{mA})$$

$$U_{CEQ}\approx V_{CC}-I_{EQ}(R_c+R_e)=4.56\,(\text{V})$$

$\dot{A}_u$、R_i和R_o的分析：

$$r_{be}=r_{bb'}+(1+\beta)\frac{26}{I_{EQ}}=r_{bb'}+\frac{26}{I_{BQ}}\approx 939\,(\Omega)$$

$$R_i=R_b//r_{be}\approx 939\,(\Omega)$$

$$\dot{A}_u=-\frac{\beta(R_c//R_L)}{r_{be}}\approx -96$$

$$R_o=R_c=3\,(\text{k}\Omega)$$

（2）设 $U_s=10\text{ mV}$（有效值），则

$$U_i=\frac{R_i}{R_s+R_i}\cdot U_s\approx 3.2\,(\text{mV})$$

$$U_o=\left|\dot{A}_u\right|U_i\approx 307\,(\text{mV})$$

这里需清楚 U_i 是信号源电阻 R_s 与输入电阻 R_i 对 U_s 的分压，所以已知 U_s，结合第（1）问的 $\dot{A}_u$ 和 R_i 即可求出 U_i 和 U_o

若 C_3 开路，则

$$R_i=R_b//\left[r_{be}+(1+\beta)R_e\right]\approx 51.3\,(\text{k}\Omega)$$

$$\dot{A}_u\approx-\frac{R_c//R_L}{R_e}=-1.5$$

旁路电容开路，不仅对输入电阻 R_i 有影响，而且对电压放大倍数有影响

$$U_i=\frac{R_i}{R_s+R_i}\cdot U_s\approx 9.6\,(\text{mV})$$

$$U_o=\left|\dot{A}_u\right|U_i\approx 14.4\,(\text{mV})$$

【2-14】略。

【2-15】已知图 2.47（a）所示电路中场效应管的转移特性和输出特性分别如图 2.47（b）（c）所示。

（1）利用图解法求解 Q 点；

（2）利用等效电路法求解 $\dot{A}_u$、R_i和R_o。

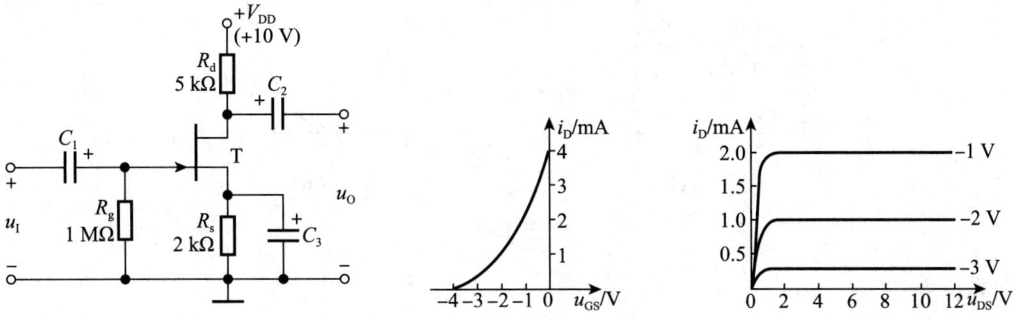

（a）　（b）　（c）

图 2.47

解析（1）在转移特性中作直线 $i_D = -\frac{u_{GS}}{R_s} = -\frac{u_{GS}}{2}$ mA，与转移特性的交点即为 Q 点；读出坐标值，得出 $I_{DQ} = 1\,\text{mA}$，$U_{GSQ} = -2\,\text{V}$。如图 2.48（a）所示。

画出直流负载线 $u_{DS} = V_{DD} - i_D(R_d + R_s)$，与 $U_{GSQ} = -2\,\text{V}$ 相交于 Q 点，$U_{DSQ} \approx 3\,\text{V}$。如图 2.48（b）所示。

（2）画出交流等效电路，如图 2.48（c）所示。进行动态分析。

$$g_m = \left.\frac{\partial i_D}{\partial u_{GS}}\right|_{U_{DS}} \approx \frac{-2}{U_{GS(off)}}\sqrt{I_{DSS}I_{DQ}} = 1\,(\text{mS})$$

$$\dot{A}_u = -g_m R_d = -5$$

$$R_i = R_g = 1\,(\text{M}\Omega)$$

$$R_o = R_d = 5\,(\text{k}\Omega)$$

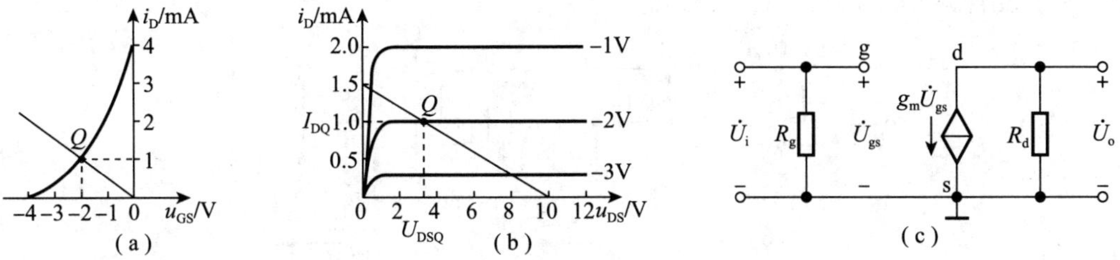

（a）　（b）　（c）

图 2.48

【2-16】已知图 2.49（a）所示电路中场效应管的转移特性如图 2.49（b）所示。求解电路的 Q 点和 $\dot{A}_u$。

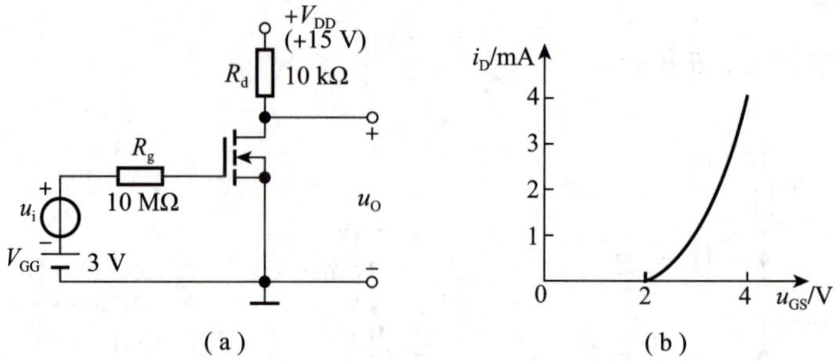

（a）　　　　（b）

图 2.49

解析 ①求 Q 点：

由图 2.49（a）可知，$U_{GSQ}=V_{GG}=3\text{ V}$。

由图 2.49（b）可得，当 $U_{GSQ}=3\text{ V}$ 时的漏极电流 $I_{DQ}=1\text{ mA}$，因此管压降

$$U_{DSQ}=V_{DD}-I_{DQ}R_d=5\ (\text{V})$$

②求电压放大倍数：

$$g_m\approx\frac{2}{U_{GS(th)}}\sqrt{I_{DQ}I_{DO}}=2\ (\text{mS})$$

$$\dot{A}_u=-g_mR_d=-20$$

g_m 的推导过程如下：

$$g_m=\left.\frac{\partial i_D}{\partial u_{GS}}\right|_{U_{DS}}$$

$$i_D=I_{DO}\left(\frac{U_{GS}}{U_{GS(th)}}-1\right)^2$$

$$i'_D=\frac{2I_{DO}}{U_{GS(th)}}\left(\frac{U_{GS}}{U_{GS(th)}}-1\right)$$

$$=\frac{2}{U_{GS(th)}}\sqrt{I_{DO}I_{DQ}}$$

复合管的组成原则：
①在正确的外加电压下，每只管子均有合适的通路，且均工作在放大区或恒流区。
②为了实现电流放大，应将第一只管子的集电极(漏极)或发射极(源极)电流作为第二只管子的基极电流

【2-17】略。

【2-18】图 2.50 中的哪些接法可以构成复合管？标出它们等效管的类型（如 NPN 型、PNP 型、N 沟道结型……）及管脚（b、e、c、d、g、s）。

不同类型的管子复合后，其类型取决于 T_1 管

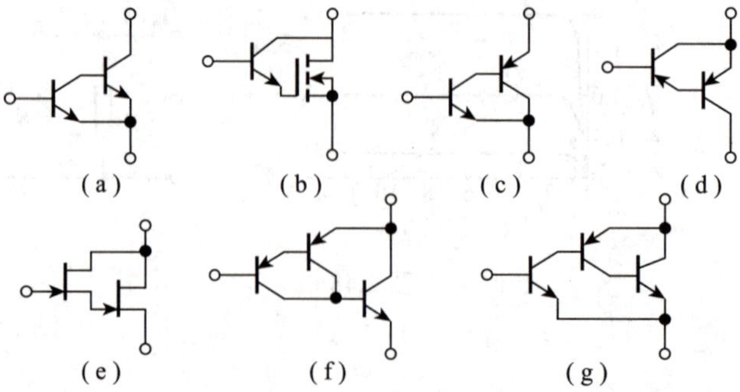

图 2.50

解析 当在复合管上施加适当的电压后，若每支管子的各电极均有电流流通路径，则说明它们能够组合成复合管，否则不能。为了方便讨论，将每个复合管从左至右的第一支管子标记为 T_1，第二支为 T_2，以此类推。

电路（a）无法构成复合管，因为 T_1 的集电极没有电流通路。

电路（b）同样无法构成复合管，原因是 T_2 为 MOS 管，其栅源电阻极大，导致 T_1 的集电极（或发射极，取决于具体接法）没有电流通路。

电路（c）能够构成 NPN 型复合管，其中上端是集电极，中端是基极，下端是发射极。

电路（d）无法构成复合管，因为 T_1 的集电极没有电流通路。

电路（e）无法构成复合管，原因是 T_2 为场效应管，其栅源电阻极大，导致 T_1 的漏极（或源极）没有电流通路。

电路（f）能够构成 PNP 型复合管，其中上端是发射极，中端是基极，下端是集电极。

电路（g）能够构成 NPN 型复合管，其中上端是集电极，中端是基极，下端是发射极。

【2-19】、**【2-20】**略。

第三章　集成运算放大电路

本章要求各位同学：了解多级放大电路的基本概念，包括多级放大电路的耦合方式、动态分析；掌握差动放大器对差模信号的放大作用和对共模信号的抑制作用、差分放大电路的静态工作点与主要性能指标的计算；了解集成运算放大电路的组成、特点及电压传输特性；掌握运放的线性工作区的特点；掌握各种电流源电路的工作原理，以及以电流源电路为有源负载放大电路的动态分析。其中，重难点为：多级放大电路的微变等效电路的画法，以及动态参数的求解；差分放大电路的组成、工作原理，对共模和差模信号的理解，差分放大电路静态工作点与主要性能指标的计算；直接耦合互补输出级电路的结构原理、特点；有源负载放大电路的动态分析。

划重点

知识架构

- 集成运算放大电路
  - 多级放大电路
    - 多级放大电路的耦合方式
      - 直接耦合
      - 阻容耦合
      - 变压器耦合
      - 光电耦合
    - 多级放大电路的动态分析
    - 直接耦合放大电路
      - 差分放大电路
      - 直接耦合互补输出级

- 集成运算放大电路
  - 集成运算放大电路概述
    - 概述
      - 电路组成
      - 电压传输特性
    - 电流源电路
      - 基本电流源电路
        - 镜像电流源
        - 微电流源
        - 比例电流源
      - 改进型电流源电路
        - 加射极输出器的电流源
        - 威尔逊电流源
      - 电流源的应用
        - 有源负载共射放大电路
        - 有源负载差分放大电路

3.1 多级放大电路

3.1.1 多级放大电路的耦合方式

组成多级放大电路的每一个基本放大电路称为一级，级与级之间的连接称为级间耦合。多级放大电路有四种常见的耦合方式：**直接耦合**［见图 3.1（a）］、**阻容耦合**［见图 3.1（b）］、**变压器耦合**［见图 3.1（c）（d）］和**光电耦合**。

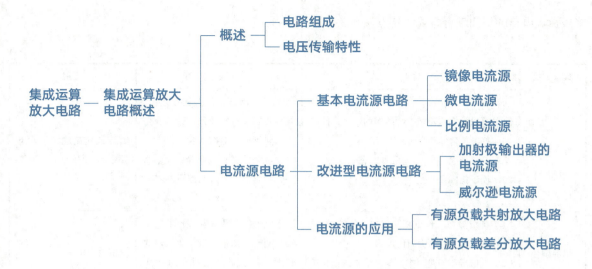

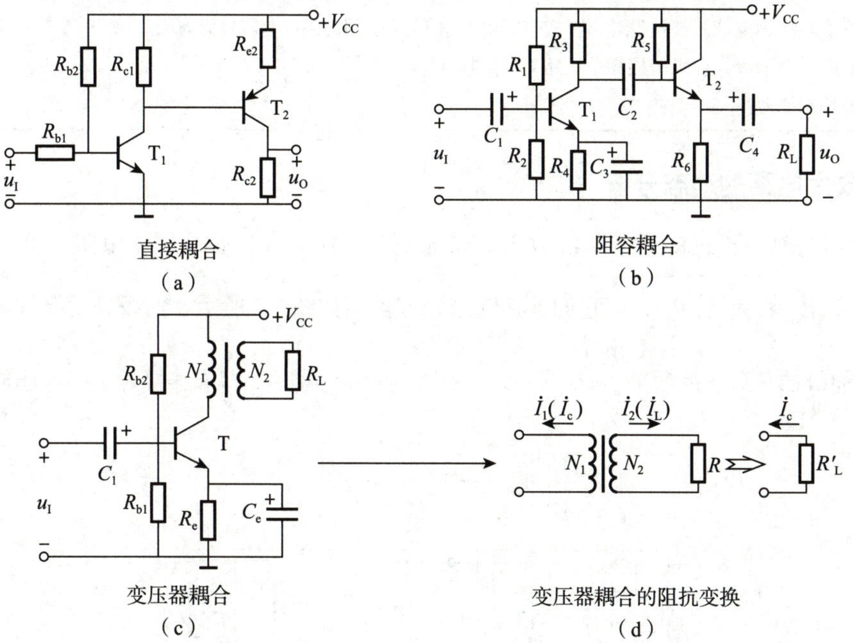

图 3.1

多级放大电路的级间耦合方式的特点如表 3.1 所示。

表 3.1

耦合方式	优点	缺点	应用
直接耦合	（1）可以放大直流及变化缓慢的信号，低频响应好，可延伸到直流。（具有良好的低频特性） （2）便于集成	（1）各级静态工作点相互依赖，导致设计、计算及调试过程变得复杂且不便于操作。 （2）在常见的直接耦合放大电路中，通常会遇到较为严重的零点漂移问题	直流或交流放大集成电路中
阻容耦合	（1）各级静态工作点相互独立，使得设计、计算及调试过程更为简便。 （2）在信号传输过程中，交流信号的损失较小，同时能够实现较高的增益	（1）该器件不具备集成能力。 （2）对于直流信号及变化缓慢的信号，该器件无法进行有效放大，且其低频响应性能较差	交流放大电路中
变压器耦合	（1）各级静态工作点互不影响，设计、计算和调试方便。 （2）可以改变交流信号的电压、电流和阻抗	（1）高频和低频响应差。 （2）无法集成。 （3）体积大、笨重	功率放大和调谐放大电路中
光电耦合	光电耦合器巧妙地将发光元件（即发光二极管）与光敏元件（通常为光电三极管）在绝缘状态下结合在一起。其中，发光元件作为输入回路，负责将电能转换为光能；而光敏元件则构成输出回路，负责将接收到的光能再次转换为电能。这种设计不仅实现了电气上的完全隔离，还显著提高了电路对电干扰的抑制能力	（1）带宽受到一定限制。 （2）信号传输的有效距离有限。 （3）需要额外施加外部偏置电压。 （4）适用的温度范围较为有限	电力监控系统和保护设备的隔离

3.1.2 多级放大电路的动态分析

以两级放大电路为例，设已知两个单级放大电路的空载电压放大倍数、输入电阻、输出电阻分别为 $\dot{A}_{u10}$、R_{i1}、R_{o1} 和 $\dot{A}_{u20}$、R_{i2}、R_{o2}，将它们连接起来，方框图如图 3.2 所示。前级是后级的信号源，后级的输入电阻是前级的负载，此时 $\dot{U}_{o1}\neq\dot{U}'_{o1}$，$\dot{U}_{o2}\neq\dot{U}'_{o2}$。各级空载时（即未连接时）的电压放大倍数为

$$\dot{A}_{u10}=\frac{\dot{U}'_{o1}}{\dot{U}_{i}},\dot{A}_{u20}=\frac{\dot{U}'_{o2}}{\dot{U}_{o1}}$$

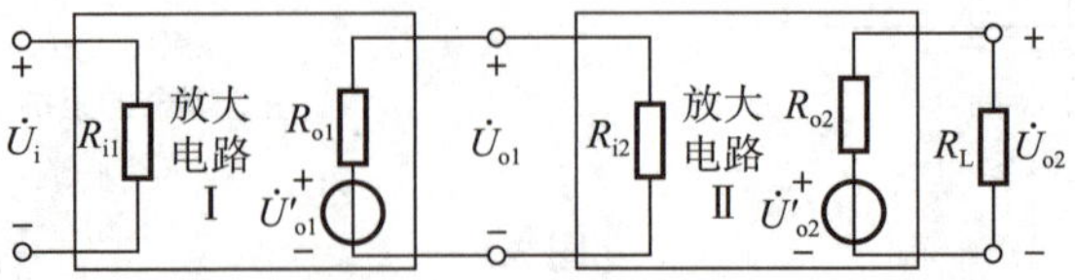

图 3.2

连接后带负载情况下的电压放大倍数为

$$\dot{A}_{u1} = \frac{\dot{U}_{o1}}{\dot{U}_{i}} = \frac{\dot{U}'_{o1}}{\dot{U}_{i}}\cdot\frac{\dot{U}_{o1}}{\dot{U}'_{o1}} = \dot{A}_{u10}\frac{R_{i2}}{R_{o1}+R_{i2}}$$

$$\dot{A}_{u2} = \frac{\dot{U}_{o}}{\dot{U}_{o1}} = \frac{\dot{U}'_{o2}}{\dot{U}_{o1}}\cdot\frac{\dot{U}_{o2}}{\dot{U}'_{o2}} = \dot{A}_{u20}\cdot\frac{R_{L}}{R_{o2}+R_{L}}$$

整个电路的电压放大倍数为

$$\dot{A}_{u} = \dot{A}_{u1}\cdot\dot{A}_{u2} = \dot{A}_{u10}\cdot\frac{R_{i2}}{R_{o1}+R_{i2}}\cdot\dot{A}_{u20}\cdot\frac{R_{L}}{R_{o2}+R_{L}}$$

根据放大电路的输入电阻的定义，多级放大电路的输入电阻就是第一级的输入电阻，即

$$R_{i} = R_{i1}$$

根据放大电路的输出电阻的定义，多级放大电路的输出电阻就是最后一级的输出电阻，即

$$R_{o} = R_{o2}$$

当共集放大电路担任输入级角色时，其输入电阻的大小会受到其后一级（即第二级）输入电阻的影响；而当共集放大电路作为输出级时，其输出电阻则与前一级（即倒数第二级）的输出电阻，也即其信号源的内阻，有着紧密的关联。

3.1.3 差分放大电路

（1）零点漂移现象。

当直接耦合放大电路的输入电压保持为零时，其输出电压却可能发生非零的变化，并产生缓慢波动的输出电压，这一现象被称为零点漂移。由于这种现象主要源于半导体器件的温度稳定性不足，因此零点漂移也常被称作温度漂移，简称温漂。

（2）抑制温漂的方法。

以下是针对电路温度稳定性提升的几种方法：

①在电路中整合直流负反馈机制。例如，在典型的静态工作点稳定电路中，电阻 R_e 就扮演了这样的角色。

②实施温度补偿策略，通过热敏元件来平衡并抵消放大器件因温度变化而产生的效应。

③采纳差分放大电路结构以克服温度漂移问题，即选用性能相近的管子，使它们各自的温度漂移能够相互抵消。

（3）差分放大电路及其特点。

常考差模信号与共模信号的概念

在差分放大电路的两个输入端，若所加输入信号数值相等、极性相同，则称之为**共模信号**；若所加输入信号数值相等、极性相反，则称之为**差模信号**。差分放大电路抑制共模信号 u_{Ic}，放大差模信号 u_{Id}。

差分放大电路的动态参数有输入电阻 R_i、输出电阻 R_o、差模放大倍数 A_d、共模放大倍数 A_c、共模抑

差分放大电路对共模信号和差模信号的作用

制比 K_{CMR}，其中

$$A_d=\frac{\Delta u_{Od}}{\Delta u_{Id}},\quad A_c=\frac{\Delta u_{Oc}}{\Delta u_{Ic}},\quad K_{CMR}=\left|\frac{A_d}{A_c}\right|$$

根据信号源接地和负载电阻接地情况，差分放大电路有四种接法。长尾式差分放大电路在参数理想对称情况下的静态和动态分析如表 3.2 所示。

表 3.2

接法	双端输入、双端输出	双端输入、单端输出	单端输入、双端输出	单端输入、单端输出
电路	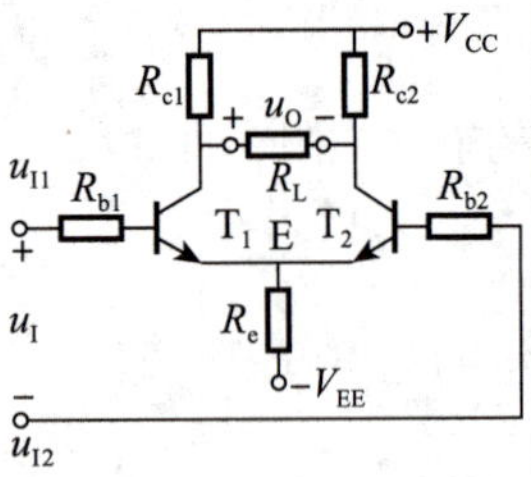	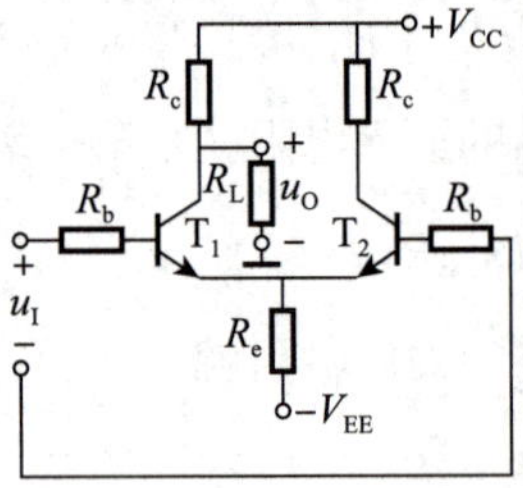	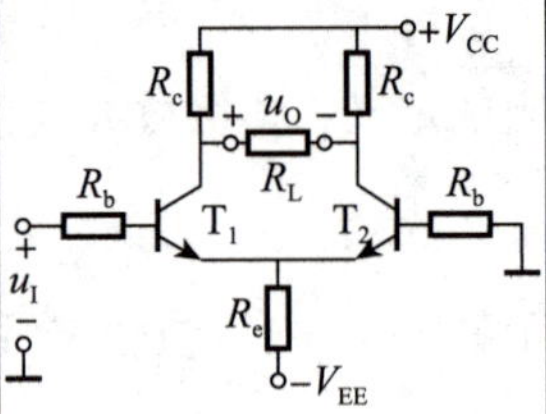	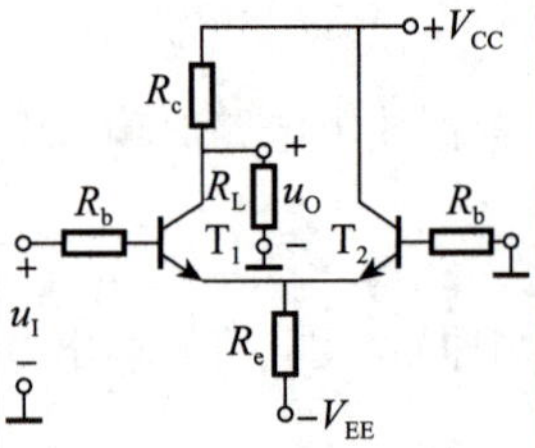
Q点	易错点：在计算 I_{EQ} 时，应除以 $2R_e$，因为此时左右两侧各有大小相等的 I_{EQ1} 和 I_{EQ2} 流入，合并为 I_{EQ} ↑ $I_{EQ}\approx\frac{V_{EE}-U_{BEQ}}{2R_e}$ $I_{BQ}=\frac{I_{EQ}}{1+\beta}$ $U_{CEQ}=V_{CC}-I_{CQ}R_c+U_{BEQ}$	$I_{EQ}\approx\frac{V_{EE}-U_{BEQ}}{2R_e}$ $I_{BQ}=\frac{I_{EQ}}{1+\beta}$ $U_{CEQ}=V'_{CC}-I_{CQ}R'_L+U_{BEQ}$ $V'_{CC}=\frac{R_L V_{CC}}{R_c+R_L}$ $R'_L=R_c//R_L$	$I_{EQ}\approx\frac{V_{EE}-U_{BEQ}}{2R_e}$ $I_{BQ}=\frac{I_{EQ}}{1+\beta}$ $U_{CEQ}=V_{CC}-I_{CQ}R_c+U_{BEQ}$	$I_{EQ}\approx\frac{V_{EE}-U_{BEQ}}{2R_e}$ $I_{BQ}=\frac{I_{EQ}}{1+\beta}$ $U_{CEQ}=V'_{CC}-I_{CQ}R'_L+U_{BEQ}$ $V'_{CC}=\frac{R_L V_{CC}}{R_c+R_L}$ $R'_L=R_c//R_L$
u_{Id}	u_I	u_I	u_I	u_I
u_{Ic}	0	0	$u_I/2$	$u_I/2$
R_i	$2(R_b+r_{be})$	$2(R_b+r_{be})$	$2(R_b+r_{be})$	$2(R_b+r_{be})$
R_o	$2R_c$	R_c	$2R_c$	R_c
A_c	0	$-\frac{\beta(R_c//R_L)}{R_b+r_{be}+2(1+\beta)R_e}$	0	$-\frac{\beta(R_c//R_L)}{R_b+r_{be}+2(1+\beta)R_e}$
K_{CMR}	∞	$\frac{R_b+r_{be}+2(1+\beta)R_e}{2(R_b+r_{be})}$	∞	$\frac{R_b+r_{be}+2(1+\beta)R_e}{2(R_b+r_{be})}$

通常，由于 R_b 和 I_{BQ} 的数值很小，因而表中近似认为晶体管的基极静态电位为零，故发射极电位 $U_{EQ}\approx -U_{BEQ}$。

四种接法下，差分放大电路的特点归纳。

①四种接法下，电路的输入电阻均为 $2(R_b + r_{be})$。

② A_d、A_c、R_o、K_{CMR} 与输出方式有关。

③对于单端输入接法，在输入差模信号的同时总伴随着共模信号的输入。若输入信号为 Δu_I，则其差模输入电压 $\Delta u_{Id} = \Delta u_I$，共模输入电压 $\Delta u_{Ic} = \Delta u_I / 2$。

④若表中所有电路均为具有恒流源的差分放大电路，则其共模放大倍数均为 0，共模抑制比均为无穷大。

⑤ R_e 只对共模信号有负反馈作用，在差模信号作用下 R_e 中电流不变，故对差模信号无反馈作用。

3.1.4 具有恒流源的差分放大电路

为了更有效地抑制每一边电路的温漂，使共模负反馈等效电阻趋于无穷大，常将发射极电阻用恒流源取代，如图 3.3（a）所示。可用静态工作点稳定电路作为恒流源，如图 3.3（b）所示。

在图 3.3（b）所示电路中，$I_2 \gg I_{B3}$，R_2 的电压

$$U_{R2} \approx \frac{R_2}{R_1 + R_2} \cdot V_{EE}$$

差分管的发射极电流

$$I_{EQ} = \frac{U_{R2} - U_{BE}}{2R_3}$$

几乎为恒流，因此对于共模信号等效为无穷大电阻。

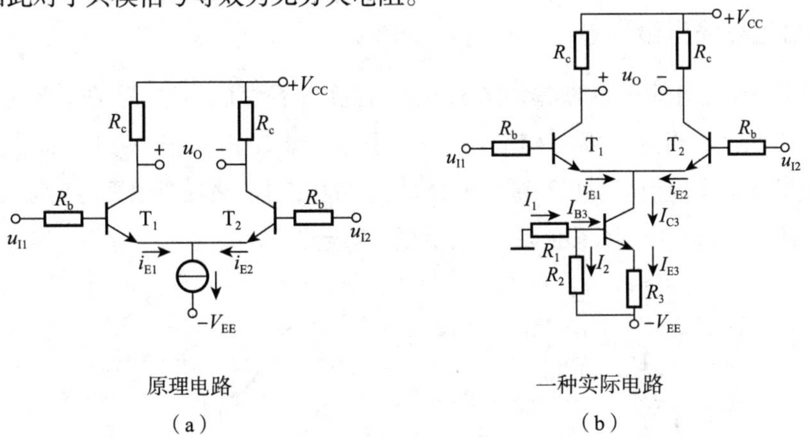

原理电路

（a）

一种实际电路

（b）

图 3.3

在实际电路应用中，为了补偿电路参数的非对称性，经常在两个差分对管的发射极之间连接一个阻值较小的电位器，这种带有调零电位器的差分放大电路如图 3.4 所示。通过调整这个电路，可以确保在输入差模信号为零时，输出电压也为零。如果电位器的滑动触点位于中点位置，则

$$A_d = -\frac{\beta R_c}{r_{be} + (1+\beta)\frac{R_w}{2}}，\ R_i = 2r_{be} + (1+\beta)R_w$$

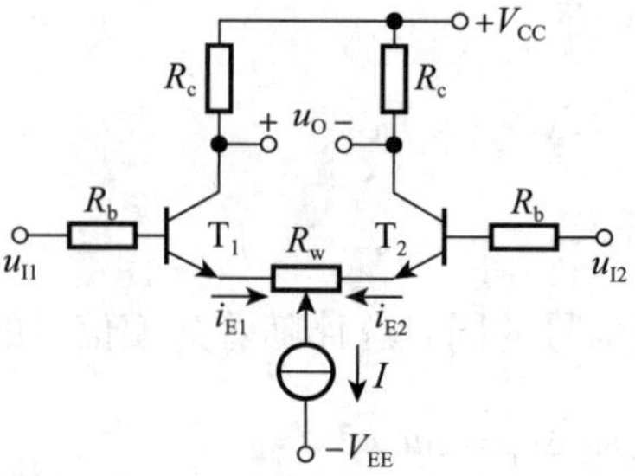

图 3.4

为增大输入电阻，常用场效应管作差分管，场效应管差分放大电路如图 3.5 所示，其差模放大倍数、输入电阻、输出电阻为

$$A_d = -g_m R_d, \ R_i = \infty, \ R_o = 2R_d$$

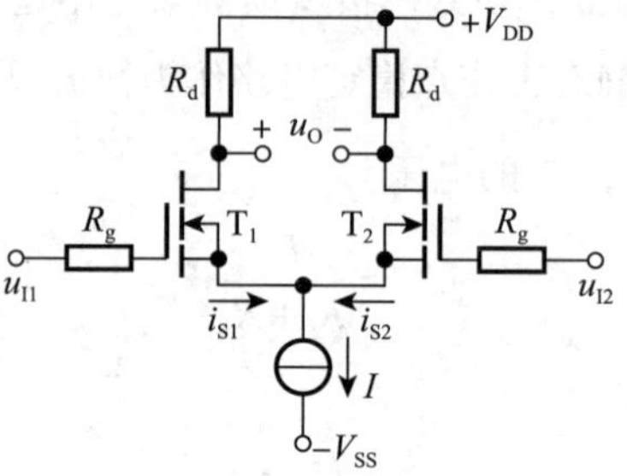

图 3.5

3.1.5 直接耦合互补输出级

图 3.6（a）展示了一个互补输出级的基本电路结构。在静态条件下，该电路的输出电压为零，即实现零输入时的零输出状态。当有信号输入时，两个管子会轮流工作，同时两路电源也会交替为电路供电。信号的正半周和负半周均以射极跟随的形式呈现，这使得电路**具有很强的负载驱动能力**。因此，互补输出级非常适合作为直接耦合多级放大电路的输出级使用。

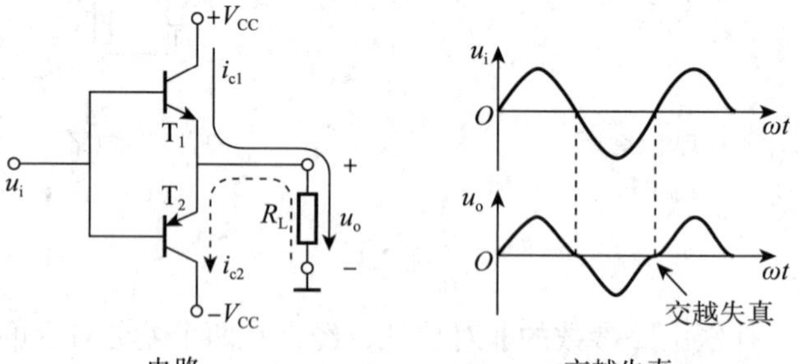

电路

（a）

交越失真

（b）

图 3.6

由于当$|u_{BE}|$小于开启电压时两只管子均截止，故输入信号在零附近将产生失真，称为交越失真，如图

3.6（b）所示。消除交越失真的方法是设置合适的静态工作点，使 T_1 和 T_2 基极之间的静态电压为两倍的开启电压，均处于临界导通状态，从而使输入电压过零时至少有一只晶体管导通。

为消除交越失真，常采用二极管电路［见图 3.7（a）］和 U_{BE} 倍增电路［见图 3.7（b）］。

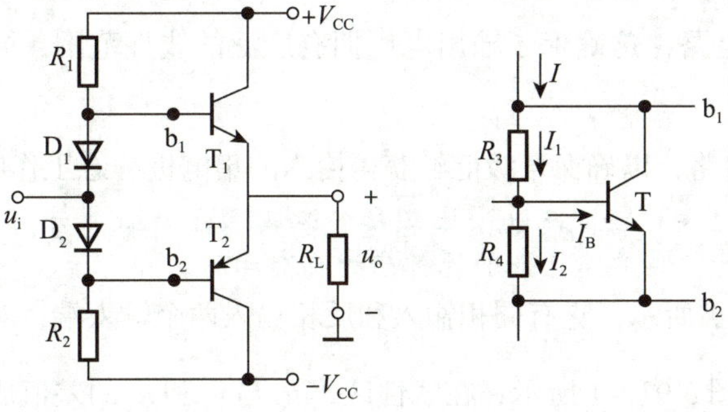

用二极管电路
（a）

用 U_{BE} 倍增电路
（b）

图 3.7

3.2 集成运算放大电路概述

3.2.1 集成运放电路的组成及其电压传输特性

1. 集成运放电路的组成及其各部分的作用 ——→ 这一部分很重要，是考试中的高频考点

集成运放电路由输入级、中间级、输出级和偏置电路四部分组成，如图 3.8 所示。

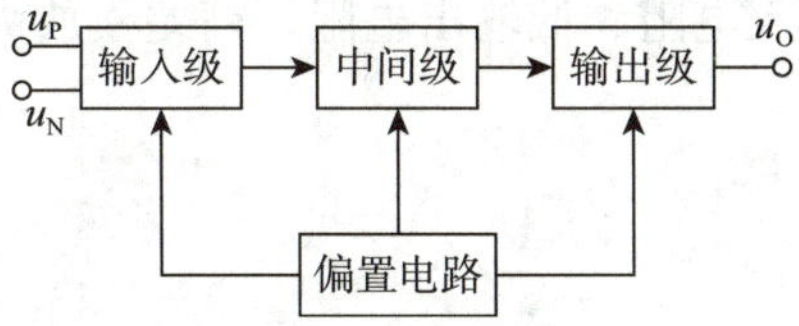

图 3.8

通用型集成运放电路各部分的特点如表 3.3 所示。

表 3.3

组成部分	输入级（前置级）	中间级（主放大级）	输出级（功率级）	偏置电路
采用的电路	差分放大电路	共射或共源放大电路	互补输出电路	电流源电路
性能基本要求	R_i 大、A_d 数值大、K_{CMR} 大	放大能力强	R_o 小、U_{om} 的幅值接近电源电压	温度稳定性好

集成运放电路各部分的具体作用：

①输入级采用了差分放大电路设计，其目的在于有效抑制共模信号的干扰，并减少零点漂移现象的发生。

②中间级运用了共射或共源放大电路，这样的设计赋予了集成运放强大的放大能力。

③输出级选用了互补输出电路，这确保了输出电压拥有广泛的线性范围，同时实现了较小的输出电阻和较低的非线性失真。

④偏置电路采用了电流源电路，以确保各级能够获得恰当的集电极静态工作电流。

2. 集成运放的电压传输特性 → 集成运放的电压传输特性要印在脑海里，在电压比较器部分也有应用

集成运放的符号如图 3.9（a）所示，它有同相输入和反相输入两个输入端，对地输出电压为 u_O。电压传输特性 $u_O = f(u_P - u_N)$ 如图 3.9（b）所示，在线性区，u_O 与 u_P 和 u_N 的差值成线性关系，即

$$u_O = A_{od}(u_P - u_N)$$

A_{od} 为集成运放的差模开环放大倍数，可达几十万倍。在非线性区，输出电压不是 $+U_{OM}$ 就是 $-U_{OM}$，$\pm U_{OM}$ 是集成运放输出电压的最大幅值。

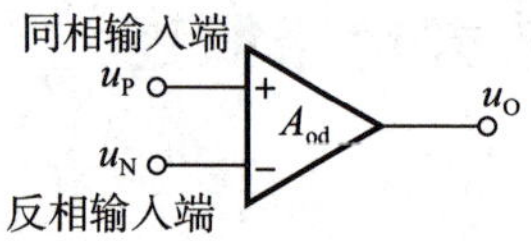

符号

（a）

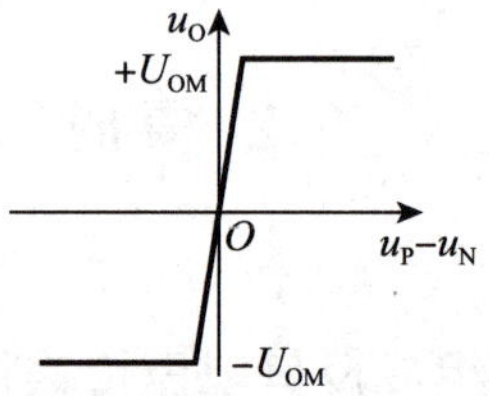

电压传输特性

（b）

图 3.9

从外部看，集成运放是一个高输入电阻、低输出电阻、高差模放大倍数和共模抑制比的双端输入、单端输出的差分放大电路。

3.2.2 电流源电路

1. 基本电流源电路

图 3.10 所示为几种基本电流源电路，图中各管子均具有理想对称特性。

图 3.10（a）所示为镜像电流源，I_R 为基准电流，输出电流

$$I_{C1} = \frac{\beta}{\beta+2} \cdot I_R = \frac{\beta}{\beta+2} \cdot \frac{V_{CC} - U_{BE}}{R}$$

若 $\beta \gg 2$，则 $I_{C1} \approx I_R$。

图 3.10（b）所示为微电流源，输出电流

$$I_{C1} \approx \frac{U_{BE0} - U_{BE1}}{R_e}$$

图 3.10（c）所示为比例电流源，输出电流

$$I_{C1} \approx \frac{R_{e0}}{R_{e1}} \cdot I_R$$

可见，只要改变 R_{e0} 和 R_{e1} 的阻值，就可以改变 I_{C1} 和 I_R 的比例关系。式中，基准电流

$$I_R \approx \frac{V_{CC} - U_{BE0}}{R + R_{e0}}$$

与典型的静态工作点稳定电路一样，R_{e0} 和 R_{e1} 是电流负反馈电阻，因此与镜像电流源比较，比例电流源的输出电流 I_{C1} 具有更高的温度稳定性。

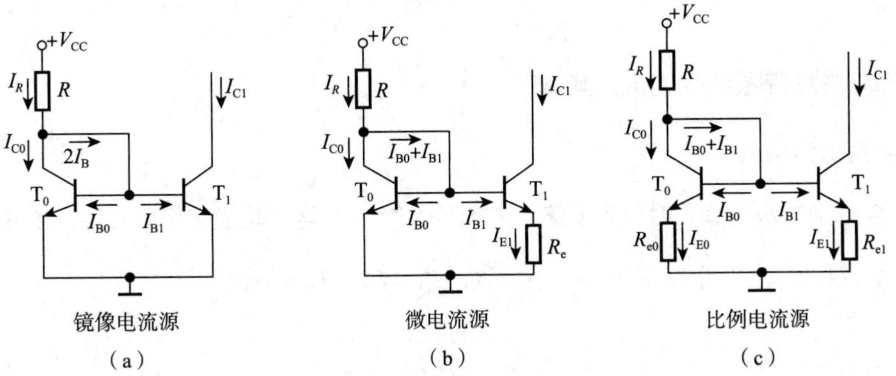

图 3.10

2. 改进型电流源电路

图 3.11 所示为两种改进型电流源电路。

图 3.11（a）所示为加射极输出器的电流源。T_0、T_1 和 T_2 特性完全相同，输出电流为

$$I_{C1} = \frac{I_R}{1 + \frac{2}{(1+\beta)\beta}} \approx I_R$$

图 3.11（b）所示为威尔逊电流源。令 $I_{C1} = I_{C0} = I_C$，I_{C2} 为输出电流，A 点的电流方程为

$$I_{E2} = I_C + 2I_B = I_C + \frac{2I_C}{\beta}$$

在 B 点，

$$I_R = I_C + I_{B2} = \frac{\beta^2 + 2\beta + 2}{\beta^2 + 2\beta} I_{C2}$$

因此

$$I_{C2} = \left(1 - \frac{2}{\beta^2 + 2\beta + 2}\right) I_R \approx I_R$$

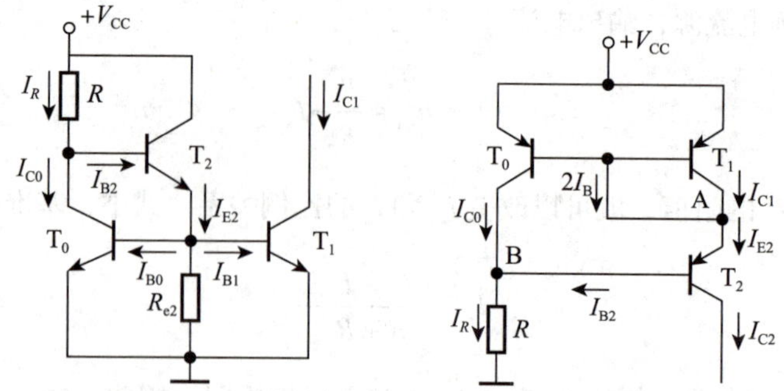

加射极输出器的电流源

（a）

威尔逊电流源

（b）

图 3.11

3.2.3 以电流源为有源负载的放大电路

1. 有源负载共射放大电路

图 3.12（a）所示为有源负载共射放大电路。T_1 为放大管，T_2 与 T_3 构成镜像电流源，T_2 是 T_1 的有源负载。设 T_2 与 T_3 管特性完全相同，因而 $\beta_2=\beta_3=\beta$，$I_{C2}=I_{C3}$。基准电流

$$I_R=\frac{V_{CC}-U_{EB3}}{R}$$

空载时 T_1 管的静态集电极电流

$$I_{CQ1}=I_{C2}=\frac{\beta}{\beta+2}\bullet I_R$$

可见，电路中并不需要很高的电源电压，只要 V_{CC} 与 R 相配合，就可设置合适的集电极电流 I_{CQ1}。输入端的 u_I 中应含有直流分量，为 T_1 提供静态基极电流 I_{BQ1}，I_{BQ1} 应等于 I_{CQ1}/β_1，而不应与镜像电流源提供的 I_{C2} 产生冲突。应当注意，当电路带上负载电阻 R_L 后，由于 R_L 对 I_{C2} 的分流作用，I_{CQ1} 将有所变化。

若负载电阻 R_L 很大，则 T_1 管和 T_2 管在 h 参数等效电路中的 $1/h_{22}$ 就不能忽略不计，即应考虑 c－e 之间动态电阻中的电流，因此图 3.12（a）所示电路的交流等效电路如图 3.12（b）所示。这样，电路的电压放大倍数

$$\dot{A}_u=-\frac{\beta_1(r_{ce1}//r_{ce2}//R_L)}{R_b+r_{be1}}$$

→ 这里要注意，与以往的多级放大电路不同，这里没有忽略 r_{ce}

若 $R_L \ll (r_{ce1}//r_{ce2})$，则

$$\dot{A}_u\approx-\frac{\beta_1 R_L}{R_b+r_{be1}}$$

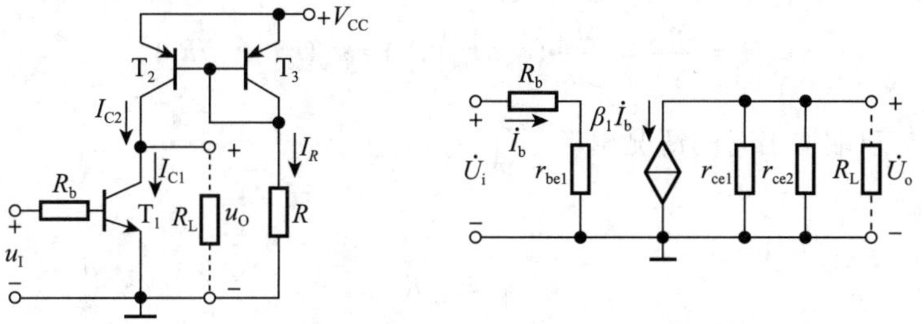

电路　　　　　　　　　　交流等效电路

（a）　　　　　　　　　　（b）

图 3.12

2. 有源负载差分放大电路

利用镜像电流源可以使单端输出差分放大电路的差模放大倍数提高到双端输出时的情况，常见的电路形式如图 3.13 所示。

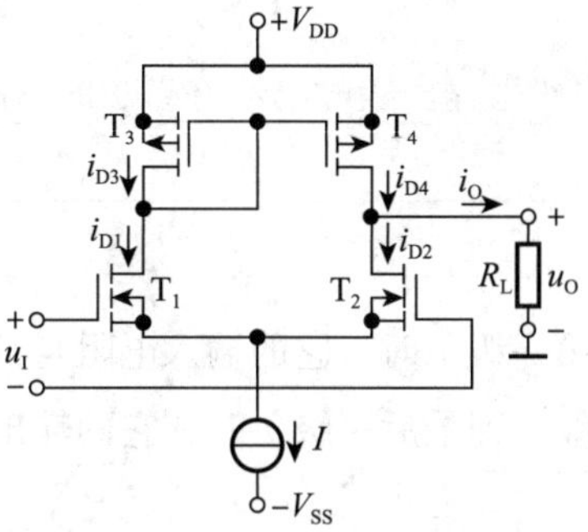

图 3.13

在图 3.13 所示电路中，N 沟道增强型 MOS 管 T_1 与 T_2 作为放大元件；而 P 沟道增强型 MOS 管 T_3 与 T_4，由于其特性理想对称，被组合成镜像电流源，作为有源负载使用，且满足 $i_{D3}=i_{D4}$ 的条件。

静态时，T_1 管和 T_2 管的源极电流 $I_{S1}=I_{S2}=I/2$，漏极电流 $I_{D1}=I_{D2}=I/2$。因可认为栅极电流为零，故 $I_{D3}=I_{D1}$。又因 $I_{D4}=I_{D3}=I_{D1}$，所以 $i_O=I_{D4}-I_{D2}=0$。

当差模信号 Δu_I 输入时，根据差分放大电路的特点，动态漏极电流 $\Delta i_{D1}=-\Delta i_{D2}$，$\Delta i_{D3}=\Delta i_{D1}$。由 i_{D4} 和 i_{D3} 的镜像关系，有 $\Delta i_{D4}=\Delta i_{D3}=\Delta i_{D1}$，所以，$\Delta i_O=\Delta i_{D4}-\Delta i_{D2}=\Delta i_{D1}-(-\Delta i_{D1})=2\Delta i_{D1}$。由此可见，输出电流为单端输出时的两倍，这时输出电流与输入电压之比

$$A_{iu}=\frac{\Delta i_O}{\Delta u_I}=\frac{2\Delta i_{D1}}{2\cdot\frac{\Delta u_I}{2}}=g_m$$

式中，g_m 为 MOS 管的跨导。设 T_1 管和 T_4 管漏－源之间动态电阻分别为 r_{ds1} 和 r_{ds4}，当电路带负载电阻 R_L 时，其电压放大倍数的分析与图 3.12 所示电路相同，若 R_L 与 $(r_{ds2}//r_{ds4})$ 可以相比，则

$$A_u=\frac{\Delta u_O}{\Delta u_I}=\frac{\Delta i_O}{\Delta u_I}\bullet(r_{ds2}//r_{ds4}//R_L)=g_m(r_{ds2}//r_{ds4}//R_L)$$

因而电压放大倍数与双端输出时的情况相等。

若 $R_L \ll (r_{ds2}//r_{ds4})$，则

$$A_u=g_mR_L$$

说明利用镜像电流源作有源负载，不但可将 T_1 管的漏极电流变化转换为输出电流，而且还将所有变化电流流向负载 R_L。

斩题型

题型 1 考查当共集放大电路作为输出级时，动态参数的求解

破题小记一笔

当共集放大电路作为输入级（即第一级）时，它的输入电阻与其负载，即与第二级的输入电阻有关；而当共集放大电路作为输出级（即最后一级）时，它的输出电阻与其信号源内阻，即与倒数第二级的输出电阻有关。

例 1 图 3.14 所示电路中，$R_1=15\text{ k}\Omega$，$R_2=R_3=5\text{ k}\Omega$，$R_4=2.3\text{ k}\Omega$，$R_5=100\text{ k}\Omega$，$R_6=R_L=5\text{ k}\Omega$，$V_{CC}=12\text{ V}$，晶体管的 β 均为 150，$r_{be1}=4\text{ k}\Omega$，$r_{be2}=2.2\text{ k}\Omega$，$U_{BEQ1}=U_{BEQ2}=0.7\text{ V}$。试估算电路的 $\dot{A}_u$、Q 点、R_i 和 R_o。

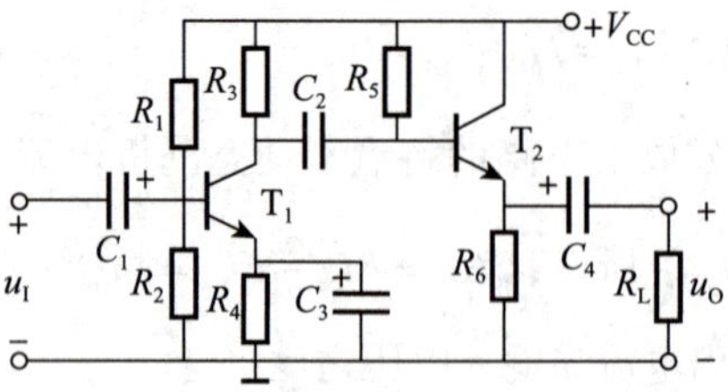

图 3.14

提示 本题考查知识点：当共集放大电路作为输出级时，它的输出电阻与其信号源内阻有关。

解析 ①求解 Q 点。由于电路采用阻容耦合方式，所以每一级的 Q 点都可以按单管放大电路来求解。第一级为典型的 Q 点稳定电路［见图 3.15（a）］，根据参数取值可以认为

$$U_{BQ1}\approx\frac{R_2}{R_1+R_2}\cdot V_{CC}=\frac{5}{15+5}\times12=3\,(V)$$

$$I_{EQ1}=\frac{U_{BQ1}-U_{BEQ1}}{R_4}\approx\frac{3-0.7}{2.3}=1\,(mA)$$

$$I_{BQ1}=\frac{I_{EQ1}}{1+\beta_1}\approx\frac{1}{150}\approx0.006\,7\,(mA)=6.7\,(\mu A)$$

$$U_{CEQ1}\approx V_{CC}-I_{EQ1}(R_3+R_4)=12-1\times(5+2.3)=4.7\,(V)$$

第二级为共集放大电路［见图 3.15（b）］，根据其基极回路方程求出 I_{BQ2}，便可得到 I_{EQ2} 和 U_{CEQ2}，即

$$I_{BQ2}=\frac{V_{CC}-U_{BEQ2}}{R_5+(1+\beta_2)R_6}=\frac{12-0.7}{100+151\times5}\approx0.013\,(mA)=13\,(\mu A)$$

$$I_{EQ2}=(1+\beta_2)I_{BQ2}\approx(1+150)\times13=1\,963\,(\mu A)\approx2\,(mA)$$

$$U_{CEQ2}\approx V_{CC}-I_{EQ2}R_6\approx12-2\times5=2\,(V)$$

②求解 $\dot{A}_u$、R_i 和 R_o。画出图 3.14 所示电路的交流等效电路，如图 3.15（c）所示。

为了求出第一级的电压放大倍数 $\dot{A}_{u1}$，首先应求出其负载电阻，即第二级的输入电阻：

$$R_{i2}=R_5//\{r_{be2}+[(1+\beta_2)(R_6//R_L)]\}\approx79\,(k\Omega)$$

$$\dot{A}_{u1}=-\frac{\beta_1(R_3//R_{i2})}{r_{be1}}\approx-\frac{150\times\frac{5\times79}{5+79}}{4}\approx-176$$

第二级的电压放大倍数应接近 1，根据电路可得

共集放大电路电压放大倍数 $\dot{A}_u\approx1$

$$\dot{A}_{u2}=\frac{(1+\beta_2)(R_6//R_L)}{r_{be2}+(1+\beta_2)(R_6//R_L)}=\frac{151\times2.5}{2.2+151\times2.5}\approx0.994$$

将 $\dot{A}_{u1}$ 与 $\dot{A}_{u2}$ 相乘，便可得出整个电路的电压放大倍数为

$$\dot{A}_u=\dot{A}_{u1}\dot{A}_{u2}\approx-176\times0.994\approx-175$$

输入电阻 R_i 为第一级输入电阻，有

$$R_i=R_1//R_2//r_{be1}=\frac{1}{1/15+1/5+1/4}\approx1.94\,(k\Omega)$$

共集放大电路作为输出级时，电路的输出电阻 R_o 与第一级的输出电阻 R_3 有关，

$$R_o=R_6//\frac{r_{be2}+R_3//R_5}{1+\beta_2}\approx\frac{r_{be2}+R_3}{1+\beta_2}=\frac{2.2+5}{1+150}\approx0.047\,7\,(k\Omega)\approx48\,(\Omega)$$

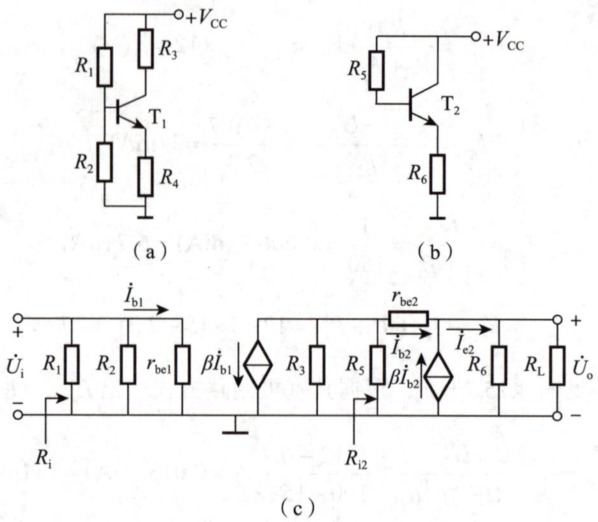

图 3.15

星峰点悟

对于阻容耦合电路，静态工作点法就是单管放大电路的求解方法。求解动态参数，首先，按照单管放大电路的微变等效方式画出多级放大电路的微变等效电路；然后，一级一级求解电压放大倍数，后一级的输入电阻作为前一级的负载对前一级的放大倍数进行求解；最后，将每一级的电压放大倍数相乘，即得多级放大电路的电压放大倍数。输入电阻就是第一级的输入电阻，输出电阻为最后一级输出电阻。但是，当共集放大电路作为输入或输出级时，输入电阻和输出电阻需根据电路进行求解。

题型 2 考查具有恒流源差分放大电路的动态参数求解

破题小记一笔

差分放大电路中动态参数求解主要是对电路微变等效电路的分析，与多级放大电路相似，只不过有单双输入和输出之分，同学们在求解过程中，只需要将微变等效电路画出来，动态参数就迎刃而解了。

例 2 电路如图 3.16 所示，已知三极管的 $\beta_1=\beta_2=50$，$\beta_3=80$，$U_{BE1}=U_{BE2}=U_{BE3}=0.6\text{ V}$。当输入信号 $u_I=0\text{ V}$ 时，测得输出电压为零。(其中，输出电压在 T_3 的集电极)

(1) 求电阻 R_{e2} 的阻值；

(2) 当 $u_I=5\text{ mV}$ 时，估算输出电压 u_O 的值。

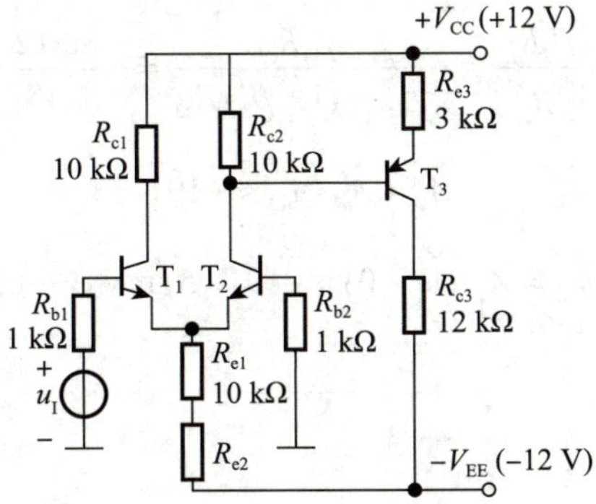

图 3.16

解析（1）静态时，$u_O = 0\ V$，则

$$I_{E3} = \frac{0-(-V_{EE})}{R_{c3}} = \frac{12}{12} = 1\ (mA)$$

$$U_{E3} = V_{CC} - R_{e3} \cdot I_{E3} = 12 - 3 \cdot 1 = 9\ (V)$$

$$U_{B3} = U_{E3} - 0.6 = 8.4\ (V)$$

$$I_{E2} = \frac{V_{CC} - U_{B3}}{R_{c2}} = \frac{12-8.4}{10} = 0.36\ (mA)$$

$$I_{R_{e2}} = 2I_{E2} = 0.72\ (mA)$$

$$U_{E2} = 0 - 0.6 = -0.6\ (V)$$

所以
$$R_{e1} + R_{e2} = \frac{U_{E2} - (-V_{EE})}{I_{R_{e2}}} = \frac{12-0.6}{0.72} = 15.8\ (k\Omega)$$

故 $R_{e2} = 5.8\ k\Omega$。

（2）
$$r_{be3} = r_{bb'} + (1+\beta_3)\frac{26}{I_{E3}} = 200 + 81 \cdot \frac{26}{1} \approx 2.3\ (k\Omega)$$

若题中没有给出，就取值 100~200。最好根据对应版本的参考教材来取值，对应版本的参考教材取 100 就写 100，对应版本的参考教材取 200 就写 200。本题取值为 200

$$R_{i2} = r_{be3} + (1+\beta_3)R_{e3} = 2.3 + 81 \cdot 3 = 245.3\ (k\Omega)$$

第一级为差分放大电路。

$$r_{be2} = r_{bb'} + (1+\beta_2)\frac{26}{I_{E2}} = 200 + 51 \cdot \frac{26}{0.36} \approx 3.9\ (k\Omega)$$

$$A_{u1} = \frac{1}{2}\frac{\beta_2 R_L'}{R_i'} = \frac{1}{2}\frac{\beta_2 (R_{c2} /\!/ R_{i2})}{(r_{be2} + R_{b2})} \approx \frac{50 \cdot 9.6}{2(3.9+1)} \approx 49$$

第二级为共射放大电路。

$$A_{u2} = -\frac{\beta_3 R_L'}{R_i'} = -\frac{\beta_3 R_{c3}}{r_{be3} + (1+\beta_3) R_{e3}} = -\frac{80 \cdot 12}{245} \approx -3.9$$

$$A_u = A_{u1} \cdot A_{u2} \approx -191$$

故

$$u_O = A_{ud} u_{Id} = A_{ud}(u_I - 0) \approx -191 \times 5\,(\text{mV}) = -0.955\,(\text{V})$$

星峰点悟

注意，流经 R_{e2} 的电流是 $I_{R_{e2}}=2I_{E2}$。求解的时候要注意，本题目是求解 R_{e2}，有的题目是知道 R_{e2} 求电流，要记得 $I_{EQ1} = I_{EQ2} = I_E / 2$。

题型 3 考查是否能够根据性能指标组成多级放大电路

破题小记一笔

可以根据基本放大电路的性能指标组成不同功能的多级放大电路。各个知识点看似不起眼，却包含了很多容易忽略的要点。

例 3 现有基本放大电路：

①共射电路；②共集电路；③共基电路；④共源电路；⑤共漏电路。

设输入阻抗为 R_i，输出阻抗为 R_o，电压放大倍数为 $\dot{A}_u$。要求选择合适的放大电路构成二级组合放大电路，则通常情况下：

（1）若要求输入阻抗 5 kΩ 左右，$|\dot{A}_u| > 10^3$，则第一级电路应采用________，第二级电路应采用________；

（2）若要求 $R_i > 20\ \text{M}\Omega$，$|\dot{A}_u|$ 为 10^3 左右，则第一级电路应采用________，第二级电路应采用________；

（3）若要求 $180\ \text{k}\Omega < R_i < 200\ \text{k}\Omega$，$|\dot{A}_u|$ 为 100 左右，则第一级电路应采用________，第二级电路应采用________；

（4）若被放大信号为电流型传感信号，要求实现电流到电压的转换，总增益为 1 K 左右，但 R_o 越小越好，则第一级电路应采用________，第二级电路应采用________。

答案（1）①，①；（2）④，①；（3）②，①；（4）③，②

解析（1）由于 $R_i = 5\ \text{k}\Omega$，第一级应采用共射放大电路；由于 $|\dot{A}_u| > 10^3$，第二级也应采用共射放大电路。尽管共基放大电路同样展现出强大的电压放大能力，但在选择第二级电路时不适用。原因在于，共

基放大电路的输入电阻相对较小，这会导致第一级的电压放大倍数显著降低，甚至可能使放大功能失效。因此，如果采用共基电路作为第二级，将无法满足整体电路对电压放大倍数的需求。

（2）由于 R_i 大于 20 MΩ，第一级应采用场效应管放大电路。若采用共漏放大电路，则因其不具有电压放大能力，单靠第二级难以实现 $|\dot{A}_u|$ 为 10^3 左右的要求，故第一级应采用共源放大电路，第二级应采用共射放大电路。

（3）由于 R_i 为 180 ~ 200 kΩ，第一级应采用共集放大电路；由于 $|\dot{A}_u|$ 约为 100，第二级应采用共射放大电路。

（4）为了确保信号源电流能够最大限度地流入放大电路，理想情况下，放大电路的输入电阻应当远低于信号源的内阻。然而，在本问题中，并未明确给出信号源内阻的具体数量级。因此，在选择电路时，优先考虑采用输入电阻最小的共基放大电路作为第一级。同时，为了获得尽可能小的输出电阻 R_o，选择了共集放大电路作为第二级。这样的设计使得第一级能够有效地将输入电流转换为电压，第二级则能够输出与第一级相近的电压值，并且具备出色的负载驱动能力。

星峰点悟

本类题型是考试过程中的高频考点，很多院校更是将其作为必考考点之一。实用基本放大电路动态参数的数量级（空载情况下）如表 3.4 所示，大家尽可能记住，可以根据基本放大电路的特点协助记忆。

表 3.4

基本接法	$\|\dot{A}_u\|$	A_i	R_i	R_o
共射	>100	β（几十 ~ 几百）	几百欧 ~ 几千欧	几百欧 ~ 几千欧
共基	>100	$\alpha(<1)$	最小可达十几欧	几百欧 ~ 几千欧
共集	<1	$1+\beta$（几十 ~ 几百）	几十千欧 ~100 千欧以上	最小可达几十欧
共源	几 ~ 几十	—	1 MΩ 以上，可趋于无穷大	几百欧 ~ 几千欧
共漏	<1	—	1 MΩ 以上，可趋于无穷大	几百欧 ~ 几千欧

题型 4 考查消除交越失真的互补输出级电路

破题小记一笔

将互补输出级电路与差分放大电路结合，不仅可以求解动态参数，还可以改变其中参数，对电路进行调整并分析。

例 4 电路如图 3.17 所示，已知晶体管 $T_1 \sim T_7$ 的电流放大系数分别为 $\beta_1 \sim \beta_7$，且 $\beta_1 = \beta_2$、$\beta_4 = \beta_6$、$\beta_5 = \beta_7$。$T_1 \sim T_7$ 的 b－e 间动态电阻分别为 $r_{be1} \sim r_{be7}$，且 $r_{be1} = r_{be2}$、$r_{be4} = r_{be6}$、$r_{be5} = r_{be7}$。静态时，设 $T_1 \sim T_7$ 的 U_{BEQ} 和二极管的导通电压 U_D 均为 0.7 V，输出电压为 0 V。

试问：

（1）图示电路是几级放大电路？各级分别是哪种基本放大电路？R_3、D_1、D_2 的作用是什么？

（2）静态时，u_O、U_{CQ3}、U_{BQ6} 各为多少伏？

（3）若 $I = 200\ \mu A$，则 T_1 和 T_2 的集电极电流约为多少？

（4）若 $R_3 = 200\ \Omega$，$R_4 = 15\ k\Omega$，$V_{CC} = 24\ V$，则 T_3 的静态集电极电流约为多少？

（5）若静态时输出电压稍微偏离 0 V，则应调整哪个元件参数？若静态时输出电压远离 0 V，则应调整哪些元件参数？

（6）电路的电压放大倍数 $\dot{A}_u$、输入电阻 R_i 和输出电阻 R_o 的表达式。

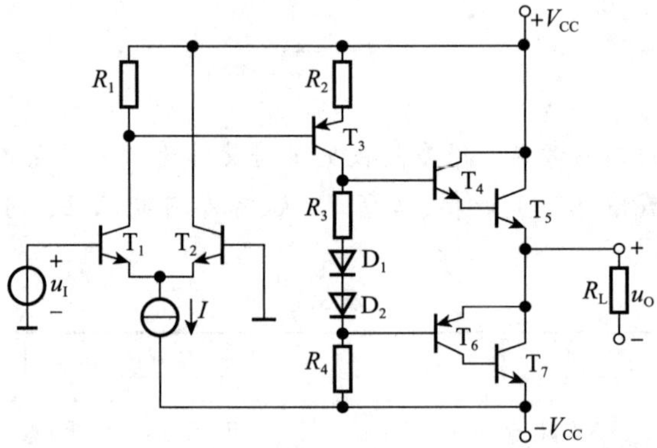

图 3.17

解析（1）图示电路是三级放大电路。第一级是具有恒流源的单端输入、单端输出差分放大电路，第二级为共射放大电路，第三级是利用复合管的准互补输出级。R_3、D_1、D_2 的作用是消除输出级的交越失真。

（2）由于静态时 $T_4 \sim T_7$ 的 U_{BEQ} 均为 0.7 V，且电路在输入为 0 V 时输出为 0 V，故 $u_O = 0\ V$，$U_{CQ3} = 1.4\ V$，$U_{BQ6} = u_O - U_{BEQ6} = -0.7\ (V)$。

（3）由于差分放大电路具有对称性，而 $I = 200\ \mu A$，$\beta_1 = \beta_2 \gg 1$，故 $I_{CQ1} = I_{CQ2} \approx \dfrac{I}{2} = 100\ (\mu A)$。

（4）若 $R_4 = 15\ k\Omega$，则在忽略互补输出级基极电流的情况下，T_3 的静态集电极电流近似为 R_4 的电流，即

$$I_{CQ3} \approx \frac{U_{CQ6} - (-V_{CC})}{R_4} = \frac{-0.7 + 24}{15} \approx 1.55\ (mA)$$

为什么不能通过 R_3 的阻值及其电压求解呢？若用 R_3 的阻值及其电压求解 T_3 的静态集电极电流，则

这里详细解释了为什么不能通过 R_3 求解，是一个非常容易出错的地方

$$I_{CQ3}=\frac{U_{BEQ4}+U_{BEQ5}+U_{BEQ6}-U_{D1}-U_{D2}}{R_3}=\frac{0.7}{0.2}=3.5\,(\text{mA})$$

该公式基于晶体管 b－e 间和二极管在导通状态下结压降为一个固定值（0.7 V）进行分析。然而，实际情况是，无论是晶体管还是二极管，在导通时的结压降都不是恒定的 0.7 V。因此，采用这种方法计算出的数据会存在较大偏差。值得注意的是，当结压降在 0.6~0.8 V 范围内变化时，对 R_4 上的电压影响非常有限。由于 R_4 上的电压远大于结压降可能的变化幅度，所以通过 R_4 的阻值和其上的电压计算出的电流值与实际电流非常接近，因此产生的误差可以忽略不计。

这里对哪种情况下调整哪个电阻进行了详细的说明，再遇到此类问题时，要知道如何调整

（5）在静态条件下，若输出电压有稍微偏离 0 V 的趋势，应尝试调整电阻 R_3 的阻值以进行校正。而如果输出电压明显偏离 0 V，则需要检查并调整两对复合管，确保它们的参数尽可能对称。一旦确认这两对复合管具有良好的对称性，接下来可以通过调整电阻 R_4 的阻值来进一步精确控制输出电压。通常情况下，R_4 的阻值会远大于 R_3。这意味着在进行静态调试时，如果输出级已经具备良好的对称性，那么输出电压与 0 V 之间的偏差较小的情况下，应当通过减小电阻来纠正；而偏差较大的情况下，则应当通过增大电阻来达到目标值。简而言之，“偏差小则调小电阻，偏差大则调大电阻”的原则在此情境下适用。

（6）电路的交流等效电路如图 3.18 所示。图 3.17 中 R_3、D_1、D_2 上的动态电压可忽略不计，相当于短路，互补输出级的两对复合管在信号的正、负半周交替工作，故仅画出 T_4 和 T_5 部分。

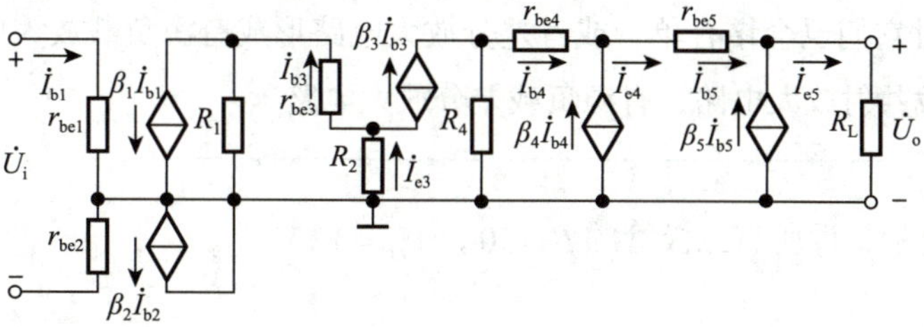

图 3.18

第二级和第三级的输入电阻为

$$R_{i2}=r_{be3}+(1+\beta_3)R_2$$

$$R_{i3}=r_{be4}+(1+\beta_4)\left[r_{be5}+(1+\beta_5)R_L\right]$$

首先求出各级电路的电压放大倍数，然后求解整个电路的电压放大倍数 $\dot{A}_u$，如下：

$$\dot{A}_{u1}=-\frac{1}{2}\cdot\frac{\beta_1(R_1//R_{i2})}{r_{be1}}=-\frac{1}{2}\cdot\frac{\beta_1\left\{R_1//\left[r_{be3}+(1+\beta_3)R_2\right]\right\}}{r_{be1}}$$

$$\dot{A}_{u2}=-\frac{\beta_3(R_4//R_{i3})}{r_{be3}+(1+\beta_3)R_2}=-\beta_3\cdot\frac{R_4//\{r_{be4}+(1+\beta_4)[r_{be5}+(1+\beta_5)R_L]\}}{r_{be3}+(1+\beta_3)R_2}$$

$$\dot{A}_{u3}=\frac{(1+\beta_4)(1+\beta_5)R_L}{r_{be4}+(1+\beta_4)[r_{be5}+(1+\beta_5)R_L]}$$

$$\dot{A}_u=\dot{A}_{u1}\dot{A}_{u2}\dot{A}_{u3}$$

输入电阻 R_i 和输出电阻 R_o 的表达式为

$$R_i=2r_{be1}$$

$$R_o=\frac{r_{be5}+\dfrac{r_{be4}+R_4}{1+\beta_4}}{1+\beta_5}$$

星峰点悟

本题具有综合性，涉及放大电路的识别，差分放大电路和互补输出级的特点，直接耦合多级放大电路静态工作点的设置、调试和动态分析等，考查基本知识的应用能力。

题型 5 考查电流源电路的原理及分析方法

破题小记一笔

电流源电路包括镜像电流源电路、微电流源电路、比例电流源电路等，这几种电路中的结论可以直接拿来使用。同时它们也会结合单管或者差分放大电路形成有源负载放大电路，对其动态参数进行求解（有源负载共射放大电路、有源负载差分放大电路）。

例 5 电路如图 3.19 所示，设所有三极管的 $\beta=50$，$V_{CC}=12\text{ V}$。

（1）简述工作原理；

（2）求电压放大倍数。

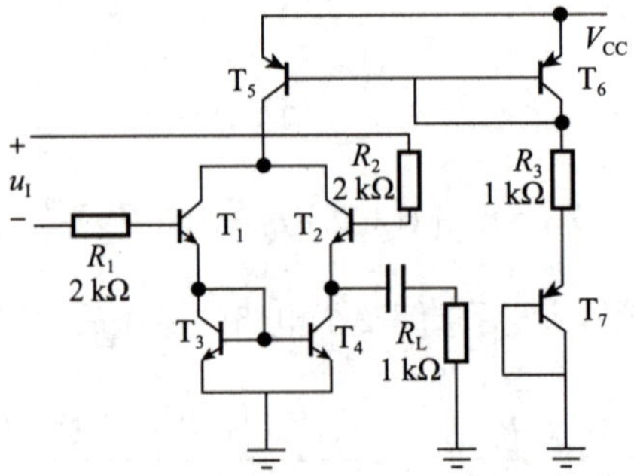

图 3.19

解析（1）本电路由差分放大电路、镜像电流源电路、恒流源电路组成，其中，T_1、T_2构成差分放大电路；T_3、T_4构成镜像电流源电路；T_5、T_6、T_7构成恒流源电路。

（2）
$$I_{E7}=\frac{V_{CC}-0.7-0.7}{R_3}=\frac{12-0.7\times 2}{1}=10.6\,(\text{mA})$$

$$I_{EQ}=\frac{I_{E7}}{2}=5.3\,(\text{mA})$$

$$r_{be}=r_{bb'}+(1+\beta)\frac{26}{I_{EQ}}=200+51\cdot\frac{26}{5.3}\approx 450\,(\Omega)=0.45\,(\text{k}\Omega)$$

$$\dot{A}_u=\frac{\beta R_{L'}}{R_I'}=\frac{\beta R_L}{r_{be}+R_1+(1+\beta)(R_e /\!/ R_L)}$$
$$=\frac{\beta R_L}{r_{be}+R_1+(1+\beta)R_L}\approx\frac{50\times 1}{0.45+2+51}\approx 0.935$$

求差模放大倍数时，T_1和T_2各自输出大小相等、极性相反的电流I_{E1}和I_{E2}，即$I_{E1}=-I_{E2}$，由图 3.19 易得$I_{C3}=I_{E1}$，而T_3和T_4是镜像关系，即$I_{C3}=I_{C4}$，所以输出端$I_O=I_{E2}-I_{C4}=I_{E2}-(-I_{E2})=2I_{E2}$。由此可得，以镜像电流源为负载的差分放大电路的输出电流是基本差分放大电路单端输出时电流的两倍，亦可称该电路将差分放大器的双端输出转换为单端输出。

星峰点悟

镜像电流源、微电流源、比例电流源电路中的结论可以直接拿来使用。在知识点中，有源负载共射放大电路和有源负载差分放大电路中的动态参数的求解要掌握。

解习题

【3-1】略。

【3-2】设图 3.20 所示各电路的静态工作点均合适，分别画出它们的交流等效电路，并写出$\dot{A}_u$、R_i和R_o的表达式。

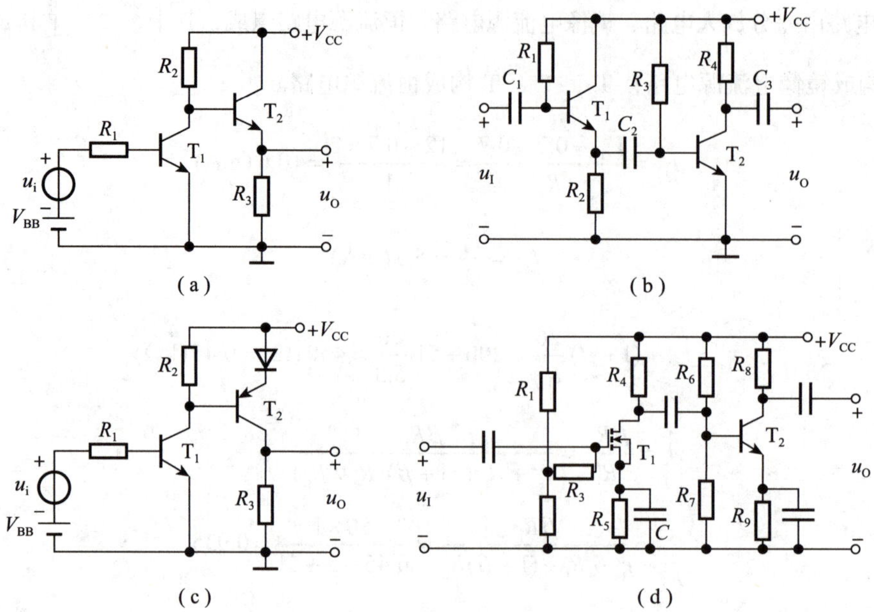

图 3.20

解析 图 3.20 所示各电路均为两级放大电路，它们的交流等效电路如图 3.21 所示，电压放大倍数均为$\dot{A}_u=\dot{A}_{u1}\cdot\dot{A}_{u2}$。

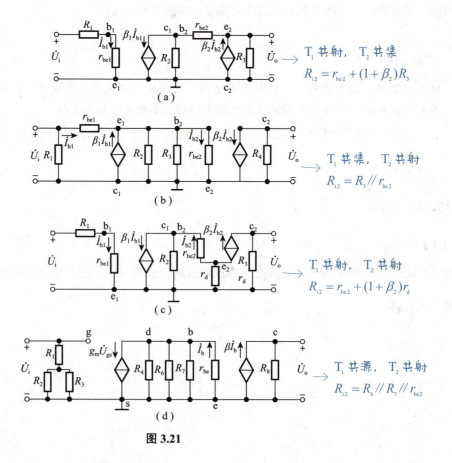

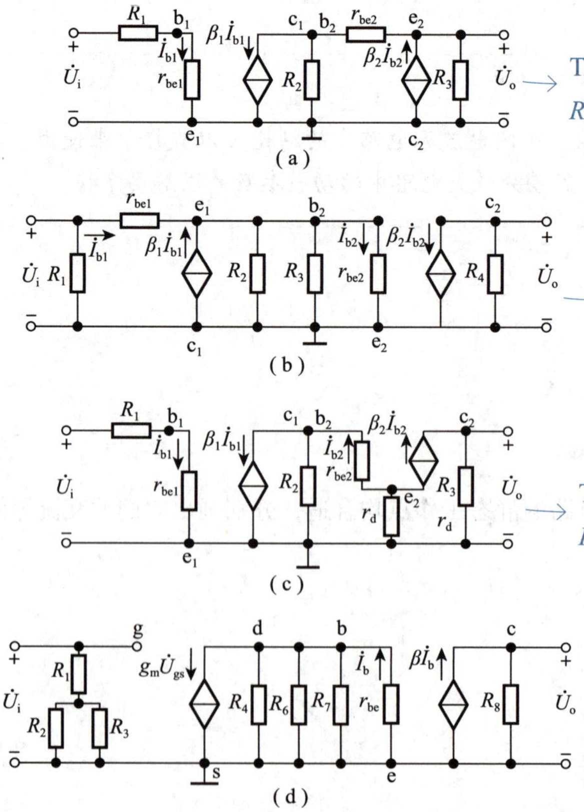

图 3.21

(a) → T_1 共射，T_2 共集 $R_{i2}=r_{be2}+(1+\beta_2)R_3$

(b) → T_1 共集，T_2 共射 $R_{i2}=R_3//r_{be2}$

(c) → T_1 共射，T_2 共射 $R_{i2}=r_{be2}+(1+\beta_2)r_d$

(d) → T_1 共源，T_2 共射 $R_{i2}=R_6//R_7//r_{be2}$

①图 3.21（a）所示电路 $\dot{A}_u$、R_i 和 R_o 的表达式为

$$\dot{A}_u=-\frac{\beta_1\{R_2//[r_{be2}+(1+\beta_2)R_3]\}}{R_1+r_{be1}}\cdot\frac{(1+\beta_2)R_3}{r_{be2}+(1+\beta_2)R_3}$$

$$R_i=R_1+r_{be1}$$

$$R_o=R_3//\frac{r_{be2}+R_2}{1+\beta_2}$$

→ 共集作为输出级，R_o 与前一级的输出电阻 R_2 有关

②图 3.21（b）所示电路 $\dot{A}_u$、R_i 和 R_o 的表达式为

$$\dot{A}_u=\frac{(1+\beta_1)(R_2//R_3//r_{be2})}{r_{be1}+(1+\beta_1)(R_2//R_3//r_{be2})}\cdot\left(-\frac{\beta_2R_4}{r_{be2}}\right)$$

$$R_i=R_1//[r_{be1}+(1+\beta_1)(R_2//R_3//r_{be2})]$$

→ 共集作为输入级，R_i 与第二级的输入电阻 $R_3//r_{be2}$ 有关

$$R_o=R_4$$

③图 3.21（c）所示电路 $\dot{A}_u$、R_i 和 R_o 的表达式为

$$\dot{A}_u=-\frac{\beta_1\{R_2//[r_{be2}+(1+\beta_2)r_d]\}}{R_1+r_{be1}}\cdot\left[-\frac{\beta_2R_3}{r_{be2}+(1+\beta_2)r_d}\right]$$

$$R_i=R_1+r_{be1}$$

$$R_o=R_3$$

④图 3.21（d）所示电路 $\dot{A}_u$、R_i 和 R_o 的表达式为

$$\dot{A}_u=[-g_m(R_4//R_6//R_7//r_{be2})]\cdot\left(-\frac{\beta_2R_8}{r_{be2}}\right)$$

$$R_i=R_3+R_1//R_2$$

$$R_o=R_8$$

【3-3】略。

【3-4】电路如图 3.22 所示，晶体管的 β 为 200，r_{be} 为 3 kΩ，场效应管的 g_m 为 15 mS，Q 点合适。求解 $\dot{A}_u$、R_i 和 R_o。

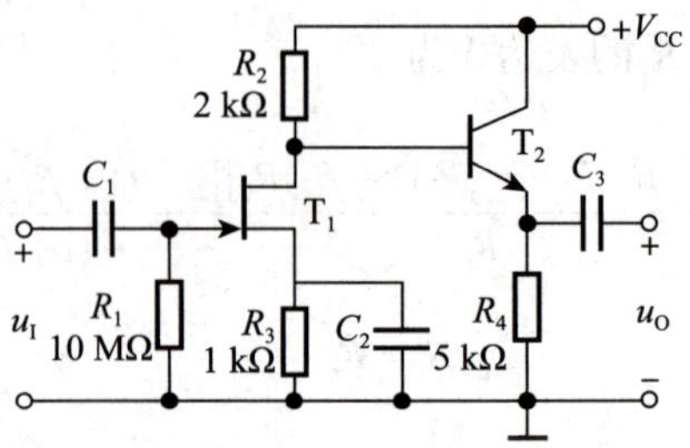

图 3.22

解析 图 3.22 所示电路的交流等效电路为图 3.23。在此电路中，第一级设计为共源放大电路，第二级则为共集放大电路。求解过程：首先，确定第二级的输入电阻；然后，逐级计算各级的电压放大倍数；接下来，将各级的电压放大倍数相乘，即可得到整个电路的 $\dot{A}_u$；最后，求解 R_i 和 R_o。

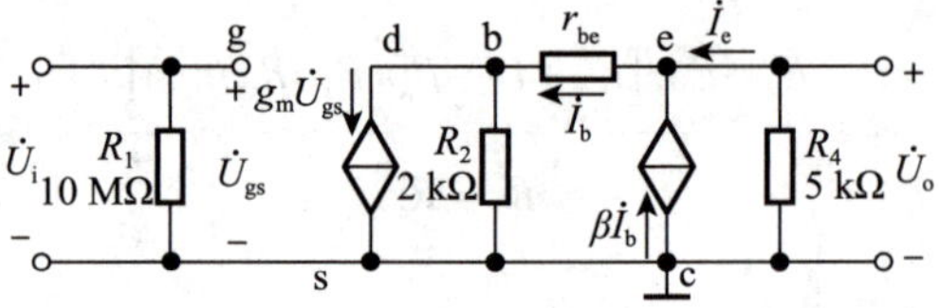

图 3.23

第二级的输入电阻为

$$R_{i2} = r_{be} + (1+\beta)R_4$$

电路的 $\dot{A}_u$ 、R_i 和 R_o 分析如下：

$$\dot{A}_{u1} = -g_m\{R_2 // [r_{be} + (1+\beta)R_4]\} \approx -g_m R_2 = -15\times 2 = -30$$

$$\dot{A}_{u2} = \frac{(1+\beta)R_4}{r_{be} + (1+\beta)R_4} \approx 1$$

$$\dot{A}_u = \dot{A}_{u1} \cdot \dot{A}_{u2} \approx -30$$

$$R_i = R_1 = 10\ \text{M}\Omega$$

$$R_o = R_4 // \frac{r_{be} + R_2}{1+\beta} \approx 25\ (\Omega)$$

→ 注意输出级为共集放大电路

【3-5】图 3.24 所示电路参数理想对称，晶体管的 β 均为 100，$r_{bb'} = 100\ \Omega$，$U_{BEQ} \approx 0.7\ \text{V}$。试计算 R_w 滑动端在中点时 T_1 管和 T_2 管的发射极静态电流 I_{EQ}，以及动态参数 A_d 和 R_i。

→ 差模

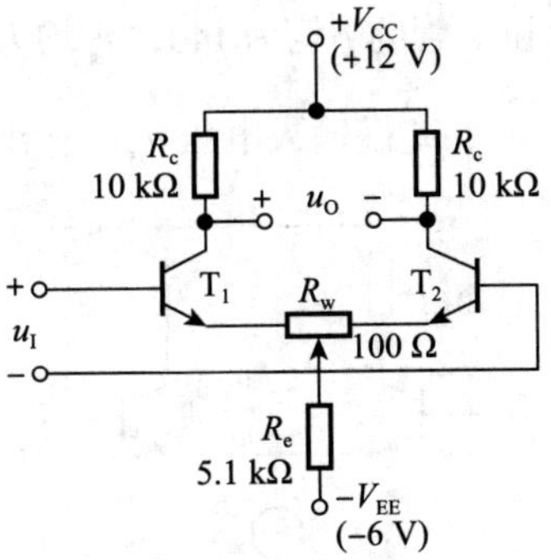

图 3.24

解析 静态时输入为 0，$u_I = u_{I1} = u_{I2} = 0$，$R_w$ 滑动端在中点时 T_1 管和 T_2 管的发射极静态电流分析如下：

$$U_{BEQ} + I_{EQ} \cdot \frac{R_w}{2} + 2I_{EQ}R_e = V_{EE}$$

$$I_{EQ} = \frac{V_{EE} - U_{BEQ}}{\frac{R_w}{2} + 2R_e} \approx \frac{6-0.7}{0.05+2\times 5.1} \approx 0.517\ (\text{mA})$$

$$r_{be} = r_{bb'} + (1+\beta)\frac{26}{I_{EQ}} \approx \left[100+(1+100)\times\frac{26}{0.517}\right](\Omega) \approx 5.18\ (\text{k}\Omega)$$

图 3.24 所示电路对差模信号的交流等效电路如图 3.25 所示。

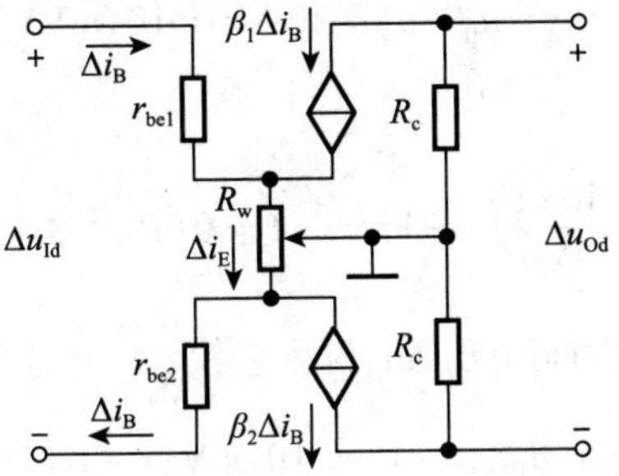

图 3.25

A_d 和 R_i 分析如下：

$$A_d = -\frac{\beta R_c}{r_{be} + (1+\beta)\frac{R_w}{2}} \approx \frac{-100\times 10}{5.18+101\times 0.05} \approx -98$$

$2\left[r_{be} + (1+\beta)\frac{R_w}{2}\right]$ ←

$$R_i = 2r_{be} + (1+\beta)R_w \approx 2\times 5.18 + 101\times 0.1 \approx 20.5\ (\text{k}\Omega)$$

【3-6】电路如图 3.26 所示，已知 T_1 管和 T_2 管的 β 均为 140，r_{be} 均为 4 kΩ。若输入直流信号 $u_{I1}=20\text{ mV}$，$u_{I2}=10\text{ mV}$，求电路的共模输入电压 u_{Ic}、差模输入电压 u_{Id}、输出动态电压 $\Delta u_O=$。

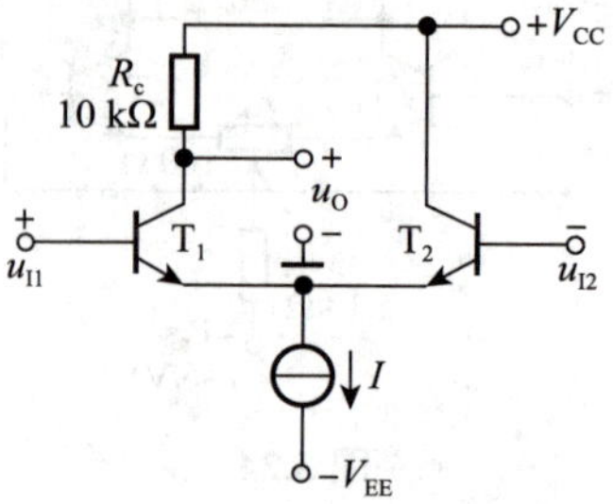

图 3.26

解析 因为当 u_{I1} 单独作用时，电路获得的共模信号为 $\frac{0+u_{I1}}{2}$，差模信号为 $u_{I1}-0$；当 u_{I2} 单独作用时，电路获得的共模信号为 $\frac{0+u_{I2}}{2}$，差模信号为 $0-u_{I2}$，所以当 u_{I1} 和 u_{I2} 共同作用时，电路的共模输入电压 u_{Ic}、差模输入电压 u_{Id} 分别为

共模信号为两个输入的均值，
差模信号为两个输入的差值

$$u_{Ic}=\frac{u_{I1}+u_{I2}}{2}=\frac{20+10}{2}=15\text{ (mV)}$$

$$u_{Id}=u_{I1}-u_{I2}=20-10=10\text{ (mV)}$$

差模放大倍数

恒流源内阻无穷大

$$A_d=-\frac{\beta R_c}{2r_{be}}=-\frac{140\times10}{2\times4}=-175\text{，}\quad A_c=0\text{（}R_e\text{无穷大，所以}A_c\approx0\text{）}$$

由于电路的共模放大倍数为零，故动态电压 Δu_O 仅由差模输入电压和差模放大倍数决定，即

$$\Delta u_O=A_d u_{Id}=-175\times10\text{ (mV)}=-1.75\text{ (V)}$$

此式可由 $\Delta u_O=A_d\Delta u_I+A_c\cdot\frac{\Delta u_I}{2}$ 得到

【3-7】略。

【3-8】电路如图 3.27 所示，$T_1\sim T_5$ 的电流放大系数分别为 $\beta_1\sim\beta_5$，b−e 间动态电阻分别为 $r_{be1}\sim r_{be5}$，写出 $\dot{A}_u$、R_i 和 R_o 的表达式。

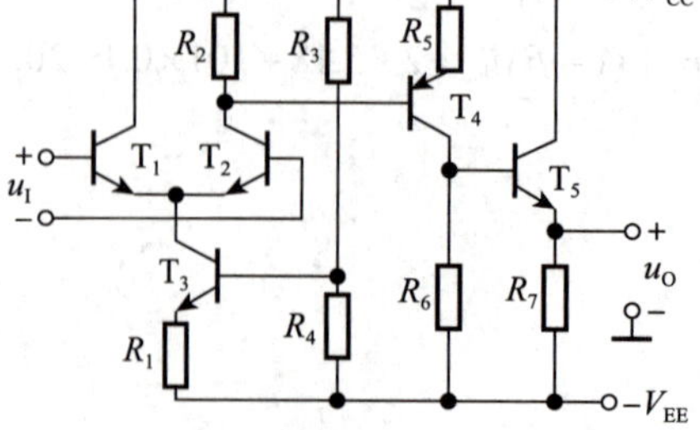

图 3.27

解析 图 3.27 所示电路为三级放大电路，其交流等效电路如图 3.28 所示。

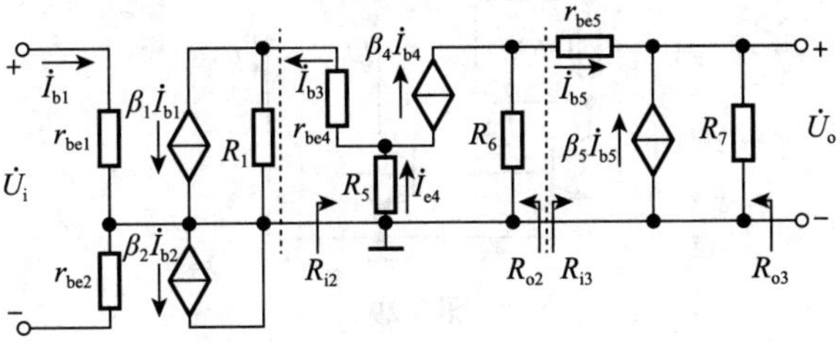

图 3.28

第一级为双端输入、单端输出的具有恒流源的差分放大电路，其输入电阻为

$$R_{i1}=r_{be1}+r_{be2}$$

第二级为共射放大电路，其输入电阻和输出电阻分别为

$$R_{i2}=r_{be4}+(1+\beta_4)R_5$$

$$R_{o2}=R_6$$

第三级为共集放大电路，其输入电阻和输出电阻分别为

$$R_{i3}=r_{be5}+(1+\beta_5)R_7$$

$$R_{o3}=R_7//\frac{r_{be5}+R_{o2}}{1+\beta_5}=R_7//\frac{r_{be5}+R_6}{1+\beta_5}$$

$\dot{A}_u$、R_i 和 R_o 的表达式分析如下：

$$\dot{A}_{u1}=\frac{\Delta u_{O1}}{\Delta u_I}=\frac{\beta_1(R_2//R_{i2})}{r_{be1}+r_{be2}}=\frac{\beta_1\{R_2//[r_{be4}+(1+\beta_4)R_5]\}}{r_{be1}+r_{be2}}$$

$$\dot{A}_{u2}=\frac{\Delta u_{O2}}{\Delta u_{I2}}=-\frac{\beta_4(R_6//R_{i3})}{r_{be4}+(1+\beta_4)R_5}=-\frac{\beta_4\{R_6//[r_{be5}+(1+\beta_5)R_7]\}}{r_{be4}+(1+\beta_4)R_5}$$

$$\dot{A}_{u3}=\frac{\Delta u_{O3}}{\Delta u_{I3}}=\frac{(1+\beta_5)R_7}{r_{be5}+(1+\beta_5)R_7}$$

$$\dot{A}_u=\frac{\Delta u_O}{\Delta u_I}=\dot{A}_{u1}\cdot\dot{A}_{u2}\cdot\dot{A}_{u3}$$

$$R_i=R_{i1}=r_{be1}+r_{be2}$$

$$R_o=R_{o3}=R_7//\frac{r_{be5}+R_6}{1+\beta_5}$$

【3-9】~【3-11】略。

【3-12】多路电流源电路如图 3.29 所示，已知所有晶体管的特性均相同，U_{BE} 均为 0.7 V。试求 I_{C1}、I_{C2} 各为多少。

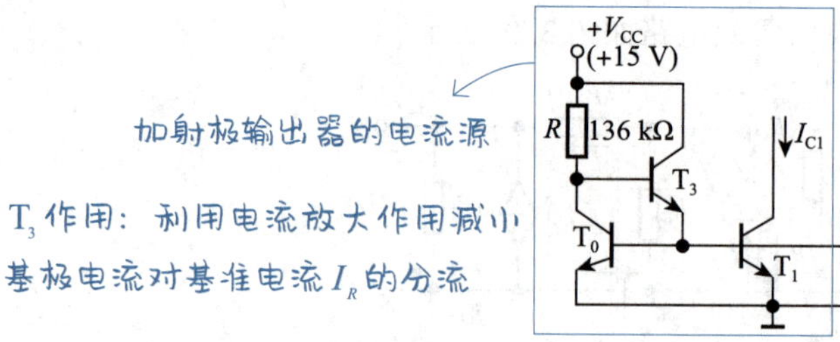

图 3.29

解析 因为 T_0、T_1、T_2 的特性均相同，且 U_{BE} 均相同，所以它们的基极、集电极电流均相等，设集电极电流为 I_C，基极电流为 I_B。先求出 R 中电流，再求解 I_{C1}、I_{C2}。

$$I_{C0}=I_{C1}=I_{C2}=I_C=\beta I_B$$

$$I_{B0}=I_{B1}=I_{B2}=I_B$$

$$I_R=\frac{V_{CC}-U_{BE3}-U_{BE0}}{R}=100\,(\mu A)$$

$$I_R=I_{C0}+I_{B3}=I_{C0}+\frac{3I_B}{1+\beta}=I_C+\frac{3I_C}{\beta(1+\beta)}$$

$$I_C=\frac{\beta^2+\beta}{\beta^2+\beta+3}\cdot I_R$$

当 $\beta(1+\beta)\gg 3$ 时，

$$I_{C1}=I_{C2}=I_C\approx I_R=100\,(\mu A)$$

【3-13】 略。

【3-14】 电路如图 3.30 所示，T_1 与 T_2 管特性相同，它们的低频跨导为 g_m；T_3 与 T_4 管特性对称；T_2 与 T_4 管 d－s 间动态电阻分别为 r_{ds2} 和 r_{ds4}。试求出电压放大倍数 $A_u=\dfrac{\Delta u_O}{\Delta(u_{I1}-u_{I2})}$ 的表达式。

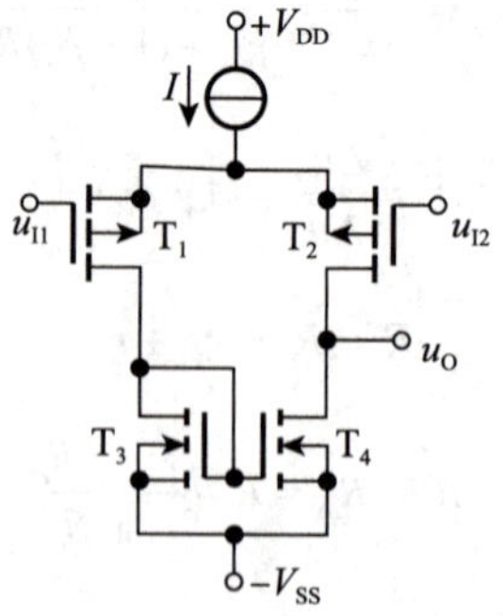

图 3.30

解析 在图 3.30 所示电路中，T_1 和 T_2 是一对差分管，它们在差模信号作用下产生大小相等、极性相反的集电极电流；T_3 和 T_4 组成镜像电流源，它们的漏极电流近似相等。若有动态信号输入，设 $T_1\sim T_4$ 的漏极动态电流分别为 $\Delta i_{D1}\sim\Delta i_{D4}$，则当差模信号输入时，它们具有如下关系：

$$\Delta i_{D1}=-\Delta i_{D2}=\Delta i_{D3}=\Delta i_{D4}$$

$$\Delta i_O=\Delta i_{D2}-\Delta i_{D4}=\Delta i_{D2}-\Delta i_{D1}=-2\Delta i_{D1}$$

$$\Delta i_{D1}=g_m\cdot\Delta(u_{I1}-u_{I2})$$

这里不需要除以 2，因为差模信号是两个输入的差值

$$g_m=-\frac{\Delta i_O}{2\Delta(u_{I1}-u_{I2})}$$

得到 g_m 与 $\Delta(u_{I1}-u_{I2})$ 的关系后，再去求解 A_u

因而电压放大倍数为

$$A_u=\Delta u_O/\Delta(u_{I1}-u_{I2})$$
$$=-\Delta i_O(r_{ds2}//r_{ds4})/\Delta(u_{I1}-u_{I2})$$
$$=g_m(r_{ds2}//r_{ds4})$$

在单管时认为 r_{ds} 无穷大，与 R_d 相差较大，所以忽略掉，但在这里因为 r_{ds2} 和 r_{ds4} 相差不大，所以不能忽略，并联作为输出电阻

【3-15】略。

【3-16】在图 3.31 所示电路中，已知 $T_1\sim T_3$ 管的特性完全相同，$\beta\gg 2$；反相输入端的输入电流为 i_{I1}，同相输入端的输入电流为 i_{I2}。试问：

（1）$i_{C2}\approx ?$

（2）$i_{B3}\approx ?$

（3）$A_{ui}=\Delta u_O/(i_{I1}-i_{I2})\approx ?$

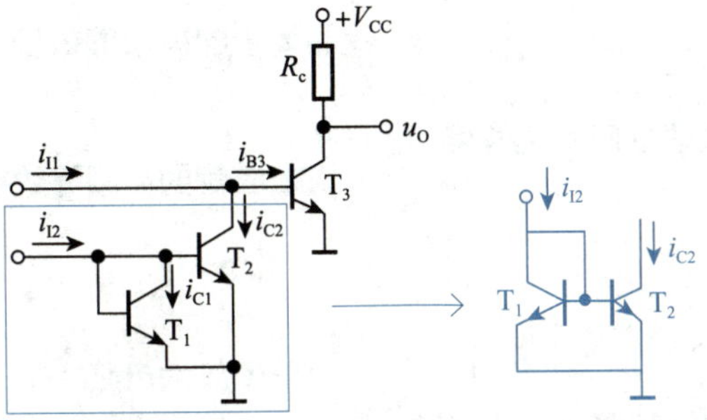

经过变换很容易看出 T_1 和 T_2 为镜像关系

图 3.31

解析（1）因为 T_1 和 T_2 为镜像关系，且 $\beta\gg 2$，所以 $i_{C2}\approx i_{C1}\approx i_{I2}$。

（2）$i_{B3}=i_{I1}-i_{C2}\approx i_{I1}-i_{I2}$。

（3）输出电压的变化量和放大倍数分别为

$$\Delta u_O=-\Delta i_{C3}R_c=-\beta_3\Delta i_{B3}R_c\approx-\beta_3\Delta(i_{I1}-i_{I2})R_c$$

$$A_{ui}=\Delta u_O/\Delta(i_{I1}-i_{I2})\approx\Delta u_O/\Delta i_{B3}=-\beta_3 R_c$$

【3-17】~**【3-22】**略。

第四章　放大电路的频率响应

本章要求各位同学理解并掌握放大电路的频率响应。了解频率响应的基本概念，掌握波特图的画法、高频等效模型、混合π模型，掌握高、中、低频段的动态参数求解，会计算多级放大电路中的上、下限截止频率。

划重点

知识架构

- 放大电路的频率响应
  - 频率响应概述
    - 频率响应的基本概念
    - 波特图
  - 频率响应研究模型
    - 晶体管的高频等效模型
      - 混合π模型
      - 电流放大倍数的频率响应
    - 场效应管的高频等效模型
  - 单管和多级放大电路的频率响应
    - 单管放大电路
      - 共射放大电路
      - 共源放大电路
    - 多级放大电路
      - 频率特性的定性分析
      - 截止频率的估算

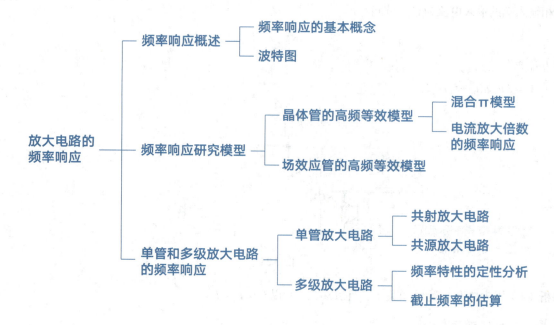

4.1 频率响应概述

名称	内容
频率响应定义	放大电路的放大倍数与信号频率之间的函数关系
幅频特性和相频特性	放大倍数的幅值与频率之间的关系称为幅频特性；放大倍数的相位与频率之间的关系称为相频特性
上限频率和下限频率	在高频段使放大倍数降为中频放大倍数的 0.707 倍时的频率为上限频率 f_H；在低频段使放大倍数降为中频放大倍数的 0.707 倍时的频率称为下限频率 f_L 即下降为中频放大倍数的 $\frac{1}{\sqrt{2}}$ 时
高通电路	允许频率高的信号通过而衰减频率低的信号，幅频和相频分别为 $\lvert \dot{A}_u \rvert = \frac{\frac{f}{f_L}}{\sqrt{1+\left(\frac{f}{f_L}\right)^2}}$， $\varphi = 90° - \arctan\frac{f}{f_L}$
低通电路	允许频率低的信号通过而衰减频率高的信号，幅频和相频分别为 $\lvert \dot{A}_u \rvert = \frac{1}{\sqrt{1+\left(\frac{f}{f_H}\right)^2}}$， $\varphi = -\arctan\frac{f}{f_H}$
波特图	采用对数坐标来绘制频率特性曲线

4.1.1 高通电路

在图 4.1（a）所示高通电路中，设输出电压 $\dot{U}_o$ 与输入电压 $\dot{U}_i$ 之比为 $\dot{A}_u$。

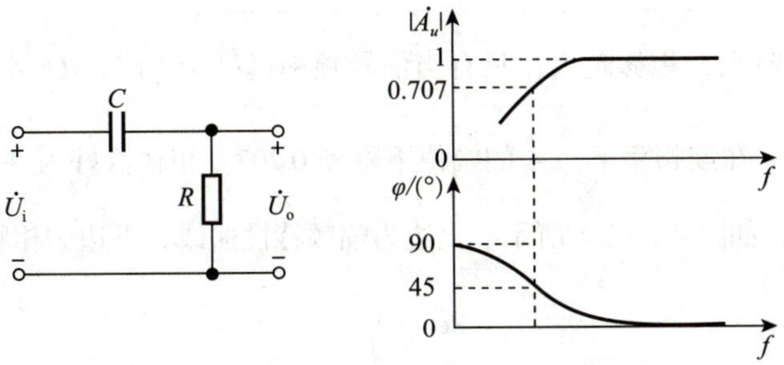

电路
（a）

频率响应
（b）

图 4.1

则

$$\dot{A}_u=\frac{\dot{U}_o}{\dot{U}_i}=\frac{R}{\dfrac{1}{j\omega C}+R}=\frac{1}{1+\dfrac{1}{j\omega RC}}$$

式中，ω为输入信号的角频率，RC为回路的时间常数τ。令$\omega_L=\dfrac{1}{RC}=\dfrac{1}{\tau}$，则

$$f_L=\frac{\omega_L}{2\pi}=\frac{1}{2\pi\tau}=\frac{1}{2\pi RC}$$

因此

$$\dot{A}_u=\frac{1}{1+\dfrac{\omega_L}{j\omega}}=\frac{1}{1+\dfrac{f_L}{jf}}=\frac{j\dfrac{f}{f_L}}{1+j\dfrac{f}{f_L}}$$

将$\dot{A}_u$用其幅值与相角表示，得出

幅频特性

$$\left|\dot{A}_u\right|=\frac{\dfrac{f}{f_L}}{\sqrt{1+\left(\dfrac{f}{f_L}\right)^2}}$$

相频特性

$$\varphi=90°-\arctan\frac{f}{f_L}$$

手清楚对幅频特性和相频特性的分析，有助于画波特图

当$f\gg f_L$时，$\left|\dot{A}_u\right|\approx1$，$\varphi\approx0°$；当$f=f_L$时，$\left|\dot{A}_u\right|=\dfrac{1}{\sqrt{2}}\approx0.707$，$\varphi=45°$；当$f\ll f_L$时，$\dfrac{f}{f_L}\ll1$，$\left|\dot{A}_u\right|\approx\dfrac{f}{f_L}$，表明$f$每下降$\dfrac{1}{10}$，$\left|\dot{A}_u\right|$也下降$\dfrac{1}{10}$；当$f$趋于零时，$\left|\dot{A}_u\right|$也趋于零，$\varphi$趋于+90°。由此可见，对于高通电路，频率越低，衰减越大，相移越大；只有当信号频率远高于f_L时，$\dot{U}_o$才约为$\dot{U}_i$。称f_L为下限截止频率，简称下限频率。在该频率下，$\dot{A}_u$的幅值下降到0.707，相移恰好为+45°。画出图4.1（a）所示电路的频率特性曲线，如图4.1（b）所示，上边为幅频特性曲线，下边为相频特性曲线。

4.1.2 低通电路

图4.2（a）所示为低通电路，输出电压$\dot{U}_o$与输入电压$\dot{U}_i$之比

$$\dot{A}_u=\frac{\dot{U}_o}{\dot{U}_i}=\frac{\dfrac{1}{\mathrm{j}\omega C}}{\dfrac{1}{\mathrm{j}\omega C}+R}=\frac{1}{1+\mathrm{j}\omega RC} \qquad \text{（式 1）}$$

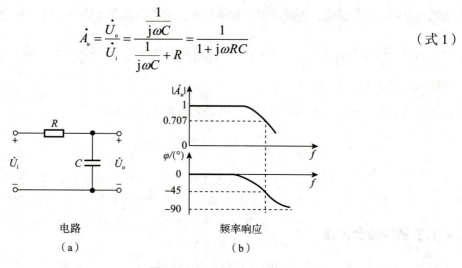

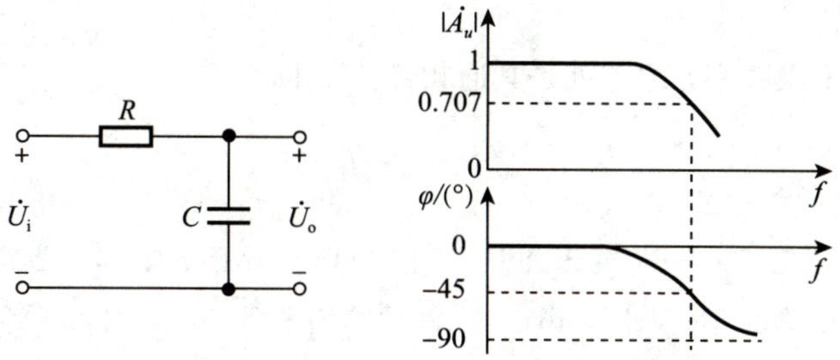

电路　　　　频率响应

（a）　　　　（b）

图 4.2

回路的时间常数 $\tau=RC$，令 $\omega_H=\dfrac{1}{\tau}$，则

$$f_H=\frac{\omega_H}{2\pi}=\frac{1}{2\pi\tau}=\frac{1}{2\pi RC}$$

代入式 1 可得

$$\dot{A}_u=\frac{1}{1+\mathrm{j}\dfrac{\omega}{\omega_H}}=\frac{1}{1+\mathrm{j}\dfrac{f}{f_H}}$$

将 $\dot{A}_u$ 用其幅值及相角表示，得出

幅频特性

$$\left|\dot{A}_u\right|=\frac{1}{\sqrt{1+\left(\dfrac{f}{f_H}\right)^2}}$$

相频特性

$$\varphi=-\arctan\frac{f}{f_H}$$

对幅频特性和相频特性的分析弄清楚，有助于画波特图

当 $f\ll f_H$ 时，$\left|\dot{A}_u\right|\approx1$，$\varphi\approx0°$；当 $f=f_H$ 时，$\left|\dot{A}_u\right|=\dfrac{1}{\sqrt{2}}\approx0.707$，$\varphi\approx-45°$；当 $f\gg f_H$ 时，$\dfrac{f}{f_H}\gg1$，$\left|\dot{A}_u\right|\approx\dfrac{f_H}{f}$，表明 f 每升高 10 倍，$\left|\dot{A}_u\right|$ 下降至原来的 $\dfrac{1}{10}$；当 f 趋于无穷时，$\left|\dot{A}_u\right|$ 趋于零，φ 趋于 −90°。由此可见，对

于低通电路，频率越高，衰减越大，相移越大；只有当频率远低于f_H时，$\dot{U}_o$才约为$\dot{U}_i$。称f_H为上限截止频率，简称上限频率。在该频率下，$|\dot{A}_u|$降到0.707，相移为−45°。画出幅频特性曲线与相频特性曲线，如图4.2（b）所示。

放大电路上限频率f_H与下限频率f_L之差就是其通频带f_{bw}，即

$$f_{bw}=f_H-f_L$$

若存在一个截止频率，则20 dB / 十倍频增加 / 衰减；若存在两个相等截止频率，则40 dB / 十倍频增加 / 衰减；若存在两个不相等截止频率，则从第一个截止频率处20 dB / 十倍频增加 / 衰减，到达第二个截止频率处40 dB / 十倍频增加 / 衰减

4.1.3 画波特图步骤

①幅频，先找f_L / f_H，然后20 dB/ 十倍频增加 / 衰减。

②相频，$0.1f_L/10f_L\Rightarrow 90°/0°$，$f_L/f_H\Rightarrow 45°/-45°$，$0.1f_H/10f_H\Rightarrow 0°/-90°$。

③折线化的波特图如图4.3所示。

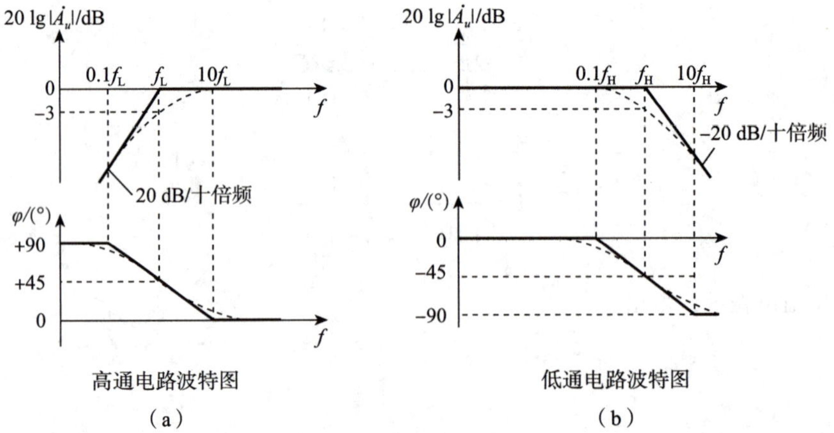

图 4.3

4.2 高频等效模型

4.2.1 晶体管的高频等效模型

①先画出h参数等效模型；

②由r_{be}是$r_{bb'}$与$r_{b'e}$集成可得b′的位置和$r_{bb'}$、$r_{b'e}$、C_π的值；

③b′与c之间有$r_{b'c}$、C_μ，c与e之间原来的βi_b变为$g_m\dot{U}_{b'e}$；

④经过单向化处理得到简化的高频等效模型，如图 4.4 所示。

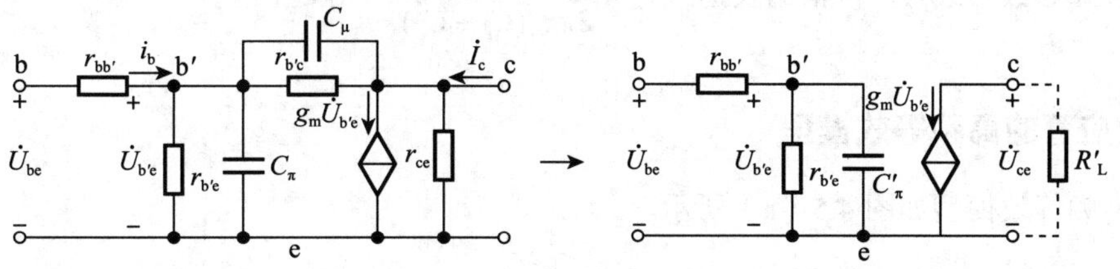

图 4.4

$$r_{b'e}=(1+\beta_0)\frac{U_T}{I_{EQ}}$$

$$g_m\approx\frac{I_{EQ}}{U_T}$$

$$C'_\pi\approx C_\pi+(1+|\dot{K}|)C_\mu$$

式中，C_π 为发射结电容，C_μ 为集电结电容，$\dot{K}$ 是 $\dot{U}_{ce}$ 与 $\dot{U}_{b'e}$ 之比，常温下 $U_T=26\,\text{mV}$，题目中会告知参数 $r_{bb'}$ 和 C_{ob}（近似为 C_μ），C_π 可从以下分析中得到。

从高频等效电路可知 $\dot{\beta}$ 是频率的函数，分析可得

$$\dot{\beta}=\left.\frac{\dot{I}_c}{\dot{I}_b}\right|_{U_{CE}}=\frac{\beta_0}{1+\text{j}\dfrac{f}{f_\beta}}$$

其中，$f_\beta=\dfrac{1}{2\pi r_{b'e}(C_\pi+C_\mu)}$。

可写成

$$\begin{cases}20\lg|\dot{\beta}|=20\lg\beta_0-20\lg\sqrt{1+\left(\dfrac{f}{f_\beta}\right)^2}\\ \varphi=-\arctan\dfrac{f}{f_\beta}\end{cases}$$

β_0 是晶体管低频段电流放大倍数（即晶体管的电流放大倍数），当 $f\ll f_\beta$ 时，$\dot{\beta}\approx\beta_0$，$\varphi\approx0°$；当 $f=f_\beta$ 时，$|\dot{\beta}|\approx0.707\beta_0$，即下降 3 dB，$\varphi=45°$；当 $f\gg f_\beta$ 时，$|\dot{\beta}|\approx\dfrac{f_\beta}{f}\beta_0$，即频率增大至十倍，电流放大倍数的数值下降至原来的 $\dfrac{1}{10}$，或者说频率每增大至十倍，电流增益下降 20 dB。$\dot{\beta}$ 的折线化波特图如图 4.3 所示。

使 $|\dot{\beta}|=1$ 的频率为晶体管的特征频率 f_T，f_T 与 f_β 的关系近似为

$$f_T=\beta_0 f_\beta$$

通常题目会告知参数 f_T 或 f_β，再根据表达式 $f_\beta=\dfrac{1}{2\pi r_{b'e}(C_\pi+C_\mu)}$ 求出 C_π。

4.2.2 场效应管的高频等效模型

场效应管的高频等效模型如图 4.5（a）所示。

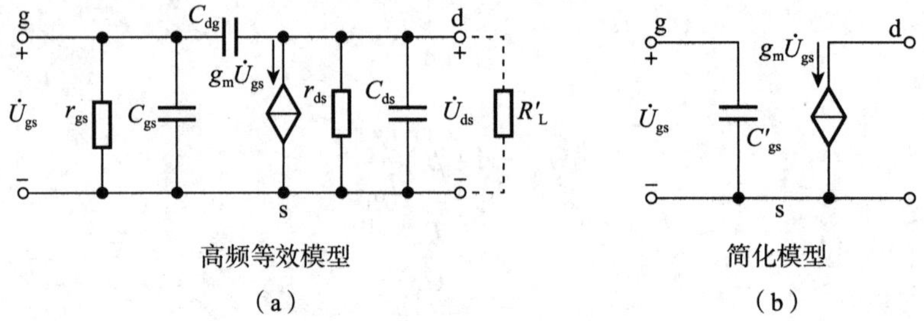

图 4.5

这样，g–s 间的等效电容为

$$C'_{gs}=C_{gs}+(1-\dot{K})C_{gd}(\dot{K}\approx -g_m R'_L)$$

d–s 间的等效电容为

$$C'_{ds}=C_{ds}+\frac{\dot{K}-1}{\dot{K}}C_{gd}(\dot{K}\approx -g_m R'_L)$$

由于输出回路的时间常数通常比输入回路的小得多，故分析频率特性时可忽略 C'_{ds} 的影响，这样就得到场效应管的简化的单向化的高频等效模型，如图 4.5（b）所示。

4.3 单管共射放大电路的频率响应

单管共射放大电路如图 4.6（a）所示。

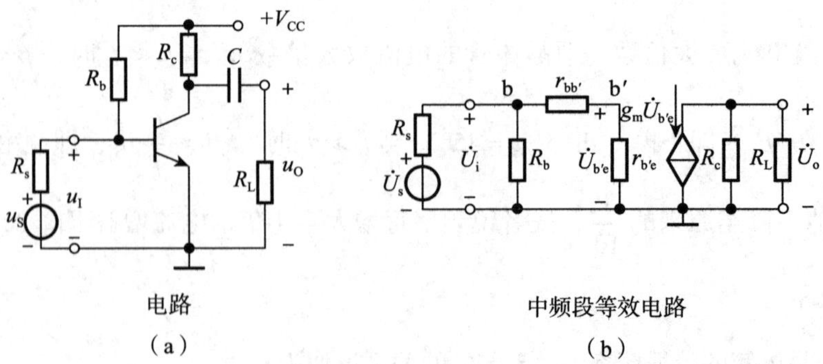

图 4.6

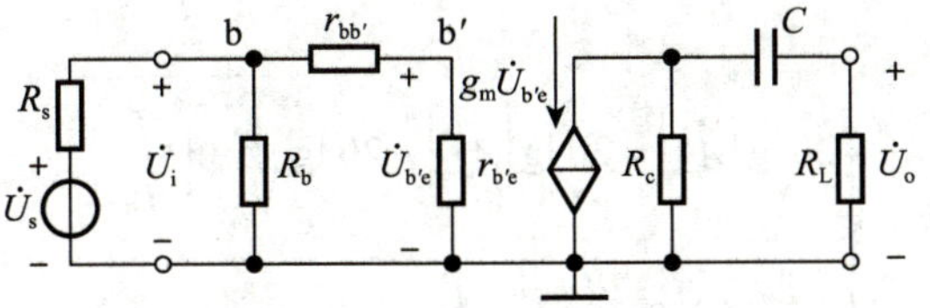

低频段等效电路

（c）

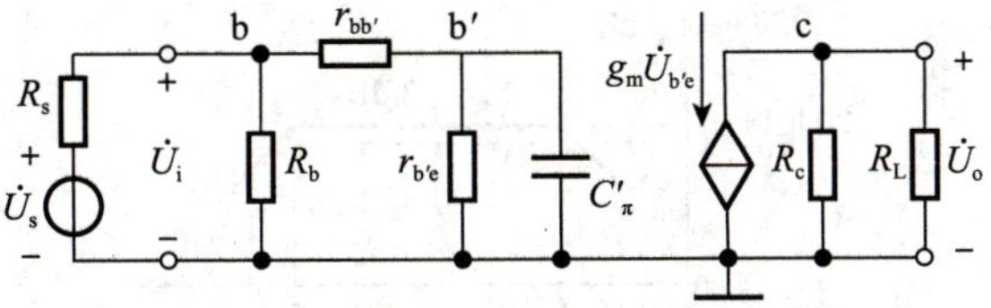

高频段等效电路

（d）

图 4.6（续）

图 4.6（b）所示中频段，隔直电容和耦合电容视为短路，极间电容视为开路。中频电压放大倍数：带负载时，

$$\dot A_{usm}=\frac{R_i}{R_s+R_i}\cdot\frac{r_{b'e}}{r_{be}}\cdot[-g_m(R_c//R_L)]$$

空载时，

$$\dot A_{usm}=\frac{R_i}{R_s+R_i}\cdot\frac{r_{b'e}}{r_{be}}\cdot(-g_mR_c)$$

图 4.6（c）所示低频段，考虑隔直电容和耦合电容的影响，极间电容视为开路。低频电压放大倍数

$$\dot A_{usl}=\frac{\dot A_{usm}}{1+f_L/(jf)}=\frac{\dot A_{usm}(jf/f_L)}{1+jf/f_L}$$

频率响应为

$$\begin{cases}20\lg\left|\dot A_{usl}\right|=20\lg\left|\dot A_{usm}\right|+20\lg\dfrac{\dfrac{f}{f_L}}{\sqrt{1+\left(\dfrac{f}{f_L}\right)^2}}\\[2ex]\varphi=-180^\circ+\left(90^\circ-\arctan\dfrac{f}{f_L}\right)\end{cases}$$

高、中、低频中各电容存在还是保留，这是容易弄混淆的地方，所以大家还是要多做题对其进行掌握

图 4.6（d）所示高频段，考虑极间电容的影响，隔直电容和耦合电容视为开路。高频电压放大倍数

$$\dot A_{ush}=\frac{\dot U_o}{\dot U_s}=\frac{\dot A_{usm}}{1+j\dfrac{f}{f_H}}$$

频率响应为

$$\begin{cases} 20\lg\left|\dot{A}_{ush}\right| = 20\lg\left|\dot{A}_{usm}\right| - 20\lg\sqrt{1+\left(\dfrac{f}{f_H}\right)^2} \\ \varphi = -180° - \arctan\dfrac{f}{f_H} \end{cases}$$

全频段电压放大倍数及波特图如图 4.7 所示。

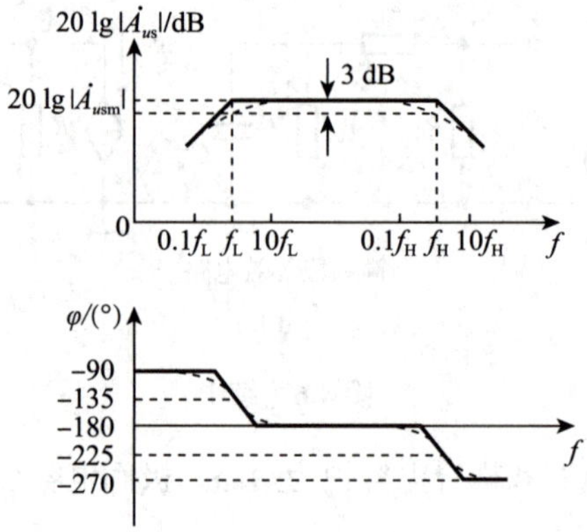

图 4.7 ——→ 参照此图画波特图

$$\dot{A}_{us} = \dot{A}_{usm} \cdot \frac{\mathrm{j}\dfrac{f}{f_L}}{\left(1+\mathrm{j}\dfrac{f}{f_L}\right)\left(1+\mathrm{j}\dfrac{f}{f_H}\right)} = \dot{A}_{usm} \cdot \frac{1}{\left(1+\dfrac{f_L}{\mathrm{j}f}\right)\left(1+\mathrm{j}\dfrac{f}{f_H}\right)}$$

在折线化波特图中，幅频特性以截止频率为拐点，当$f = f_L$或$f = f_H$时，增益下降 3 dB，附加相移为 +45°或 −45°，通频带$f_{bw} = f_H - f_L$。

在一定条件下，带宽增益积$\left|\dot{A}_{um} f_{bw}\right|$（或$\left|\dot{A}_{usm} f_{bw}\right|$）约为常量。要想高频特性好，首先应选择截止频率高的放大管，然后合理选择参数，使C'_π所在回路的等效电阻尽可能小。要想低频特性好，应采用直接耦合方式。——→ 这句话容易出选择题

4.4 多级放大电路的频率响应

设一个 N 级放大电路各级的电压放大倍数分别为$\dot{A}_{u1}, \dot{A}_{u2}, \cdots, \dot{A}_{uN}$，则该电路的电压放大倍数

$$\dot{A}_u = \prod_{k=1}^{N} \dot{A}_{uk}$$

对数幅频特性和相频特性表达式为

$$\begin{cases} 20\lg\left|\dot{A}_u\right| = \sum_{k=1}^{N} 20\lg\left|\dot{A}_{uk}\right| \\ \varphi = \sum_{k=1}^{N}\varphi_k \end{cases}$$

增益：各级放大电路增益之和。
相移：各级放大电路相移之和。

多级放大电路的增益和相移是画波特图的关键

对于包含 N 级的放大电路，若各级的上限截止频率与下限截止频率不相同，那么整体的下限频率 f_L 取各级中的最大值，上限频率 f_H 取各级中的最小值。若各级的上、下限截止频率相同，则根据相应的上限频率和下限频率计算公式来确定整体的 f_L 和 f_H。

上限频率

$$\frac{1}{f_H} \approx 1.1\sqrt{\sum_{k=1}^{N}\frac{1}{f_{Hk}^2}}$$

下限频率

$$f_L \approx 1.1\sqrt{\sum_{k=1}^{N} f_{Lk}^2}$$

这两个公式需要熟记，当幅频特性曲线中有多个上限截止频率与下限截止频率时，需要用到这两个公式

其中，1.1 为修正系数。

一般只需求两三级即可。两级：$f_L \approx 1.56 f_{L1}$，$f_H \approx 0.643 f_{H1}$；三级：$f_L \approx 1.91 f_{L1}$，$f_H \approx 0.52 f_{H1}$。

注意：多级放大电路的带宽往往相较单级放大电路变窄了

斩题型

题型 1 考查共基截止频率、共射截止频率与其特征频率的关系

破题小记一笔

本题不仅让同学们加深理解共基截止频率 f_α、共射截止频率 f_β 与其特征频率 f_T 的关系，而且对这三个参数所包含的其他参数的求解又做了巩固。题目会给这三个参数中的其中两个，去求解另一个，并且求解 C_π 的值。

例 1 双极型晶体管的共基电流放大倍数 α 的截止频率 f_α、共射电流放大倍数 β 的截止频率 f_β 与其特征频率 f_T 的关系为（　　）。

A. $f_T > f_\beta > f_\alpha$　　B. $f_T < f_\beta < f_\alpha$　　C. $f_\alpha < f_T < f_\beta$　　D. $f_\alpha > f_T > f_\beta$

答案 D

解析 共基电流放大倍数的截止频率（f_α）：$f_\alpha=(1+\beta_0)f_\beta\approx f_T$，它反映了在共基接法下，晶体管对基极电流微小变化引起集电极电流变化的响应速度。该频率越高，说明晶体管在共基接法下的响应速度越快。

共射电流放大倍数的截止频率（f_β）：它反映了在共射接法下，晶体管对基极电压微小变化引起集电极电流变化的响应速度。该频率通常低于 f_α，因为在共射接法下存在米勒效应（Miller effect），这会降低晶体管的响应速度。

特征频率（f_T）：$f_T=\beta_0 f_\beta$，它是晶体管的另一个重要参数，反映了晶体管在高频下的性能。在理想情况下，$f_T=f_\alpha$，但实际上由于晶体管的内部电容等参数的影响，f_T 通常会略低于 f_α。

答案是 D，即双极型晶体管的共基电流放大倍数的截止频率（f_α）通常接近或等于其特征频率（f_T），而共射电流放大倍数的截止频率（f_β）则低于它们。

星峰点悟

$f_\beta=\dfrac{1}{2\pi r_{b'e}(C_\pi+C_\mu)}$，$f_\alpha=(1+\beta_0)f_\beta\approx f_T$，$f_T=\beta_0 f_\beta$ 三个公式要牢记，在题型 2 中涉及公式中相应的参数求解。

题型 2 考查放大电路的高、中、低频下的电压放大倍数，画波特图

破题小记一笔

本题求解了在高、低频段均只有一个电容影响频率响应的放大电路的截止频率，并画出波特图，比较综合，同学们在学习过程中可以细细琢磨。

例 2 电路如图 4.8 所示，已知晶体管的 $\beta=100$，$r_{bb'}=100\,\Omega$，$C_\mu=5\,\text{pF}$，共射截止频率 $f_\beta=400\,\text{kHz}$，静态时集电极电流 $I_{CQ}=1\,\text{mA}$。试求解：

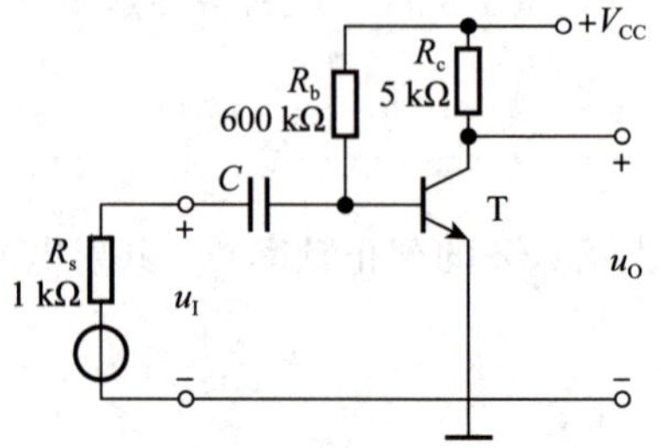

图 4.8

（1）中频电压放大倍数 $\dot{A}_{usm}$；

（2）f_L 和 f_H；

（3）$\dot{A}_u$；

（4）画出近似波特图。

提示 求解在高、低频段均只有一个电容影响频率响应的放大电路的截止频率并画出波特图是考试考查的一个重难点。

在低频段，主要考虑耦合电容（或旁路电容）的影响，极间电容开路

解析 影响图 4.8 所示电路低频特性的是耦合电容 C，影响其高频特性的是晶体管 b′ − e 的等效电容 C'_π。画出适合于信号频率从 0 ~ ∞ 的交流等效电路，如图 4.9 所示。

在高频段，主要考虑极间电容的影响，耦合电容（或旁路电容）短路

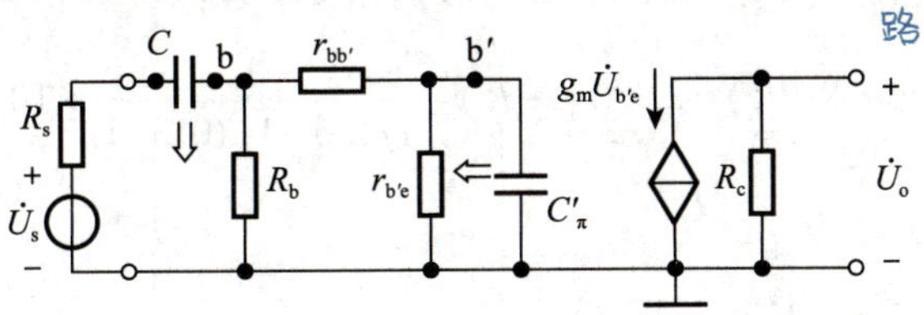

图 4.9

（1）在求解中频电压放大倍数时，应将图 4.9 中的 C 短路、C'_π 开路。$r_{b'e}$ 和 r_{be} 分别为

在中频段，与第二、三章一样不考虑极间电容、耦合电容（或旁路电容）的影响

$$r_{b'e}=(1+\beta)\frac{U_T}{I_{EQ}}=\beta\cdot\frac{U_T}{I_{CQ}}=100\times\frac{26}{1}=2\,600\,(\Omega)=2.6\,(\mathrm{k\Omega})$$

$$r_{be}=r_{bb'}+r_{b'e}=100+2\,600=2\,700\,(\Omega)=2.7\,(\mathrm{k\Omega})$$

输入电阻

$$R_i=R_b//r_{be}\approx r_{be}=2.7\,(\mathrm{k\Omega})$$

中频电压放大倍数

$$\dot{A}_{um}=\frac{\dot{U}_o}{\dot{U}_i}=-\frac{\beta R_c}{r_{be}}=-\frac{100\times5}{2.7}\approx-185$$

低频

$$\dot{A}_{usm}=\frac{\dot{U}_o}{\dot{U}_s}=\frac{R_i}{R_s+R_i}\cdot\dot{A}_{um}\approx\frac{2.7}{1+2.7}\times(-185)\approx-135$$

（2）在求解下限频率时，应将图 4.9 中的 C'_π 开路，考虑耦合电容 C 的影响。以 C 两端为端口，求解它所在回路的等效电阻

$$R=R_s+R_i=R_s+R_b//r_{be}\approx1+2.7=3.7\,(\mathrm{k\Omega})$$

下限频率

$$f_L=\frac{1}{2\pi RC}\approx\frac{1}{2\pi\times3.7\times10^3\times1\times10^{-6}}\approx43\,(\mathrm{Hz})$$

在求解上限频率时，应将图 4.9 中的 C 短路，考虑极间电容 C'_π 的影响。

高频

$$C'_\pi = C_\pi + C_\mu \Rightarrow C_\pi = \frac{1}{2\pi r_{b'e} f_\beta} - C_\mu = \frac{10^{12}}{2\pi \times 2.6\times10^3 \times 4\times10^5} - 5 \approx 148\ (\text{pF})$$

由于

$$f_\beta = \frac{1}{2\pi r_{b'e} C'_\pi} \quad g_m \approx \frac{I_{EQ}}{U_T} \approx \frac{I_{CQ}}{U_T} \approx 0.038\,5\ (\text{S})$$

$$C'_\pi \approx C_\pi + \left(1+|\dot{K}|\right)C_\mu \Rightarrow C'_\pi = C_\pi + (1+g_m R_c)C_\mu \approx 148 + (1+0.038\,5\times5\times10^3)\times5 \approx 1\,116\ (\text{pF})$$

这一部分有点绕，大家可以结合批注进一步理解，也可以参考教材中“简化的混合π模型”“混合π模型的主要参数”“晶体管电流放大倍数的频率响应”三小节中更详细的讲解

故 C'_π 所在回路的等效电阻

$$R' = r_{b'e}//(r_{bb'} + R_b//R_s) \approx r_{b'e}//(r_{bb'}+R_s) \approx \frac{1}{1/2.6 + 1/(0.1+1)} \times 10^3 \approx 773\ (\Omega)$$

上限频率

$$f_H = \frac{1}{2\pi R' C'_\pi} \approx \frac{1}{2\pi \times 773 \times 1\,116 \times 10^{-12}}\ (\text{Hz}) \approx 184\ (\text{kHz})$$

（3）对于在高、低频段均只有一个电容影响频率响应的放大电路，电压放大倍数的一般表达式为

$$\dot{A}_u = \frac{\dot{A}_{usm}}{\left(1+\frac{f_L}{jf}\right)\left(1+j\frac{f}{f_H}\right)} = \frac{\dot{A}_{usm}\left(j\frac{f}{f_L}\right)}{\left(1+j\frac{f}{f_L}\right)\left(1+j\frac{f}{f_H}\right)}$$

这个式子很重要，可以从该式中得到 $\dot{A}_{usm}$、f_L、f_H 参数，要牢牢掌握

代入数据可得

$$\dot{A}_u \approx \frac{-135\left(j\frac{f}{43}\right)}{\left(1+j\frac{f}{43}\right)\left(1+j\frac{f}{184\times10^3}\right)} \approx \frac{-3.14jf}{\left(1+j\frac{f}{43}\right)\left(1+j\frac{f}{184\times10^3}\right)}$$

（4）对于在高、低频段均只有一个电容影响频率响应的放大电路，在画近似（折线化）波特图时，低频段的幅频特性曲线以 f_L 为拐点，按 20 dB/ 十倍频斜率变化至频率趋于零；相频特性曲线以 $0.1f_L$、$10f_L$ 为拐点，$f=0.1f_L$ 时的附加相移为 +90°，$f=f_L$ 时的附加相移为 +45°，$f=10f_L$ 时的附加相移为 0°。高频段的幅频特性曲线以 f_H 为拐点，按 –20 dB/ 十倍频斜率变化至频率趋于无穷大；相频特性曲线以 $0.1f_H$、$10f_H$ 为拐点，$f=0.1f_H$ 时的附加相移为 0°，$f=f_H$ 时的附加相移为 –45°，$f=10f_H$ 时的附加相移为 –90°。

总结：$0.1f_L \to \varphi=+90°$； $0.1f_H \to \varphi=0°$；
$f_L \to \varphi=+45°$； $f_H \to \varphi=-45°$；
$10f_L \to \varphi=0°$； $10f_H \to \varphi=-90°$

图 4.8 所示电路在中频段的电压增益为

$$20\lg|\dot{A}_{usm}| \approx 20\lg135 \approx 43\ (\text{dB})$$

由以上分析可得近似波特图，如图 4.10 所示。

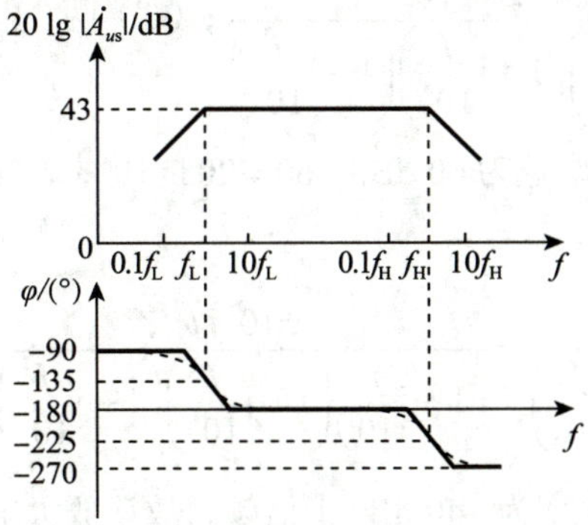

图 4.10

星峰点悟

本题在高频时求解下限截止频率 f_L，低频时求解上限截止频率 f_H，再结合中频的电压放大倍数 $\dot{A}_{usm}$，即可写出整个电路的电压放大倍数表达式，最后根据表达式画出波特图。其中在求解上、下限截止频率时，已经对其中的 C_π 或者 C'_π 进行了求解，其详细过程可参考第（2）问。

题型 3 根据波特图或电压放大倍数表达式求解上、下限截止频率，附加相移

破题小记一笔

本类题型是根据波特图或者表达式，写出上、下限截止频率，中频增益，电路级数，附加相移等。

例 3 某放大电路的波特图如图 4.11 所示，填空：

（1）中频电压增益 $20\lg\left|\dot{A}_{um}\right|=$__________ dB，$\left|\dot{A}_{um}\right|=$__________；

（2）电压放大倍数的表达式为 $\dot{A}_u=$__________；

（3）该放大电路为__________级放大电路；

（4）当 $f=10^5$ Hz 时，附加相移为__________。

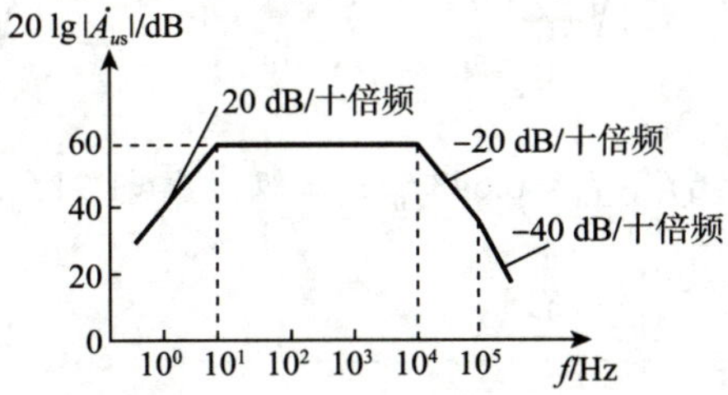

图 4.11

答案（1）60，10^3；（2）$\dfrac{\pm 10^2 \mathrm{j}f}{\left(1+\mathrm{j}\dfrac{f}{10}\right)\left(1+\mathrm{j}\dfrac{f}{10^4}\right)\left(1+\mathrm{j}\dfrac{f}{10^5}\right)}$；（3）两；（4）$-270°$

解析（1）读图 4.11，中频段对应增益为 60 dB 。$60=20\lg 10^3$，故 $\dot{A}_{um}=10^3$ 。

（2）$\dot{A}_u=\dfrac{\pm 10^3\times \mathrm{j}\dfrac{f}{10}}{\left(1+\mathrm{j}\dfrac{f}{10}\right)\left(1+\mathrm{j}\dfrac{f}{10^4}\right)\left(1+\mathrm{j}\dfrac{f}{10^5}\right)}=\dfrac{\pm 10^2 \mathrm{j}f}{\left(1+\mathrm{j}\dfrac{f}{10}\right)\left(1+\mathrm{j}\dfrac{f}{10^4}\right)\left(1+\mathrm{j}\dfrac{f}{10^5}\right)}$。

（3）高频段电压增益最大的下降速率为 -40 dB / 十倍频，故该放大电路为两级放大电路。

（4）起始为 $-90°$，10^4 对应 $-225°$，故 10^5 对应 $-270°$ 。

例 4 已知某放大器电压增益的频率特性表达式为 $\dot{A}_u=\dfrac{1000}{\left(1-\mathrm{j}\dfrac{100}{f}\right)\left(1+\mathrm{j}\dfrac{f}{10^6}\right)}$（频率单位为 Hz）。

问:（1）该放大电路的中频电压增益为__________dB;

（2）该放大电路的下限频率为__________Hz，上限频率为__________Hz。

答案（1）60;（2）100，10^6

解析（1）因为

$$\dot{A}_u=\frac{1000}{\left(1-\mathrm{j}\dfrac{100}{f}\right)\left(1+\mathrm{j}\dfrac{f}{10^6}\right)}=\frac{1000}{\left(1+\dfrac{100}{\mathrm{j}f}\right)\left(1+\mathrm{j}\dfrac{f}{10^6}\right)}=\frac{A_{usm}}{\left(1+\dfrac{f_L}{\mathrm{j}f}\right)\left(1+\mathrm{j}\dfrac{f}{f_H}\right)}$$

所以 $\dot{A}_{usm}=1000\Rightarrow 20\lg 10^3=60\,(\mathrm{dB})$ 。

（2）由（1）可得 $f_L=100$ Hz，$f_H=10^6$ Hz 。

星峰点悟

本类题型多为填空题、选择题，做题方法就是根据波特图或者公式将能看出来的参数都写出来，然后根据问题逐一回答即可。注意，如果遇到上、下限截止频率是多个的情况：

若相等，则用上限频率公式 $\dfrac{1}{f_H}\approx 1.1\sqrt{\sum\limits_{k=1}^{N}\dfrac{1}{f_{Hk}^2}}$ 和下限频率公式 $f_L\approx 1.1\sqrt{\sum\limits_{k=1}^{N}f_{Lk}^2}$ 求解即可。

一般只需求两到三级即可。

两级：$f_L\approx 1.56f_{L1}$，$f_H\approx 0.643f_{H1}$；三级：$f_L\approx 1.91f_{L1}$，$f_H\approx 0.52f_{H1}$

若不相等，则 f_L 取最大，f_H 取最小。

解习题

【4-1】在图 4.12 所示电路中，已知晶体管的 $r_{bb'}$、C_μ、C_π，$R_i \approx r_{be}$。

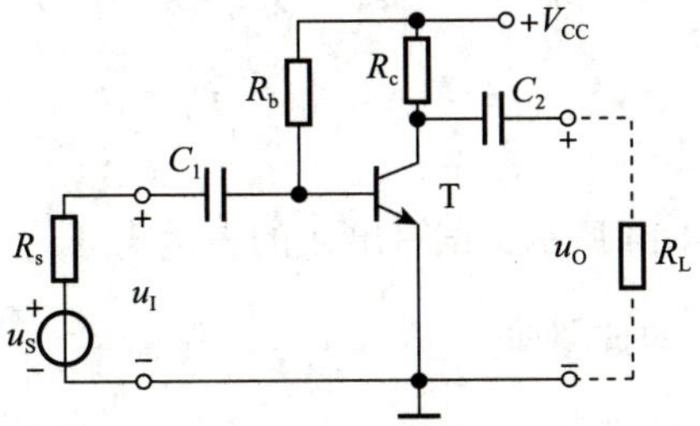

图 4.12

填空：除要求填写表达式的之外，其余各空填入①增大、②基本不变、③减小。

（1）在空载情况下，下限频率的表达式 $f_L =$ ________。当 R_b 减小时，f_L 将________；当带上负载电阻后，f_L 将________。

（2）在空载情况下，若 b–e 间等效电容为 C'_π，则上限频率的表达式 $f_H =$ ________；当 R_s 为零时，f_H 将________；当 R_b 减小时，g_m 将________，C'_π 将________，f_H 将________。

答案（1）$\dfrac{1}{2\pi(R_s + R_b // r_{be})\,C_1}$，①，①；

（2）$\dfrac{1}{2\pi\left[r_{b'e} // (r_{bb'} + R_b // R_s)\right]C'_\pi}$，①，①，①，③

解析（1）图 4.12 的交流等效电路如图 4.13 所示。当 $R_L = \infty$ 时，$f_L = \dfrac{1}{2\pi(R_s + R_b // r_{be})C_1}$。当 R_b 减小时，f_L 将增大。

有负载时，$f_{L1} = f_L$，$f_{L2} = \dfrac{1}{2\pi(R_c + R_L)C_2}$。

①若 $f_{L1} \neq f_{L2}$，则 f_L 取较大的值；

②若 $f_{L1} = f_{L2}$，则 $f_L \approx 1.56 f_{L1}$。

因为 R_b 减小，所以 $R_b // r_{be}$ 减小，$f_L = f_{L1}$ 增大，因此最终 f_L 将增大。

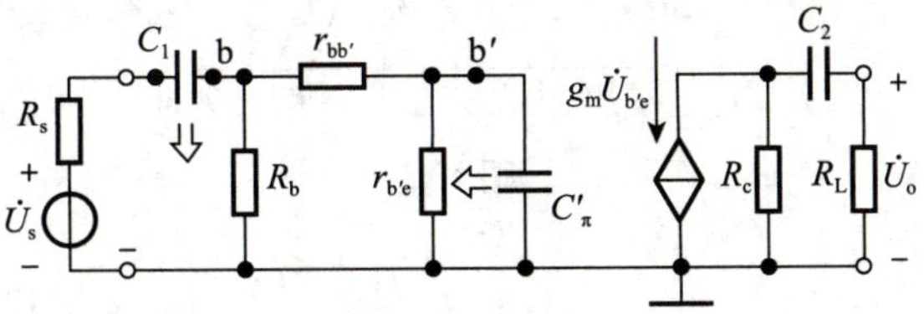

图 4.13

（2）在空载情况下，$f_H = \dfrac{1}{2\pi\left[r_{b'e}//(r_{bb'}+R_b//R_s)\right]C'_\pi}$。

当 $R_s = 0$ 时，f_H 增大。当 R_b 减小时，f_H 减小，$g_m \approx \dfrac{I_{EQ}}{U_T}\left[I_{EQ} = (1+\beta)\dfrac{V_{CC}-0.7}{R_b}\right]$，增大，$C'_\pi = C_\pi + (1+g_m R_c)C_\mu$，增大。

减小

增大

【4-2】已知某电路的波特图如图 4.14 所示，试写出 $\dot{A}_u$ 的表达式。

想要得到 $\dot{A}_u$ 的表达式：

①求 $\dot{A}_{um}$；

②求 f_H、f_L（有可能是多个）；

③代入 $\dot{A}_u$ 表达式

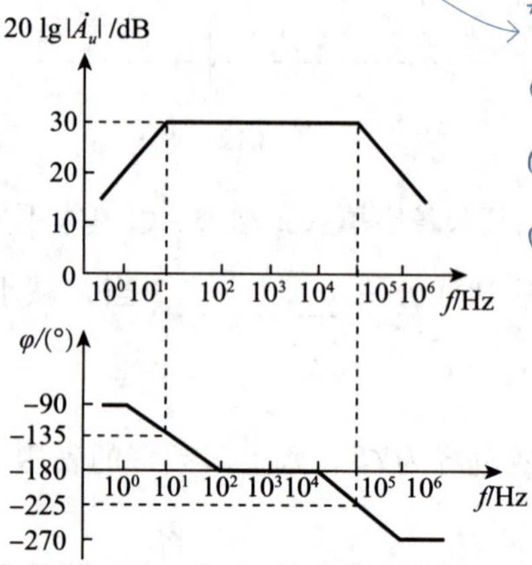

图 4.14

解析 因为 $20\lg|\dot{A}_{um}| = 30\ \text{dB}$，所以 $|\dot{A}_{um}| \approx 31.6$。由于在高频段只有一个拐点，表明电路是单管放大电路；由于其上限频率不高，而中频段有一定的电压放大能力，故推论电路为基本共射放大电路或基本共源放大电路。因此电压放大倍数

还有一种推断方式是看相频，图 4.14 中中频段对应的是 −180°，而晶体管中单管放大电路中输入输出为反相的有基本共射放大电路和基本共源放大电路

$$\dot{A}_u \approx \frac{-31.6}{\left(1+\dfrac{10}{\mathrm{j}f}\right)\left(1+\mathrm{j}\dfrac{f}{10^5}\right)} \text{或} \dot{A}_u \approx \frac{-3.16\mathrm{j}f}{\left(1+\mathrm{j}\dfrac{f}{10}\right)\left(1+\mathrm{j}\dfrac{f}{10^5}\right)}$$

【4-3】略。

【4-4】已知某电路的幅频特性如图 4.15 所示，试问：

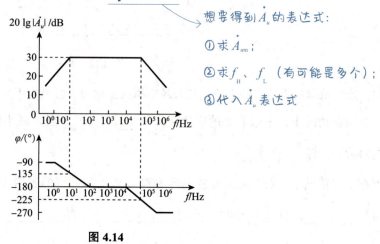

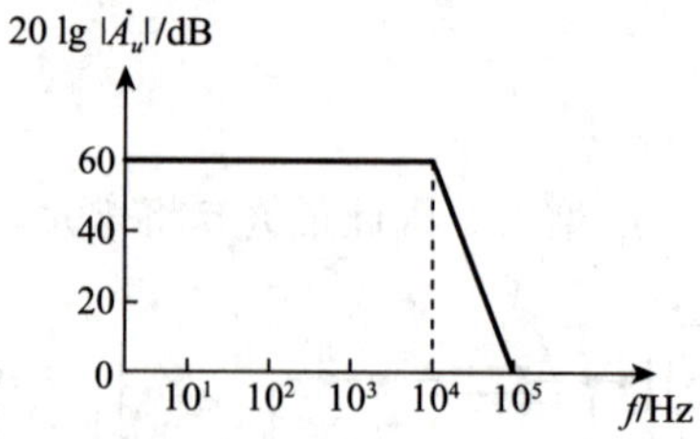

图 4.15

（1）该电路的耦合方式；

（2）该电路由几级放大电路组成；

（3）当 $f = 10^4$ Hz 时，附加相移为多少？当 $f = 10^5$ Hz 时，附加相移又为多少？

（4）该电路的上限频率 f_H 约为多少？

解析（1）因为仅有上限截止频率，所以电路为直接耦合电路。

在低频段，主要考虑耦合电容或旁路电容的影响，从图 4.15 中可以看出 $f_L = 0$，所以没有耦合电容或旁路电容，因此该电路的耦合方式是直接耦合

（2）因为在高频段幅频特性为 –60 dB / 十倍频，所以电路为三级放大电路。→ 一级是 20 dB / 十倍频

（3）当 $f = 10^4$ Hz时，$\varphi' = -135°$；当 $f = 10^5$ Hz时，$\varphi' \approx -270°$。

$(-45° \times 3)$　　$(-90° \times 3)$

（4）从幅频特性高频段衰减斜率可知，该三级放大电路各级的上限频率均为 10^4 Hz，故整个电路的上限频率

$f_{H1} = f_{H2} = f_{H3} = 10^4$ Hz

$$f_H \approx 0.52 f_{H1} = 5.2\ (\text{kHz})$$

$$\frac{1}{f_H} \approx 1.1\sqrt{\sum_{k=1}^{3}\frac{1}{f_{Hk}^2}}$$

当 $f_{H1} \neq f_{H2} \neq f_{H3}$ 时，$f_H = \min\{f_{H1}, f_{H2}, f_{H3}\}$

【4-5】略。

【4-6】已知两级共射放大电路的电压放大倍数

认真审题

$$\dot{A}_u = \frac{200\text{j}f}{\left(1+\text{j}\frac{f}{10}\right)\left(1+\text{j}\frac{f}{10^4}\right)\left(1+\text{j}\frac{f}{10^5}\right)}$$

$\downarrow f_L$　　$\downarrow f_{H1}$　　$\downarrow f_{H2}$

试求解 $\dot{A}_{um}$、f_L、f_H，并画出波特图。

解析 ①变换电压放大倍数的表达式，求出 $\dot{A}_{um}$、f_L、f_H。

$$\dot{A}_u = \frac{2\cdot 10^3\cdot \text{j}\frac{f}{10}}{\left(1+\text{j}\frac{f}{10}\right)\left(1+\text{j}\frac{f}{10^4}\right)\left(1+\text{j}\frac{f}{10^5}\right)}$$

分子 → $\dot{A}_{um}\cdot \text{j}\frac{f}{f_L}$

$\downarrow f_L$　　$\downarrow f_{H1}$　　$\downarrow f_{H2}$

得出 $\dot{A}_{um} = 2\times 10^3$，$f_L = 10$ Hz。

由于两级的上限频率分别为 10^4 Hz 和 10^5 Hz，而 $10^4 \ll 10^5$，故可近似认为整个电路的上限频率 $f_H \approx 10^4$ Hz。

提示：一般数量级 10 的次数有 1 的差距就是远远大于或者远远小于

② $20\lg\left|\dot{A}_{um}\right| \approx 66$ dB，波特图如图 4.16 所示。

习题【4-6】与习题【4-4】正好反过来，习题【4-4】是给出波特图得到相关参数，求 $\dot{A}_u$ 表达式；而习题【4-6】是给出 $\dot{A}_u$ 表达式，从表达式中得到相关参数，并画波特图

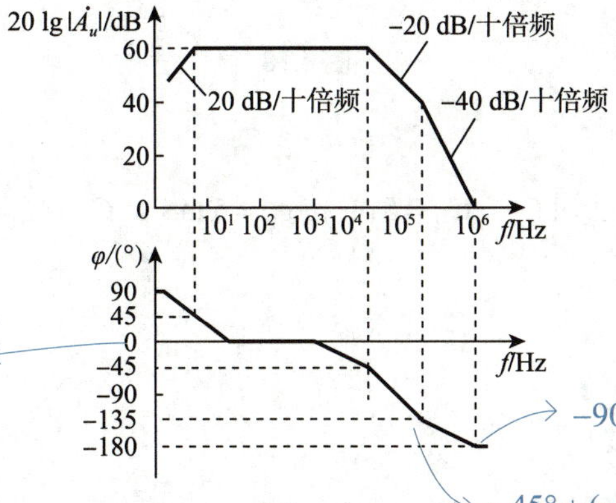

因为是两级共射，所以中频段 $\varphi = 0°$

$-90° \times 2$

$-45° + (-90°)$

图 4.16

【4-7】略。

$\tau = RC$（R 是等效电阻）

【4-8】在图 4.17 所示电路中，要求 C_1 与 C_2 所在回路的时间常数相等，且已知 $r_{be}=1\,\mathrm{k\Omega}$，求 $C_1:C_2$。若 C_1 与 C_2 所在回路的时间常数均为 25 ms，则 C_1、C_2 各为多少？下限频率 f_L 为多少？

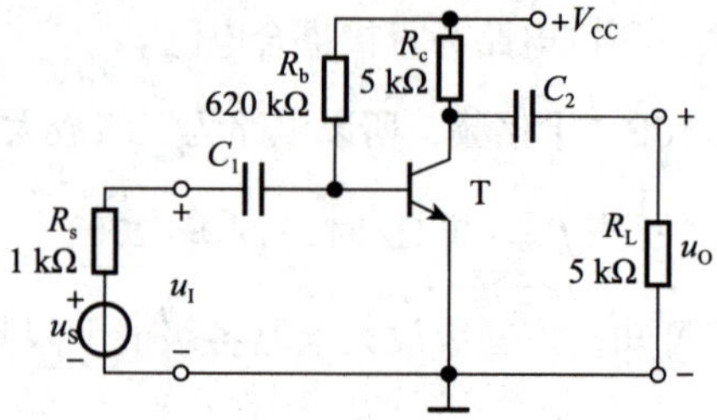

图 4.17

解析 图 4.17 的交流等效电路图如图 4.18 所示。

①求解 $C_1:C_2$。

根据 $C_1(R_s+R_i)=C_2(R_c+R_L)$，将电阻值代入该式，求出 $C_1:C_2=5:1$。

②求解 C_1、C_2 的容量和下限频率。

$$C_1=\frac{\tau}{R_s+R_i}\approx 12.5\ (\mu\mathrm{F})$$

$$C_2=\frac{\tau}{R_c+R_L}\approx 2.5\ (\mu\mathrm{F})$$

$$f_{L1}=f_{L2}=\frac{1}{2\pi\tau}\approx 6.4\ (\mathrm{Hz})$$

因为 $f_L=\dfrac{1}{2\pi RC}=\dfrac{1}{2\pi\tau}$，所以 $f_{L1}=f_{L2}$

$$f_L\approx 1.56 f_{L1}\approx 10\ (\mathrm{Hz})$$

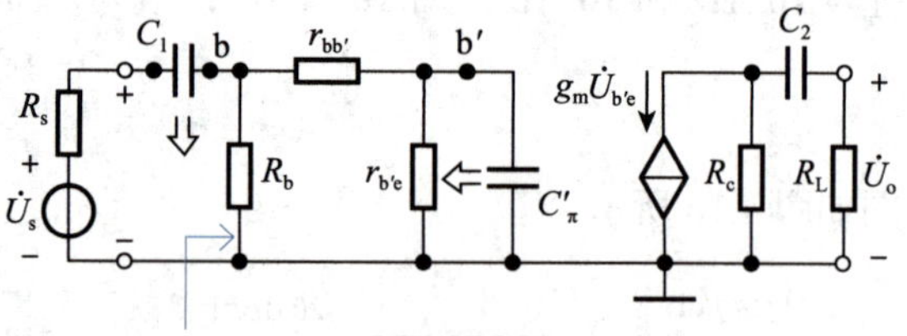

图 4.18

$R_i=R_b // r_{be}$

【4-9】略。

【4-10】电路如图 4.19 所示，已知 $C_{gs}=C_{gd}=5\,\mathrm{pF}$，$g_m=5\,\mathrm{mS}$，$C_1=C_2=C_s=10\,\mu\mathrm{F}$。试求 f_H、f_L 各约为多少，并写出 $\dot{A}_{us}$ 的表达式。

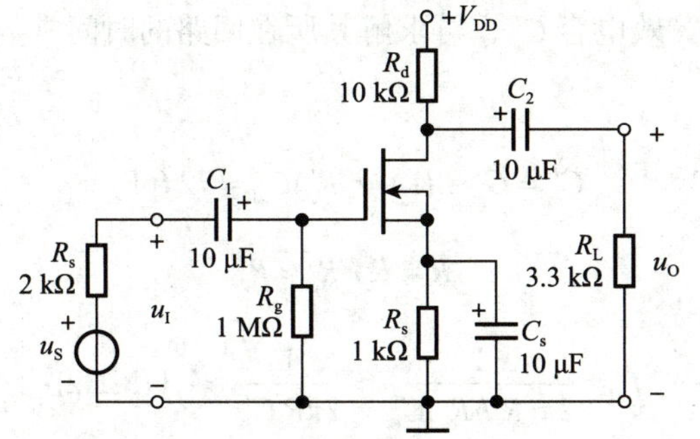

图 4.19

解析 电路的等效电路图如图 4.20 所示。

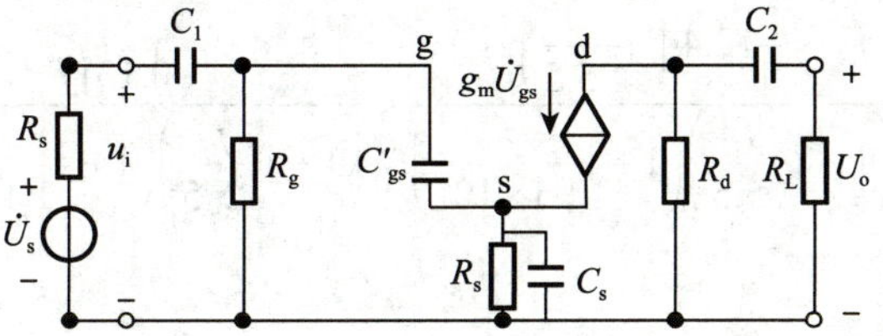

图 4.20

中频段电压放大倍数

$$\dot{A}_{usm}=\frac{R_i}{R_s+R_i}(-g_mR'_L)\approx -g_mR'_L\approx -12.4$$

$R_i=R_g\gg R_s$

①求 f_L。由于 $C_1=C_2=C_s$，而 C_s 所在回路的等效电阻远小于另外两个电容所在回路的等效电阻，故可以近似认为下限频率取决于 C_s 所在回路的时间常数，即

$$f_L=\frac{1}{2\pi\left(R_s//\dfrac{1}{g_m}\right)C_s}\approx 95.5\,(\text{Hz})$$

$$\begin{cases}C_1\to R_1=R_s+R_g\\ C_2\to R_2=R_d+R_L\\ C_s\to R_3=R_s//\dfrac{1}{g_m}\end{cases}$$

式中，R_s、C_s 分别是场效应管的源极电阻和电容。

低频等效电路如图 4.21 所示。

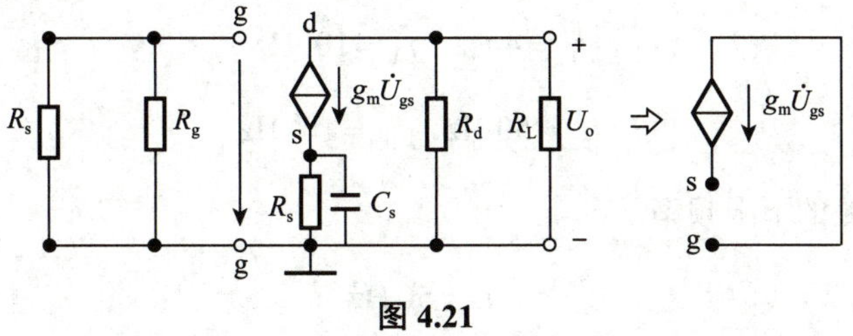

图 4.21

C_s 单独工作时，g 极相当于接地，C_s 向左看是 R_s，向右看是一个电流源与电阻串联，可等效为一个电流源，也即等效电阻为 $\frac{1}{g_m}$，故 C_s 单独工作时的等效电阻为 $R_s//\frac{1}{g_m}$。

②求 f_H。先求出 g–s 之间的等效电容 C'_{gs}，再求解其所在回路的时间常数 R，即可得到上限频率，分析如下：

$$C'_{gs}=C_{gs}+(1+g_m R'_L)C_{gd}\approx 72\,(\text{pF})$$

$$R=R_s//R_g\approx R_s$$

$$f_H=\frac{1}{2\pi(R_s//R_g)C'_{gs}}\approx\frac{1}{2\pi R_s C'_{gs}}\approx 1.1\,(\text{MHz})$$

式中，R_s 为信号源内阻。

③电压放大倍数

$$\dot{A}_{us}\approx\frac{-12.4\cdot\left(\text{j}\frac{f}{95.5}\right)}{\left(1+\text{j}\frac{f}{95.5}\right)\left(1+\text{j}\frac{f}{1.1\times10^6}\right)}\approx\frac{-0.13\text{j}f}{\left(1+\text{j}\frac{f}{95.5}\right)\left(1+\text{j}\frac{f}{1.1\times10^6}\right)}$$

【4-11】略。

【4-12】已知一个两级放大电路各级电压放大倍数分别为

$$\dot{A}_{u1}=\frac{\dot{U}_{o1}}{\dot{U}_i}=\frac{-25\text{j}f}{\left(1+\text{j}\frac{f}{4}\right)\left(1+\text{j}\frac{f}{10^5}\right)},\dot{A}_{u2}=\frac{\dot{U}_o}{\dot{U}_{i2}}=\frac{-2\text{j}f}{\left(1+\text{j}\frac{f}{50}\right)\left(1+\text{j}\frac{f}{10^5}\right)}$$

（1）写出该放大电路的电压放大倍数的表达式；

（2）求出该电路的 f_L 和 f_H 各约为多少；

（3）画出该电路的波特图。

解析（1）电压放大倍数的表达式为

$$\dot{A}_u=\dot{A}_{u1}\dot{A}_{u2}=\frac{10^4\cdot\left(\text{j}\frac{f}{4}\right)\cdot\left(\text{j}\frac{f}{50}\right)}{\left(1+\text{j}\frac{f}{4}\right)\left(1+\text{j}\frac{f}{50}\right)\left(1+\text{j}\frac{f}{10^5}\right)^2}$$

（2）由已知条件可得第一、二级放大电路的下限频率和上限频率，即

$$f_{L1}=4\text{ Hz}，f_{H1}=10^5\text{ Hz}$$

$$f_{L2}=50\text{ Hz}，f_{H2}=10^5\text{ Hz}$$

由于 $f_{L2}\gg f_{L1}$，故该电路的下限频率

$$f_L\approx 50\text{ Hz}$$

由于 $f_{H1}=f_{H2}$，因此 $f_H\approx 0.643f_{H1}=64.3\,(\text{kHz})$。

（3）根据电压放大倍数的表达式可得

$$\dot{A}_u=\frac{10^4\cdot\left(\mathrm{j}\frac{f}{4}\right)\left(\mathrm{j}\frac{f}{50}\right)}{\left(1+\mathrm{j}\frac{f}{4}\right)\left(1+\mathrm{j}\frac{f}{50}\right)\left(1+\mathrm{j}\frac{f}{10^5}\right)^2}$$

说明中频段电压放大倍数 $\dot{A}_{um}=10^4$，即增益为 $20\lg\left|\dot{A}_{um}\right|=80\ \mathrm{dB}$，波特图如图 4.22 所示。

为正，所以初始相移为 0°

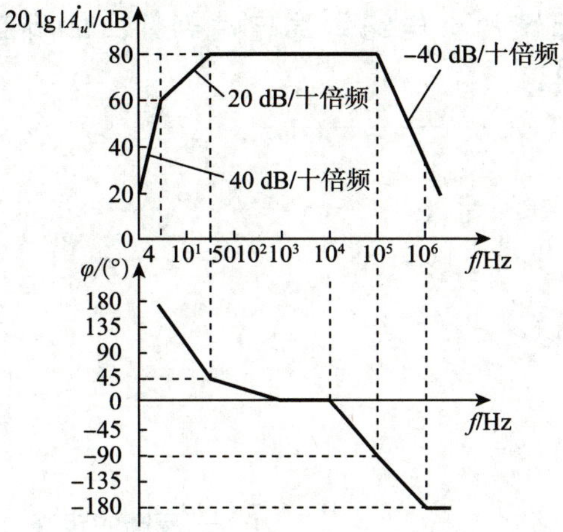

图 4.22

【4-13】~【4-15】略。

第五章　放大电路中的反馈

本章重点包括：反馈的判断、深度负反馈条件下放大倍数的估算、理想运放下放大倍数的求解、负反馈放大电路的稳定性判断、如何正确引入负反馈、自激振荡的判断及相关计算。

划重点

知识架构

- 放大电路中的反馈
  - 反馈的概念
    - 反馈的定义
    - 反馈的分类
    - 反馈的判断
  - 负反馈放大电路
    - 方块图及表达式
    - 四种基本组态
    - 放大倍数的分析
    - 负反馈对电路性能的影响
  - 自激振荡

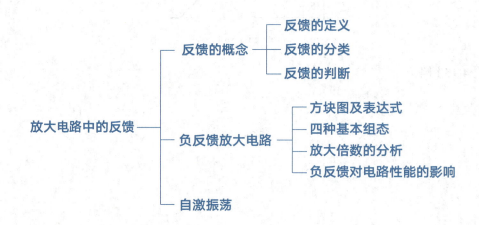

5.1 反馈的基本概念及判断

名称	内容	判断方法
反馈的定义	放大电路输出量的一部分或全部通过一定的方式引回到输入回路，用来影响输入量，称为反馈	"找联系"：找输出回路与输入回路的联系。若有，则有反馈，否则，无反馈 若放大电路存在将输出回路与输入回路相连接的通路，表明有反馈。若没有，则无反馈
正反馈和负反馈	根据反馈的作用效果来区分，如果反馈导致净输入量减少，或使得输出量的变化幅度减小，那么这就是负反馈；反之，若反馈使净输入量增加或输出量变化增大，则视为正反馈 净输入量是指反馈与输入量叠加之后的	瞬时极性法是一种分析技巧，它始于假设输入信号具有一个特定的瞬时极性，逐级推导出电路中各个相关点的极性状态，最终判断反馈信号对原始信号起到了增强还是削弱效果
直流反馈和交流反馈	直流通路中存在的反馈称为直流反馈，交流通路中存在的反馈称为交流反馈	检查反馈信号中是否只有直流成分，还是只有交流成分，还是交直流成分均有
电压反馈和电流反馈	将输出电压的部分或全部引回至输入回路，用以调节净输入量的过程称为电压反馈；类似地，将输出电流的部分或整体反馈至输入回路，以影响净输入量的机制，则称为电流反馈	输出短路测试法：设想输出端口被交流短路，随后检查反馈信号是否存在。若此时反馈信号消失（即反馈信号值为 0），则判定为电压反馈；反之，若反馈信号依旧存在，则判定为电流反馈
串联反馈和并联反馈	在输入端、输入量、反馈量和净输入量以电压的方式叠加为串联反馈；以电流的方式叠加，为并联反馈	输入端观察法：若反馈信号与输入信号连在一个节点上，则为并联反馈，否则，为串联反馈
局部反馈和级间反馈	针对多级放大电路中单一级别起作用的反馈被称为局部反馈；将多级放大电路的最终输出量回送至其最前端输入级的输入回路中的反馈，称为级间反馈	观察反馈网络的连接方式

5.2 负反馈放大电路的方块图和一般表达式

负反馈放大电路的方块图如图 5.1 所示。

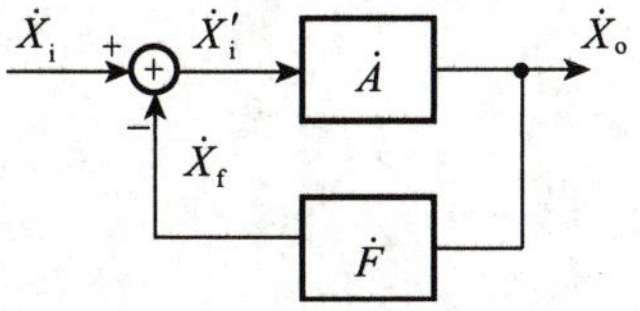

图 5.1

根据方块图和定义，可得基本放大电路的放大倍数$\dot{A}$、反馈系数$\dot{F}$和负反馈放大电路的放大倍数$\dot{A}_f$的表达式为

$$\dot{A}=\frac{\dot{X}_o}{\dot{X}_i'},\quad \dot{F}=\frac{\dot{X}_f}{\dot{X}_o},\quad \dot{A}_f=\frac{\dot{X}_o}{\dot{X}_i}=\frac{\dot{A}}{1+\dot{A}\dot{F}}$$

式中，$\dot{A}\dot{F}$称为电路的环路放大倍数。

①当$|1+\dot{A}\dot{F}|>1$时，则$|\dot{A}_f|<|\dot{A}|$，即引入反馈后，增益下降了，这时的反馈是**负反馈**。

②当$|1+\dot{A}\dot{F}|\gg 1$时，称为**深度负反馈**，此时$\dot{A}_f\approx\frac{1}{\dot{F}}$，说明在深度负反馈条件下，闭环增益只取决于反馈系数，而与开环增益的具体数值无关。

③当$|1+\dot{A}\dot{F}|<1$时，则$|\dot{A}_f|>|\dot{A}|$，这说明已从原来的负反馈变成了正反馈。

④当$|1+\dot{A}\dot{F}|=0$时，则$|\dot{A}_f|\to\infty$，这就是说，放大电路在没有输入信号时，也会有输出信号，产生了**自激振荡**，使放大电路不能正常工作。

5.3 深度负反馈放大电路

5.3.1 深度负反馈的实质

若电路引入的是深度负反馈，即$|1+\dot{A}\dot{F}|\gg 1$，则$\dot{A}_f\approx\frac{1}{\dot{F}}$，$\dot{X}_i\approx\dot{X}_f$，**故深度负反馈的实质：忽略了净输入量**$\dot{X}_i'$。

当电路引入深度串联负反馈时，$\dot{U}_i\approx\dot{U}_f$，净输入电压$\dot{U}_i'$可忽略不计。

当电路引入深度并联负反馈时，$\dot{I}_i\approx\dot{I}_f$，净输入电流$\dot{I}_i'$可忽略不计。

5.3.2 四种组态的负反馈放大电路基于反馈系数的放大倍数分析 ——→ 必考题型

四种组态电路（见图 5.2）的电压放大倍数的估算分析步骤：

①判别组态反馈网络；

②求$\dot{F}$；

③根据$\dot{A}_f\approx 1/\dot{F}$，可得$\dot{A}_{uuf}$、$\dot{A}_{iuf}$、$\dot{A}_{uif}$、$\dot{A}_{iif}$。

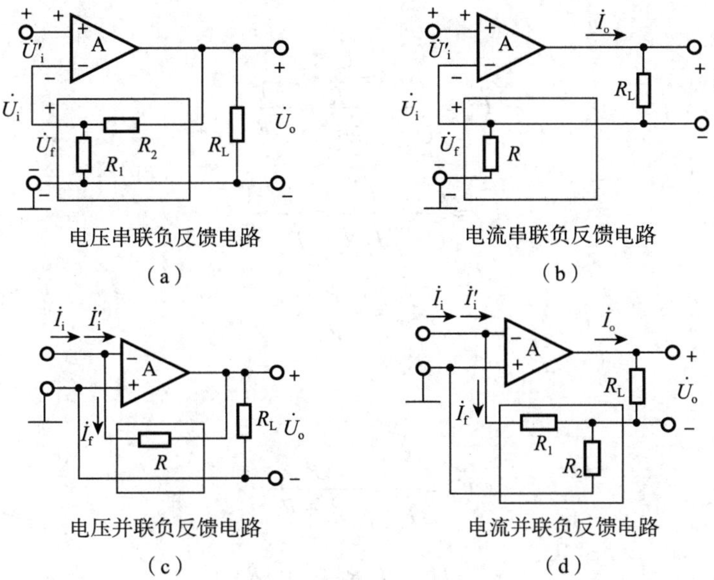

电压串联负反馈电路（a） 电流串联负反馈电路（b）

电压并联负反馈电路（c） 电流并联负反馈电路（d）

图 5.2

判断组态反馈网络的技巧：

①区分电压反馈与电流反馈：从输出端出发，设想输出端被交流短路，观察此时反馈信号是否存在。若反馈信号消失（即反馈信号为 0），则属于电压反馈；若反馈信号依然存在，则判定为电流反馈。

②辨别串联反馈与并联反馈：从输入端观察，若反馈信号与输入信号在同一节点，则为并联反馈；若反馈信号并未直接与输入信号相连，则为串联反馈。

③判断正反馈和负反馈：若是串联反馈，用瞬时极性法，反馈信号为正，则为负反馈；若是并联反馈，用瞬时极性法，反馈信号为负，则为正反馈。

对于图 5.2（a），

$$\dot{F}_{uu}=\frac{\dot{U}_{f}}{\dot{U}_{o}}=\frac{R_1}{R_1+R_2}$$

$$\dot{A}_{uf}=\frac{\dot{U}_{o}}{\dot{U}_{i}}\approx\frac{\dot{U}_{o}}{\dot{U}_{f}}=\frac{1}{\dot{F}_{uu}}=1+\frac{R_2}{R_1}$$

对于图 5.2（b），

$$\dot{F}_{ui}=\frac{\dot{U}_{f}}{\dot{I}_{o}}=\frac{\dot{I}_{o}R}{\dot{I}_{o}}=R$$

$$\dot{A}_{uf}=\frac{\dot{U}_{o}}{\dot{U}_{i}}\approx\frac{\dot{I}_{o}R_{L}}{\dot{U}_{f}}=\frac{1}{F_{ui}}\bullet R_{L}$$

$$\dot{A}_{uf}\approx\frac{R_{L}}{R}$$

对于图 5.2（c），

$$\dot{F}_{iu}=\frac{\dot{I}_f}{\dot{U}_o}=\frac{-\frac{\dot{U}_o}{R}}{\dot{U}_o}=-\frac{1}{R}$$

$$\dot{A}_{usf}=\frac{\dot{U}_o}{\dot{U}_s}\approx\frac{\dot{U}_o}{\dot{I}_f R_s}=\frac{1}{\dot{F}_{iu}}\cdot\frac{1}{R_s}$$

$$\dot{A}_{usf}\approx-\frac{R}{R_s}$$

对于图 5.2（d），

$$\dot{F}_{ii}=\frac{\dot{I}_f}{\dot{I}_o}=-\frac{R_2}{R_1+R_2}$$

$$\dot{A}_{usf}=\frac{\dot{U}_o}{\dot{U}_s}\approx\frac{\dot{I}_o R_L}{\dot{I}_f R_s}=\frac{1}{\dot{F}_{ii}}\cdot\frac{R_L}{R_s}$$

$$\dot{A}_{usf}\approx-\left(1+\frac{R_1}{R_2}\right)\cdot\frac{R_L}{R_s}$$

电压负反馈适用于恒压源负载

电流负反馈适用于恒流源负载

可以看出：电压负反馈电路的电压放大倍数与负载无关，说明其输出近似为恒压源；电流负反馈电路的电压放大倍数与负载电阻呈线性关系，说明其输出近似为恒流源；电压放大倍数与放大管参数无关，因而稳定，而且 $\dot{A}$、$\dot{F}$、$\dot{A}_f$、$\dot{A}_{uf}$ 或 $\dot{A}_{usf}$ 的符号相同。

在做题中，无法判断正负时，可先根据瞬时极性法判断出输入和输出的关系，即可确定所有的符号

5.3.3 理想运放的性能指标

集成运放的理想化参数是：①开环差模增益（放大倍数）$A_{od}=\infty$；②差模输入电阻 $r_{id}=\infty$；③输出电阻 $r_o=0$；④共模抑制比 $K_{CMR}=\infty$；⑤上限截止频率 $f_H=\infty$；⑥失调电压 U_{IO}、失调电流 I_{IO} 和它们的温漂 dU_{IO}/dT（℃）、dI_{IO}/dT（℃）均为零，且无任何内部噪声。

在分析由集成运算放大器构成的负反馈放大电路时，我们通常将运算放大器视为理想器件，从而可以利用其在线性工作区展现出的虚短和虚断特性，来求解电路的电压放大倍数。理想运放组成的四种组态负反馈放大电路及其电压放大倍数如表 5.1 所示。

在题目中会说是工作在理想集成运放还是工作在深度负反馈。
①工作在深度负反馈：忽略净输入量；
②工作在理想集成运放：利用虚短和虚断分析

切记不要死背，考题非常灵活，一定要学会推导 ⟵ **表 5.1**

反馈组态	电压串联	电压并联
电路	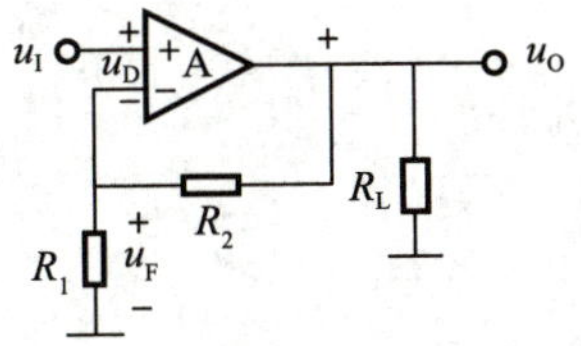	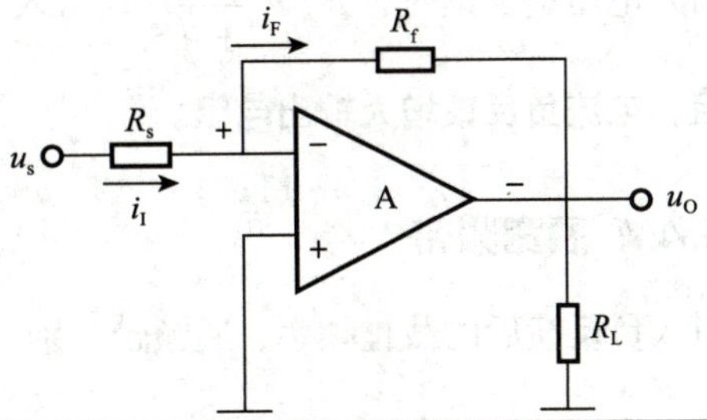
$\dot{A}_f$	$\frac{\dot{U}_o}{\dot{U}_i}=1+\frac{R_2}{R_1}$	$\frac{\dot{U}_o}{\dot{U}_s}=-\frac{R_f}{R_s}$
反馈组态	电流串联	电流并联
电路	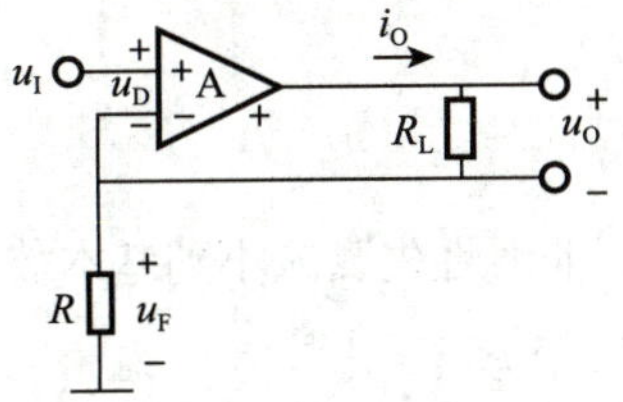	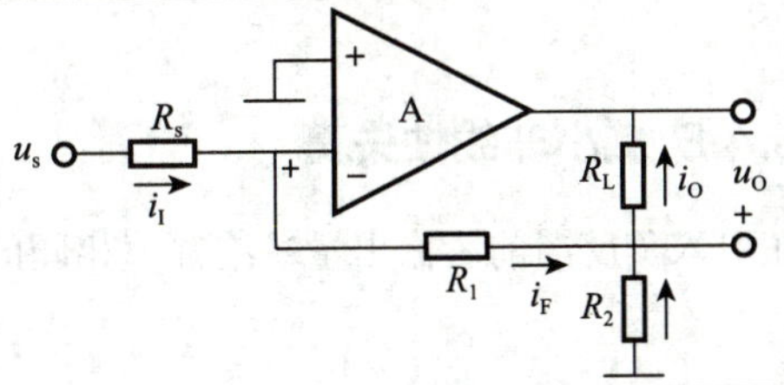
$\dot{A}_f$	$\frac{\dot{U}_o}{\dot{U}_i}=\frac{R_L}{R}$	$\frac{\dot{U}_o}{\dot{U}_s}=-\left(1+\frac{R_1}{R_2}\right)\cdot\frac{R_L}{R_s}$

5.4 负反馈对放大电路性能的影响

→ 根据这些影响，在电路中引入负反馈，这一点要牢记

5.4.1 稳定放大倍数

在中频段，放大倍数、反馈系数等均为实数。由 $\frac{dA_f}{dA}=\frac{1}{(1+AF)^2}$ 得到

$$dA_f=\frac{dA}{(1+AF)^2}，\quad \frac{dA_f}{A_f}=\frac{1}{1+AF}\cdot\frac{dA}{A}$$

可见负反馈放大电路的稳定性**是基本放大电路的 $(1+AF)$ 倍**。

5.4.2 改变输入电阻

引入串联负反馈时，$R_{if}=(1+AF)R_i$；引入并联负反馈时，$R_{if}=\frac{R_i}{1+AF}$。可见**串联负反馈增大输入电阻，并联负反馈减小输入电阻**。

5.4.3 改变输出电阻

引入电压负反馈时，$R_{of}=\dfrac{R_o}{1+AF}$；引入电流负反馈时，$R_{of}=(1+AF)R_o$。可见**电压负反馈减小输出电阻，电流负反馈增大输出电阻。**

5.4.4 展宽频带

引入负反馈后的截止频率、通频带分别为

$$f_{Hf}=(1+A_mF)f_H$$

$$f_{Lf}=\frac{f_L}{1+A_mF}$$

$$f_{bwf}=(1+A_mF)f_{bw}$$

5.4.5 减小非线性失真

在引入负反馈前后输出量基波幅值相同的情况下，非线性失真减小到基本放大电路的 $1/(1+AF)$。

5.5 负反馈放大电路的稳定性

5.5.1 自激振荡产生的原因和条件

电路在输入量为零时却有输出，称电路产生**自激振荡**。当电路产生自激振荡时，振荡频率必在低频段或高频段。

指的是电路不需要输入，输出信号全部来自反馈信号，可以理解为"自给自足"

$$\dot{A}\dot{F}<0，产生正反馈$$

$$\dot{A}\dot{F}=-1，即 1+\dot{A}\dot{F}=0，产生自激振荡$$

自激振荡的平衡条件为

$$\begin{cases}|\dot{A}\dot{F}|=1\\ \varphi_A+\varphi_F=(2n+1)\pi\ （n为整数）\end{cases}$$

对于相位条件，要注意，这里是 $(2n+1)\pi$，与第七章的正弦波振荡的平衡条件不一样

电路起振的条件为

$$|\dot{A}\dot{F}|>1$$

5.5.2 自激振荡的判断

使环路增益下降到 0 dB 的频率，记作f_c；使 $\varphi_A+\varphi_F=-180°$ 的频率，记作f_0。

利用环路增益 $\dot{A}\dot{F}$ 的波特图，分析是否同时满足自激振荡的幅值和相位条件。

①若不存在f_0，则电路稳定；

②若存在f_0，且$f_0<f_c$，则电路不稳定，会产生自激振荡；

③若存在f_0，且$f_0>f_c$，则电路稳定，不会产生自激振荡。

结合图 5.3 一起看，理解f_0在什么情况下电路稳定，不产生自激振荡，出题会结合波特图一起出题

为使电路具有足够的稳定性，幅值裕度应不大于 –10 dB 且相位裕度应大于 45°。

两个负反馈电路环路增益的频率特性如图 5.3 所示，在图 5.3（a）所示的曲线中，使 $\varphi_A+\varphi_F=-180°$ 的频率为f_0，使 $20\lg|\dot{A}\dot{F}|=0$ dB 的频率为f_c。因为当$f=f_0$时，$20\lg|\dot{A}\dot{F}|>0$ dB，即$|\dot{A}\dot{F}|>1$，说明满足起振条件，所以能够产生自激振荡。

在图 5.3（b）所示的曲线中，使 $\varphi_A+\varphi_F=-180°$ 的频率为f_0，使 $20\lg|\dot{A}\dot{F}|=0$ dB 的频率为f_c。因为当$f=f_0$时，$20\lg|\dot{A}\dot{F}|<0$ dB，即$|\dot{A}\dot{F}|<1$，说明不满足起振条件，所以不能够产生自激振荡。

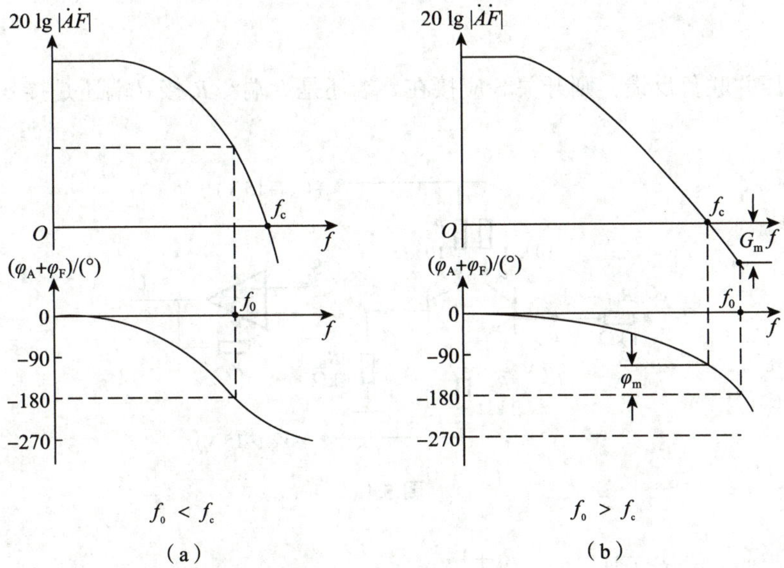

图 5.3

5.5.3 消除自激振荡的方法

常用的方法为滞后补偿，包括简单滞后补偿、*RC* 滞后补偿和密勒效应补偿。此外，为使消振后频带变化更小，可考虑采用超前补偿的方法。

常考填空题

斩题型

题型 1 考查串并联负反馈的作用

破题小记一笔

关于“负反馈对放大电路性能的影响”，除了会出选择题、填空题外，也会作为大题的小问来出题，比如为了想要达到什么效果，怎样引入负反馈，如何连接。

例 1 如果信号源内阻很大，为提高反馈效果，采用________为宜；如果信号源内阻很小，为提高反馈效果，采用________为宜。

答案 并联负反馈，串联负反馈

解析 并联负反馈减小放大器的输入电阻，即使信号源内阻很大，也能获得较好的反馈效果。串联负反馈增大放大器的输入电阻，从而更好地匹配信号源的小内阻。

例 2 由差动放大器和运算放大器组成的反馈放大电路如图 5.4 所示。回答下列问题：

（1）若要引入电压串联负反馈，则开关 S 应接在 a 端还是 b 端？R_f 接 d 端还是接 c 端？此时电压放大倍数为多少？

（2）若要引入电压并联负反馈，则开关 S 应接在 a 端还是 b 端？R_f 接 d 端还是接 c 端？此时电压放大倍数为多少？

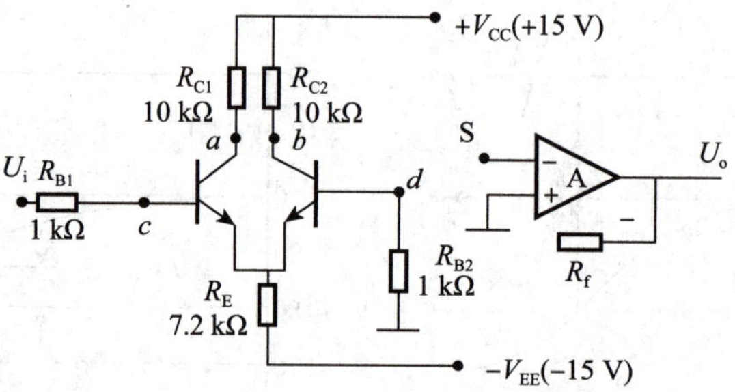

图 5.4

解析（1）S 应接 a 端，R_f 接 d 端，$A_u=\dfrac{R_f+1}{1}=R_f+1$。

用瞬时极性法分析时，在 a 端输出负，在 b 端输出正

（2）S 应接 b 端，R_f 接 c 端，$A_u=-\dfrac{R_f}{1}=-R_f$。

星峰点悟

此类题没有什么技巧性，熟记负反馈对放大电路性能的影响中的几条，遇到填空题、选择题时直接用即可；遇到设计类题，结合瞬时极性法引入负反馈即可。

题型 2 对电路的极性、反馈类型进行判断

破题小记一笔

此类题是必须会做的题，对电路的极性、反馈类型的判断是后续求解电压放大倍数、判断电路是否能产生振荡等的关键！

例 3 试判断图 5.5 所示各电路中级间交流反馈的极性。

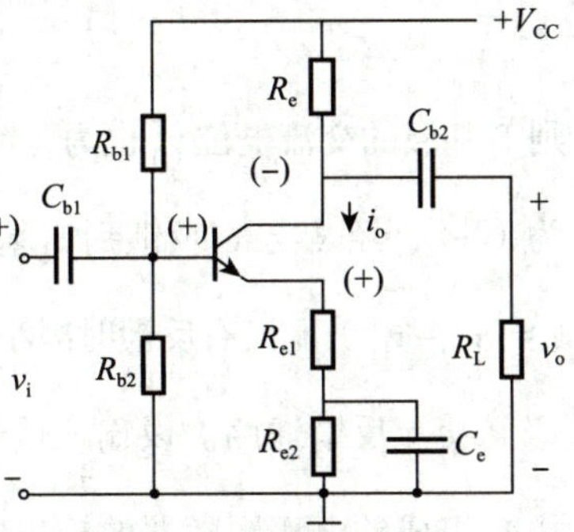

基极分压式射极偏置电路

(a)

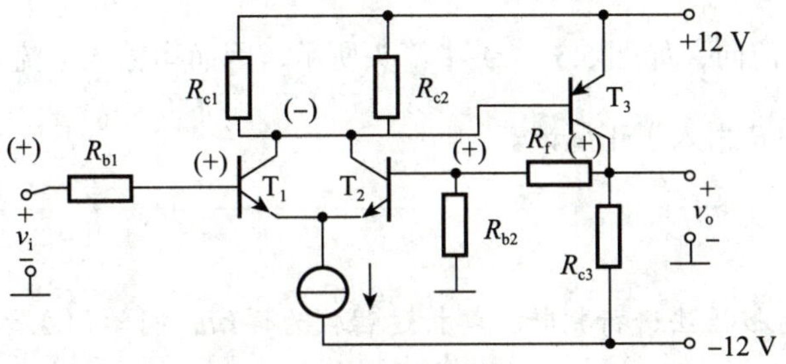

多级放大电路

(b)

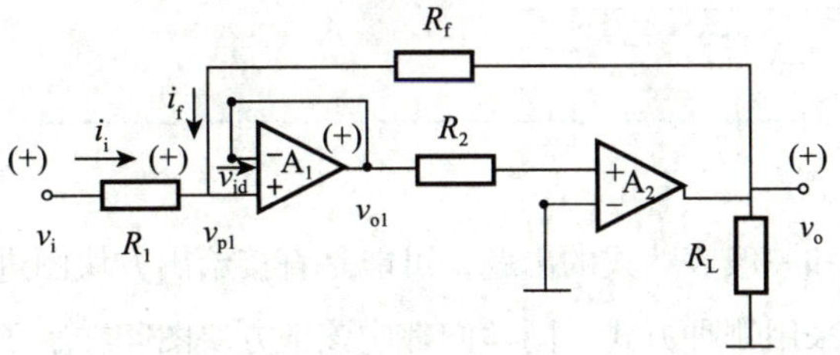

运放电路

(c)

图 5.5

解析 图 5.5（a）所示电路中，因发射极电容 C_e 的旁路作用，所以对交流信号而言，电阻 R_{e2} 上不存在交流信号，而电阻 R_{e1} 为交流通路的输入回路和输出回路所共有，构成了反馈通路。R_{e1} 上的交流电压即反馈信号 v_f，基本放大电路的净输入信号是 v_{be}。设输入信号 v_i 的瞬时极性为（+），如图 5.5（a）中所标，经 BJT 放大后，其集电极电压为（−），发射极电压 v_e（即反馈信号 v_f）为（+），因而使该放大电路的净输入信号电压 v_{be}（$= v_i - v_f$）比没有反馈（即没有 R_{e1}）时的 v_{be}（$= v_i$）减小了，所以由 R_{e1} 引入的交流反馈是负反馈。

图 5.5（b）所示电路是一个两级放大电路，第一级是由 T_1 和 T_2 构成的单端输入－单端输出式差分放大电路，第二级是由 T_3 组成的共射电路。在第二级的输出回路和第一级的输入回路之间由电阻 R_f 与 R_{b2} 构成了级间交流反馈通路。R_{b2} 上的交流电压是反馈信号 v_f，T_1 和 T_2 两个基极间的信号电压是该电路的净输入信号。

设输入信号 v_i 的瞬时极性为（+），则 T_1 基极的交流电位 v_{b1} 也为（+）。第一级的输出（T_1 的集电极）信号 v_{e1} 为（−），第二级的输出信号 v_{e2} 为（+），经 R_f 与 R_{b2} 反馈到 T_2 基极的反馈信号 v_f（$= v_{b2}$）也为（+），因而使该电路的净输入信号电压 v_{id}（$= v_{b1} - v_{b2}$）比没有反馈时减小了，所以 R_f 与 R_{b2} 引入的是负反馈。

图 5.5（c）所示电路中，R_f 构成了级间交流反馈通路。设输入信号 v_i 的瞬时极性为（+），则运放 A_1 同相端电位 v_{p1} 的极性也为（+），由 A_1 组成的电压跟随器的输出电压 v_{o1} 也为（+），第二级输出电压 v_o 与其输入电压 v_{o1} 同相位，并且有 $v_o > v_{p1}$（放大作用）。根据上述分析，可标出输入电流 i_i、净输入电流和反馈电流 i_f 的瞬时流向，如图 5.5（c）中箭头所示。因而净输入电流 i_{id}（$= i_i + i_f$）比没有反馈时增加了，所以该电路中 R_f 引入了正反馈。

星峰点悟

本类题型就是利用瞬时极性法进行判断，解析过程较为详细，同学们在熟练之后可以直接判断，不用写得如此详细。

题型 3 考查方块图和 A_f 的一般表达式

破题小记一笔

负反馈放大电路的方块图和一般表达式的出题，可能是直接给出方块图进行求解，也可能是根据文字描述画出方块图。不管采用哪种方式，同学们都应该把方块图印在脑子里，提到方块图脑海里立马就有。

例 4 已知某电压串联负反馈放大电路在通带内（中频区）的反馈系数 $F_v = 0.01$，输入信号 $v_i = 10\,\text{mV}$，开环电压增益 $A_v = 10^4$，试求该电路的闭环电压增益 A_{vf}、反馈电压 v_f 和净输入电压 v_{id}。

解析 方法一：该电路的闭环电压增益为

$$A_{vf} = \frac{A_v}{1 + A_v F_v} = \frac{10^4}{1 + 10^4 \times 0.01} \approx 99.01$$

闭环电压公式，根据开环电压公式和反馈系数推导得到，需要熟记！

反馈电压为

$$v_f = F_v v_o = F_v A_{vf} v_i \approx 0.01 \times 99.01 \times 10 \approx 9.9\,(\text{mV})$$

净输入电压为

$$v_{id} = v_i - v_f \approx 10 - 9.9 = 0.1\,(\text{mV})$$

方法二：求 A_{vf} 的方法同方法一。

基本放大电路的净输入信号为 $x_{id} = x_i - x_f$

由上式推出负反馈放大电路的组成方块图如图 5.6 所示，有

$$x_{id} = x_i - x_f = x_i - F x_o = x_i - F A x_{id}$$

整理得

$$x_{id} = \frac{x_i}{1 + AF}$$

则有

$$v_{id} = \frac{v_i}{1 + A_v F_v} = \frac{10}{1 + 10^4 \times 0.01} \approx 0.099 \approx 0.1\,(\text{mV})$$

而

$$v_f = v_i - v_{id} \approx 10 - 0.1 = 9.9\,(\text{mV})$$

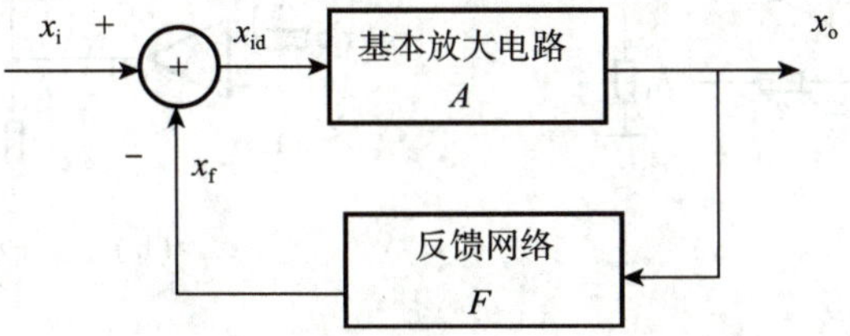

图 5.6

由此例可知，在深度负反馈（$1 + AF \gg 1$）的条件下，反馈信号与输入信号的大小相差甚微，净输入信号则远小于输入信号。

例 5 某反馈放大电路的方块图如图 5.7 所示，试推导其闭环增益 x_o / x_i 的表达式。

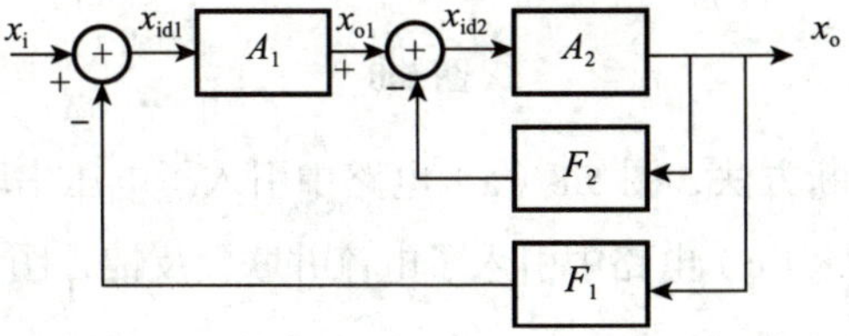

图 5.7

解析 设该放大电路的开环增益为 A，则

$$A=\frac{x_o}{x_{id1}}=\frac{x_{o1}}{x_{id1}}\cdot\frac{x_o}{x_{o1}}=A_1\frac{A_2}{1+A_2F_2}$$

故

$$\frac{x_o}{x_i}=A_f=\frac{A}{1+AF_1}=\frac{\dfrac{A_1A_2}{1+A_2F_2}}{1+\dfrac{A_1A_2}{1+A_2F_2}F_1}=\frac{A_1A_2}{1+A_1A_2F_1+A_2F_2}$$

星峰点悟

同学们要掌握方块图的画法，会根据方块图推导一般表达式。本题还可以证明深度负反馈的实质（忽略净输入量，即净输入量为 0）。

题型 4 考查理想集成运放的电压放大倍数

破题小记一笔

对于理想运放，利用虚短、虚断进行求解。

例 6 已知电路如图 5.8 所示，集成运放为理想运放。试求解各电路的电压放大倍数。

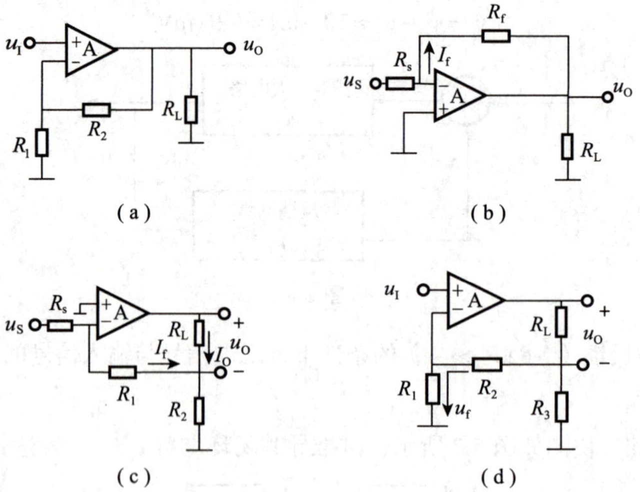

图 5.8

解析 方法一：根据反馈的判断方法，图 5.8（a）电路中引入了电压串联负反馈，图 5.8（b）电路中引入了电压并联负反馈，图 5.8（c）电路中引入了电流并联负反馈，图 5.8（d）电路中引入了电流串联负反馈。设集成运放同相输入端的电位为 u_P，反相输入端的电位为 u_N。

在图 5.8（a）电路中，因为$u_P = u_N = u_I$，且R_1和R_2的电流相等，所以

$$u_O = \frac{u_I}{R_1} \cdot (R_1 + R_2)$$

$$A_u = \frac{\Delta u_O}{\Delta u_I} = 1 + \frac{R_2}{R_1}$$

在图 5.8（b）电路中，因为$u_P = u_N = 0$，且R_s和R_f的电流相等，均为u_S / R_s，所以

$$u_O = -\frac{u_S}{R_s} \cdot R_f$$

$$A_{us} = \frac{\Delta u_O}{\Delta u_S} = -\frac{R_f}{R_s}$$

在图 5.8（c）电路中，因为$u_P = u_N = 0$，且R_s和R_f的电流相等，均为u_S / R_s，所以R_2上的电压和电流分别为

$$u_{R_2} = -\frac{u_S}{R_s} \cdot R_1, \quad i_{R_2} = -\frac{u_S R_1}{R_s R_2}$$

负载电流等于R_1和R_2的电流之和，因此输出电压

$$u_O = (i_{R_1} + i_{R_2}) R_L = -\left(1 + \frac{R_1}{R_2}\right) \cdot \frac{u_S}{R_s} \cdot R_L$$

电压放大倍数

$$A_u = \frac{\Delta u_O}{\Delta u_S} = -\left(1 + \frac{R_1}{R_2}\right) \cdot \frac{R_L}{R_s}$$

在图 5.8（d）电路中，因为$u_P = u_N = u_I$，且R_1和R_2的电流相等，均为u_I / R_1，所以R_3上的电压和电流分别为

$$u_{R_3} = -\frac{u_I}{R_1}(R_1 + R_2), \quad i_{R_3} = -\frac{u_I(R_1 + R_2)}{R_1 R_3}$$

负载电流等于R_2和R_3的电流之和，因此输出电压

$$u_O = (i_{R_2} + i_{R_3}) R_L = \left[\frac{u_I}{R_1} + \frac{u_I(R_1 + R_2)}{R_1 R_3}\right] \cdot R_L = \frac{R_1 + R_2 + R_3}{R_1 R_3} \cdot R_L \cdot u_I$$

电压放大倍数

$$A_u = \frac{\Delta u_O}{\Delta u_I} = \frac{(R_1 + R_2 + R_3) R_L}{R_1 R_3}$$

方法二：用分析闭环放大倍数的两步法求解：

①先求反馈系数 F；

②再求闭环电压放大倍数。

（深度负反馈的实质：净输入量为 0，即 $\dot{X}_i=\dot{X}_f$。）

图 5.8（a）电路中引入了电压串联负反馈，有

$$F_{uu}=\frac{R_1}{R_1+R_2}$$

$$A_{uuf}\approx\frac{1}{F_{uu}}=1+\frac{R_2}{R_1}$$

图 5.8（b）电路中引入了电压并联负反馈，有

$$F_{iu}=\frac{I_f}{u_O}=-\frac{1}{R_f}$$

$$A_{uif}=\frac{u_O}{I_i}\approx\frac{u_O}{I_f}=-R_f$$

$$A_{usf}=\frac{u_O}{u_S}\approx\frac{u_O}{I_f\cdot R_s}=-\frac{R_f}{R_s}$$

图 5.8（c）电路中引入了电流并联负反馈，有

$$F_{ii}=\frac{I_f}{I_o}=-\frac{R_2}{R_1+R_2}$$

$$A_{iif}=\frac{I_o}{I_i}\approx\frac{1}{F_{ii}}=-\left(1+\frac{R_1}{R_2}\right)$$

$$A_{usf}=\frac{u_O}{u_S}=\frac{I_oR_L}{I_i\cdot R_s}\approx\frac{1}{F_{ii}}\cdot\frac{R_L}{R_s}=-\left(1+\frac{R_1}{R_2}\right)\cdot\frac{R_L}{R_s}$$

图 5.8（d）电路中引入了电流串联负反馈，有

$$F_{ui}=\frac{u_f}{I_o}=\frac{\frac{R_3}{R_1+R_2+R_3}\cdot I_o\cdot R_1}{I_o}$$

$$A_{uif}=\frac{I_o}{u_I}\approx\frac{1}{F_{ui}}=\frac{R_1+R_2+R_3}{R_1R_3}$$

$$A_{uuf}=\frac{u_O}{u_I}=\frac{I_oR_L}{u_I}=\frac{R_1+R_2+R_3}{R_1R_3}\cdot R_L$$

星峰点悟

虚断：$i_P=i_N=0$；虚短：$u_P=u_N$。利用这两点直接分析输入信号和输出信号之间的关系，可直接求出电压放大倍数，符号可根据瞬时极性法判断。

题型 5 考查负反馈电路的稳定性

破题小记一笔

集成运放的频率响应与第四章的波特图相结合，判断电路是否会产生自激振荡或者是否稳定。

例 7 设某集成运放的开环频率响应的表达式为

$$\dot{A}_v=\frac{10^5}{\left(1+j\frac{f}{f_{H1}}\right)\left(1+j\frac{f}{f_{H2}}\right)\left(1+j\frac{f}{f_{H3}}\right)}$$

其中$f_{H1}=1$ MHz，$f_{H2}=10$ MHz，$f_{H3}=50$ MHz。→ 3 个不同的上限截止频率，画波特图时斜率分别为 −20 dB / 十倍频、−40 dB / 十倍频、−60 dB / 十倍频

（1）画出它的波特图；

（2）若利用该运放组成一电阻性负反馈放大电路，并要求有 45°的相位裕度，问此放大电路的最大环路增益为多少？

（3）若用该运放组成一电压跟随器，能否稳定地工作？

解析（1）由 $20\lg|\dot{A}_v|=100-20\lg\sqrt{1+\left(\frac{f}{f_{H1}}\right)^2}-20\lg\sqrt{1+\left(\frac{f}{f_{H2}}\right)^2}-20\lg\sqrt{1+\left(\frac{f}{f_{H3}}\right)^2}$ 及

$$\Delta\varphi=-\arctan\frac{f}{f_{H1}}-\arctan\frac{f}{f_{H2}}-\arctan\frac{f}{f_{H3}}$$

画出波特图，如图 5.9 所示。

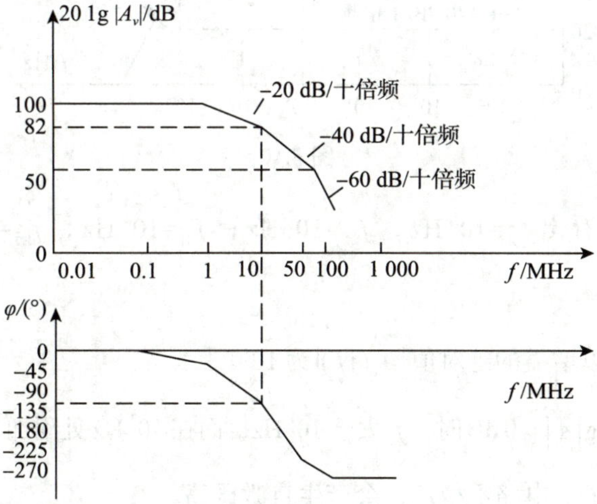

图 5.9

画波特图步骤：

①幅频，先找f_L / f_H，然后 20 dB / 十倍频增加 / 衰减。

②相频，$0.1f_L/10f_H\to90°/0°$，$f_L/f_H\to45°/-45°$，$0.1f_L/10f_H\to0°/-90°$，多级重合部分要叠加。

③折线化

相位裕度：定义$f=f_c$时的$|\varphi_A+\varphi_F|$与180°的相位差为相位裕度，一般情况下相位裕度大于0°，且越大越稳定，一般要求大于45°。

幅值裕度：定义$f=f_0$时的$20\lg|AF|$的值为幅值裕度，一般情况下幅值裕度小于0°，且越小越稳定，一般要求小于−10 dB

（2）由图5.9可知，当相位裕度$\varphi_m=45°$时，

$$20\lg\frac{1}{F_v}=20\lg|\dot{A}_v|\approx 82\ (\text{dB})$$

故最大环路增益为

$$20\lg|\dot{A}_{vm}F_v|=20\lg|\dot{A}_{vm}|-20\lg\frac{1}{F_v}=100-82=18\ (\text{dB})$$

（3）若用该运放组成电压跟随器，因$F_v=1$，则要求$20\lg|\dot{A}_v|=0$ dB，而现在$20\lg|\dot{A}_{vm}|=100$ dB，故电路不能正常工作。

例8 某二级放大电路的幅频特性波特图如图5.10所示。

（1）计算上限截止频率f_H和下限截止频率f_L；

（2）写出该波特图对应的电压放大增益的绝对值$|A_v(jf)|$；

（3）请问该电路是否存在自激振荡？当存在自激振荡时，若想引入负反馈后电路稳定，则反馈系数$|\dot{F}|$的上限值约为多少？

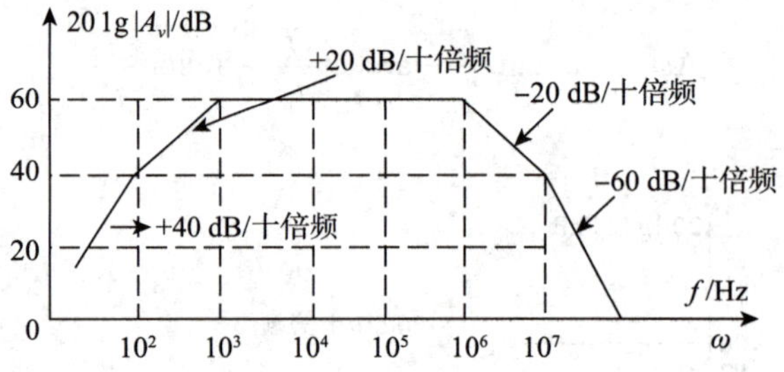

图5.10

解析（1）由图5.10可以看出$f_{L1}=10^2$ Hz，$f_{L2}=10^3$ Hz；$f_{H1}=10^6$ Hz，$f_{H2}=10^7$ Hz，所以$f_H=10^6$ Hz，$f_L=10^3$ Hz。

（2）$20\lg|A_v|=60$ dB，所以增益的绝对值$|A_v(jf)|$为10^3。

（3）由图5.10明显看出$20\lg|A_v|=0$ dB时，f_c大于10^7 Hz，而在10^7 Hz处附加相位为$-90°+(-45°\times 2)=-180°$，此时$f_0=10^7\ \text{Hz}<f_c$。电路不稳定，会产生自激振荡。

所以，为了使电路稳定，应该在10^7 Hz时使$20\lg|\dot{A}\dot{F}|<0$，即$20\lg|\dot{A}|+20\lg|\dot{F}|<0$，其中$20\lg|\dot{A}|=40-3\times 2=34\ (\text{dB})$，所以$20\lg|\dot{F}|<-34$ dB，故$|\dot{F}|<10^{-34/20}$。

星峰点悟

在第四章已经说明画波特图的步骤，这里不再赘述，主要是如何利用环路增益 $\dot{A}\dot{F}$ 的波特图，分析是否同时满足自激振荡的幅值和相位条件。

①若不存在 f_0，则电路稳定；

②若存在 f_0，且当 $f_0 < f_c$ 时，电路不稳定，会产生自激振荡；

③若存在 f_0，且当 $f_0 > f_c$ 时，电路稳定，不会产生自激振荡。

为使电路具有足够的稳定性，幅值裕度应不大于 −10 dB 且相位裕度应不小于 45°。

解习题

【5-1】~【5-4】略。

【5-5】电路如图 5.11 所示，判断是否引入了反馈，是直流反馈还是交流反馈？是正反馈还是负反馈？设图中所有电容对交流信号均可视为短路。

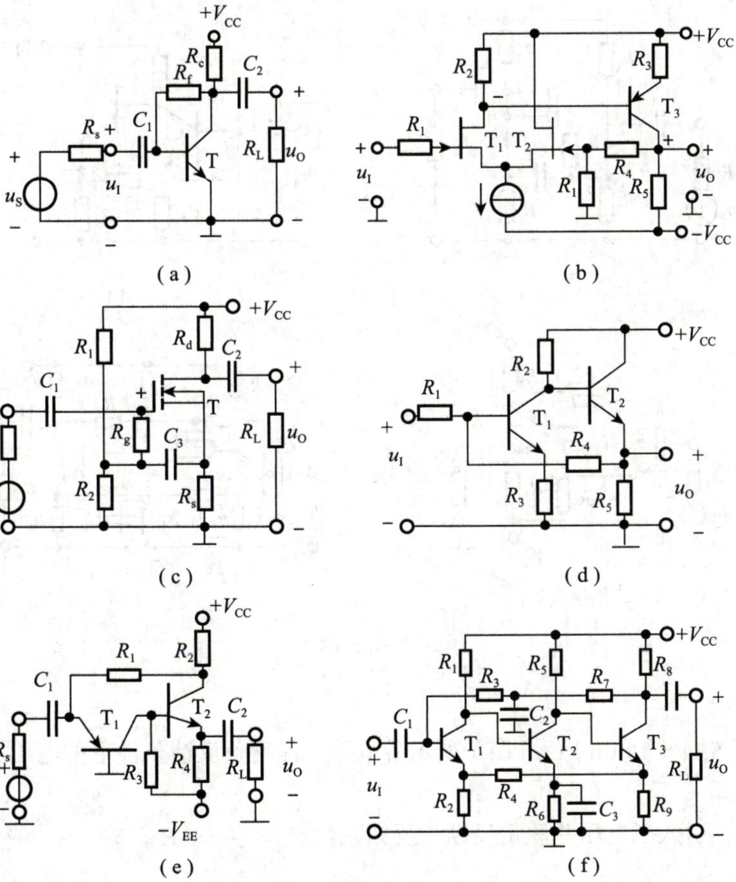

图 5.11

解析 将图 5.11 所示电路中的所有电容视为开路状态，即可获取它们的直流通路图，从中可观察到它们都包含了直流反馈。使用瞬时极性法为各电路中的关键节点标注瞬时极性以及反馈量的极性，如图 5.12 所示。经分析得出以下结论：

图 5.12（a）的电路中同时引入了交、直流负反馈；→

图 5.12（b）的电路同样引入了交、直流负反馈；

分析交、直流反馈简单的判断方法：分别画出直流通路和交流通路，观察是否还存在反馈，若都存在则说明引入了交、直流负反馈

图 5.12（c）的电路中，通过源极电阻 R_s 引入了直流负反馈，而通过电阻 R_s、R_1、R_2 并联的方式引入了交流负反馈，同时电容 C_2 与电阻 R_g 引入了交流正反馈；

图 5.12（d）与图 5.12（e）的电路均引入了交、直流负反馈；

图 5.12（f）的电路则通过 R_3 和 R_7 的组合引入了直流负反馈，而 R_4 则负责引入交、直流负反馈。

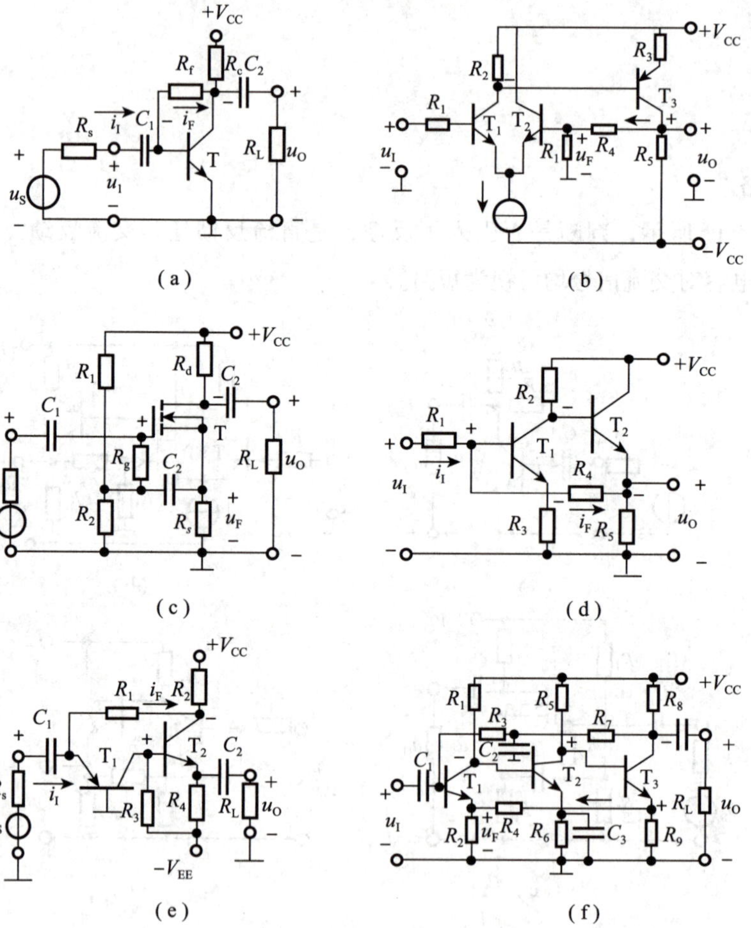

图 5.12

【5-6】~【5-8】略。

【5-9】分别估算图 5.11（a）（b）（e）（f）所示各电路在深度负反馈条件下的电压放大倍数。→ ①求 F；②求 A_{uf}

解析 图 5.11（a）：引入了电压并联负反馈，反馈系数 $F_{iu}=\dfrac{\dot{I}_f}{\dot{U}_o}=-R_f$，故

$$\dot{A}_{usf}=\frac{\dot{U}_o}{\dot{U}_s}\approx\frac{\dot{U}_o}{\dot{I}_f R_s}=\frac{1}{\dot{F}}\cdot\frac{1}{R_s}=-\frac{R_f}{R_s}$$

图 5.11（b）：引入了电压串联负反馈，反馈系数和电压放大倍数为

$$\dot{F}=\frac{\dot{U}_f}{\dot{U}_o}=\frac{R_1}{R_1+R_4}$$

$$\dot{A}_{uf}=\frac{\dot{U}_o}{\dot{U}_i}\approx\frac{\dot{U}_o}{\dot{U}_f}=\frac{1}{\dot{F}}=1+\frac{R_4}{R_1}$$

图 5.11（e）：引入了电流并联负反馈，反馈系数和电压放大倍数为

$$\dot{F}=\frac{\dot{I}_f}{\dot{I}_o}=\frac{R_2}{R_1+R_2}$$

$$\dot{A}_{usf}=\frac{\dot{U}_o}{\dot{U}_s}\approx\frac{\dot{I}_o(R_4//R_L)}{\dot{I}_f R_s}=\frac{1}{\dot{F}}\cdot\frac{R_L'}{R_s}=\left(1+\frac{R_1}{R_2}\right)\cdot\frac{R_L'}{R_s}$$

图 5.11（f）：引入了电流串联负反馈，反馈系数和电压放大倍数为

$$\dot{F}=\frac{\dot{U}_f}{\dot{I}_o}=-\frac{R_2R_9}{R_2+R_4+R_9}$$

$\dot{F}$、$\dot{A}_f$、$\dot{A}_{uf}$ 三者同相，要正都正，要负都负，加果不会判断，就只判断 u_O 与 u_i 同相还是反相，同相为正，反相为负

$$\dot{A}_{uf}=\frac{\dot{U}_o}{\dot{U}_i}\approx\frac{\dot{I}_o(R_7//R_8//R_L)}{\dot{U}_f}=\frac{1}{\dot{F}}\cdot(R_7//R_8//R_L)=-\frac{(R_2+R_4+R_9)(R_7//R_8//R_L)}{R_2R_9}$$

【5-10】电路如图 5.13 所示，已知集成运放为理想运放，最大输出电压幅值为 ±14 V。填空：

电路引入了__________（填入反馈组态）交流负反馈，电路的输入电阻趋近于__________，电压放大倍数 $A_{uf}=\Delta u_O/\Delta u_I=$__________。设 $u_I=1$ V，则 $u_O=$__________V；若 R_1 开路，则 u_O 变为__________V；若 R_1 短路，则 u_O 变为__________V；若 R_2 开路，则 u_O 变为__________V；若 R_2 短路，则 u_O 变为__________V。

无反馈，变为电压比较器，$u_O=+u_{OM}=14$ V

A 变为电压跟随器，$u_O=u_I=1$ V

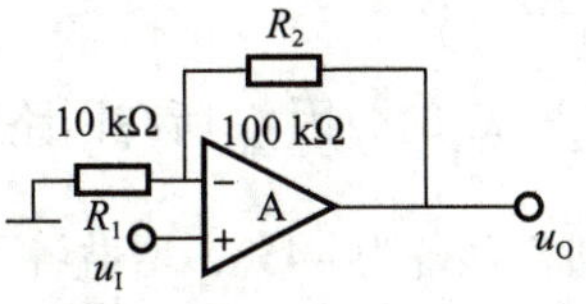

$A_{uf}=1+\frac{R_2}{R_1}$

图 5.13

答案 电压串联，无穷大，11，11，1，14，14，1

解析 串联负反馈提高输入电阻，并联负反馈降低输入电阻。

输入电阻求法：输入电压除以输入电流。由于虚短，输入电流为 0，故输入电阻无穷大。

图 5.13 所示为同相比例运算电路，所以 $A_{uf}=\frac{\Delta u_O}{\Delta u_I}=1+\frac{R_2}{R_1}=11$，故当 $u_I=1$ V时，$u_O=11$ V。

R_1开路构成电压跟随器，R_1短路构成电压比较器，u_I大于 0 V，故直接输出，u_O等于 14 V。

同理，R_2开路构成电压比较器，R_2短路构成电压跟随器。

【5-11】 设计一个电压串联负反馈放大电路，要求电压放大倍数 $A_{uf}=20$，且基本放大电路的电压放大倍数 A_u 的相对变化率为 1% 时，A_{uf} 的相对变化率为 0.01%，求出 F 和 A_u 各为多少？并以集成运放为放大电路画出电路图来，标注出各电阻值。

解析 先求解 AF，再根据深度负反馈的特点求解 A。

因为 $AF \approx \dfrac{1\%}{0.01\%}=100 \gg 1$，所以

根据公式 $\dfrac{dA_f}{A_f}=\dfrac{1}{1+AF}\cdot\dfrac{dA}{A}$ 推导得到，因为 1 相对于 AF 来说太小，可以忽略，所以有这个公式

$$F \approx \frac{1}{A_{uf}}=\frac{1}{20}=0.05$$

$$A_u=A=\frac{AF}{F}\approx 2\,000$$ → 深度负反馈条件下，闭环放大倍数等于 $\dfrac{1}{F}$

电路如图 5.14 所示。

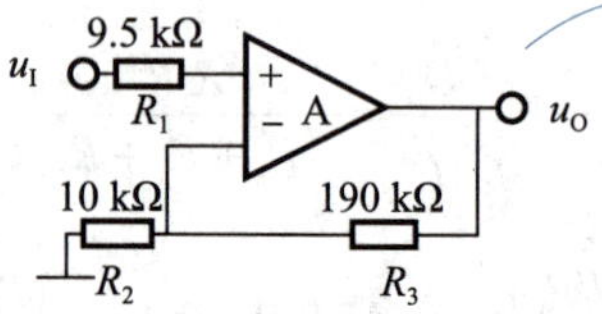

图 5.14

电压串联首先考虑的就是同相比例运算电路，根据 $A_u=1+\dfrac{R_3}{R_2}=20$ 分配 R_2、R_3 阻值，然后根据 $R_1=R_2//R_3$ 得到 R_1 阻值

【5-12】 已知负反馈放大电路的 $\dot{A}=\dfrac{10^4}{\left(1+j\dfrac{f}{10^4}\right)\left(1+j\dfrac{f}{10^5}\right)^2}$。试分析：为了使放大电路能够稳定工作（即不产生自激振荡），反馈系数的上限值为多少？

产生自激振荡的起振条件为 $|\dot{A}\dot{F}|>1$

解析 根据放大倍数表达式可知，没有 f_L，所以 $\dot{A}_{um}=10^4$，$20\lg|\dot{A}_{um}|=80\,(\mathrm{dB})$，高频段有三个截止频率，分别为 $f_{H1}=10^4$ Hz，$f_{H2}=f_{H3}=10^5$ Hz。

因为 $f_{H2}=f_{H3}=10f_{H1}$，所以，当 $f=f_{H2}=f_{H3}$ 时，因 f_{H1} 所在回路引起的附加相移约为 −90°，增益下降 20 dB；因 f_{H2}、f_{H3} 所在回路引起的附加相移各为 −45°，增益各下降 3 dB，所以，$|\dot{A}|$ 约为 54 dB，附加相移约为 −180°。为了使 $f=f_{H2}=f_{H3}$ 时的 $20\lg|\dot{A}\dot{F}|$ 小于 0 dB，即不满足自激振荡的幅值条件，反馈系数 $20\lg|\dot{F}|$ 的上限值应为 −54 dB，即 $\dot{F}$ 的上限值约为 0.002。

$80-20-3\times 2$

$20\lg|\dot{A}\dot{F}|=20\lg|\dot{A}|+20\lg|\dot{F}|=0$

$20\lg|\dot{F}|=-54\,(\mathrm{dB})$

$\dot{F}=10^{-\frac{54}{20}}\approx 0.002$

【5-13】 略。

【5-14】 电路如图 5.15 所示。

（1）试通过电阻引入合适的交流负反馈，使输入电压 u_I 转换成稳定的输出电流 i_L；

（2）若 $u_I=0\sim5\text{ V}$，$i_L=0\sim10\text{ mA}$，则反馈电阻 R_f 应取多少？

输入电压→串联负反馈
输出电流→电流负反馈 } ⟹ 电流串联负反馈

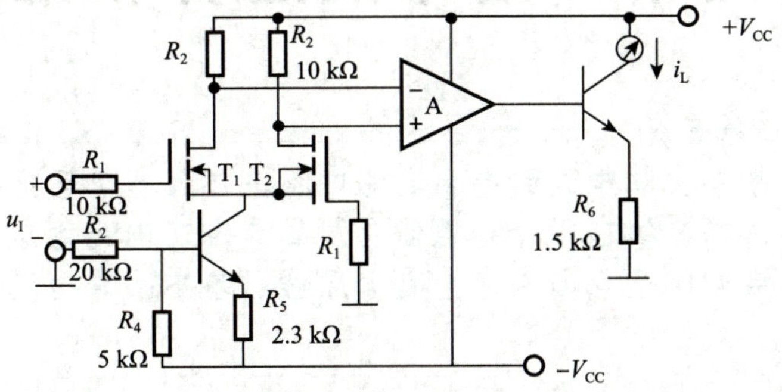

图 5.15

解析（1）引入电流串联负反馈，通过电阻 R_f 将晶体管的发射极与 T_2 管的栅极连接起来，如图 5.16 所示。

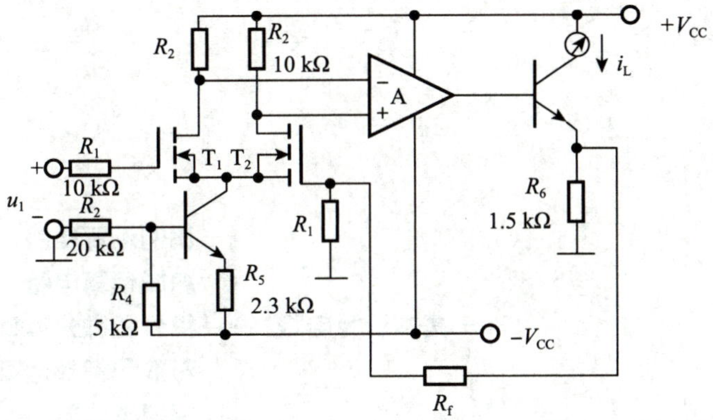

图 5.16

（2）首先求解 $\dot{F}$，再根据 $\dot{A}_f\approx1/\dot{F}$ 求解 R_f。

$$\dot{F}=\frac{R_1R_6}{R_1+R_f+R_6}$$

$$\dot{A}_f\approx\frac{R_1+R_f+R_6}{R_1R_6}$$

代入数据得 $\dot{A}_f\approx\dfrac{10+R_f+1.5}{10\times1.5}=\dfrac{10}{5}$，所以 $R_f=18.5\text{ k}\Omega$。

【5-15】~【5-20】略。

第六章　信号的运算和处理

本章主要讲述了基本运算电路和有源滤波电路。本章重点包括基本运算电路的分析方法，模拟乘法器的应用，有源低通、高通滤波电路的应用。大家需要掌握这些重点，学会利用节点电流法、叠加原理对基本运算电路和有源滤波电路进行推导。

划重点

知识架构

- 信号的运算和处理
  - 基本运算电路
    - 比例运算电路
    - 加减运算电路
    - 积分和微分运算电路
    - 对数和指数运算电路
    - 模拟乘法器
  - 有源滤波电路
    - 一阶有源*RC*滤波器
    - 二阶有源*RC*滤波器

6.1　基本运算电路

6.1.1　理想运放及其线性工作区

只有引入负反馈，集成运放才工作在线性区，如图 6.1 所示。反馈网络为电阻、电容网络。理想运放工作在线性区时具有两个特点：

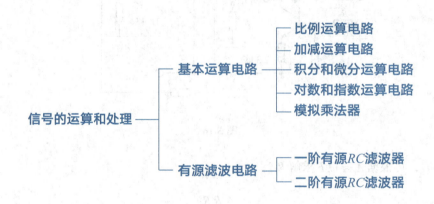

（1）净输入电压为零，称为“虚短”，即 $u_N = u_P = 0$；

（2）净输入电流为零，称为“虚断”，即 $i_N = i_P = 0$。

它们是分析运算电路和有源滤波电路的基本出发点。

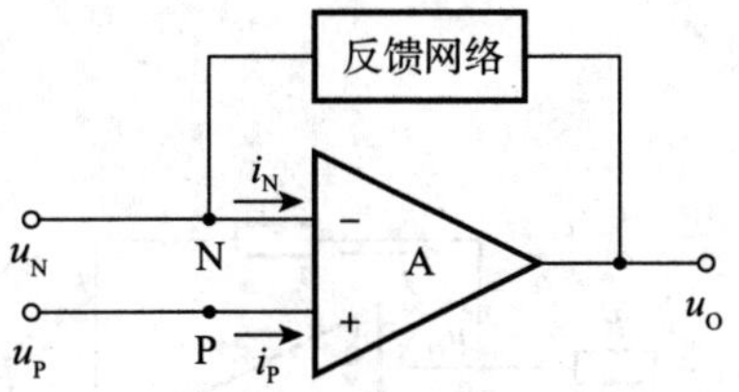

图 6.1

6.1.2 比例运算电路

①反相比例运算电路（见图 6.2）。

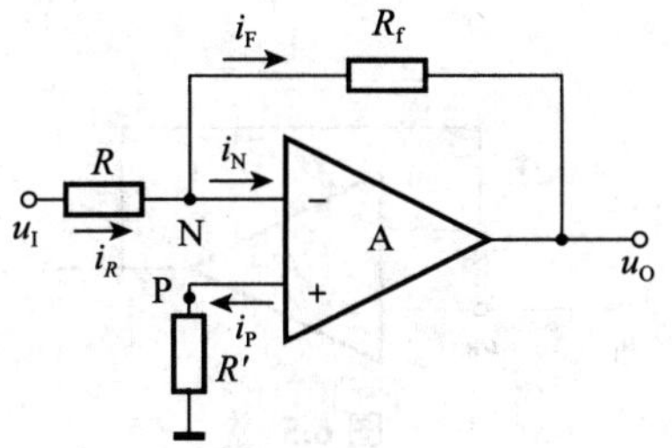

图 6.2

因为 $i_N = i_P = 0$，$u_N = u_P = 0$，所以在节点 N：

$$i_F = i_R = \frac{u_I}{R}$$

从而得到 T 形反馈网络，如图 6.3 所示。

$$u_O = -i_F R_f = -\frac{R_f}{R} \cdot u_I$$

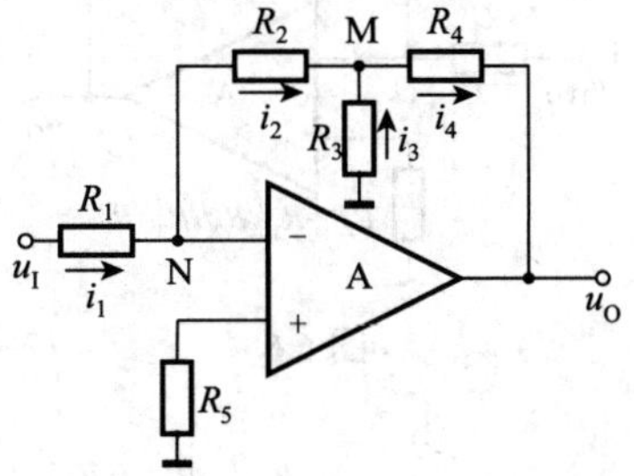

图 6.3

利用 R_4 中有较大电流来获得较大数值的比例系数。

$$i_2 = i_1 = \frac{u_I}{R},\quad i_3 = -\frac{u_M}{R_3},\quad u_M = -\frac{R_2}{R_1}\cdot u_I$$

所以 $u_O = -\dfrac{R_2 + R_4}{R_1}\left(1 + \dfrac{R_2 // R_4}{R_3}\right)\cdot u_I$。

②同相比例运算电路（见图 6.4）。

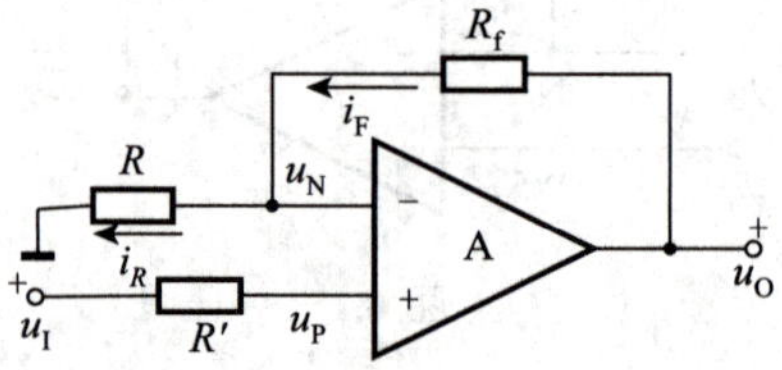

图 6.4

因为 $u_N = u_P = u_I$，所以 $u_O = \left(1 + \dfrac{R_f}{R}\right)\cdot u_N$，即 $u_O = \left(1 + \dfrac{R_f}{R}\right)\cdot u_I$。

③电压跟随器（见图 6.5）。

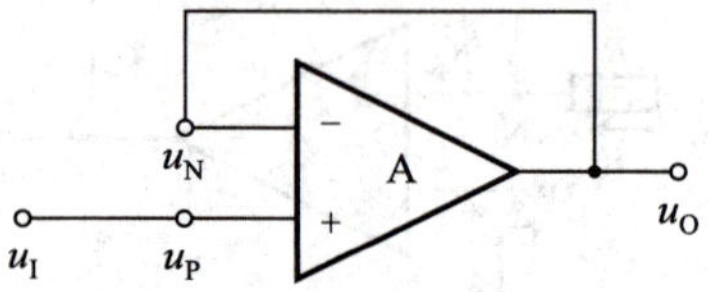

图 6.5

令同相比例电路中 $R = \infty$，$R_f = 0$，就构成了电压跟随器。$u_O = u_N = u_P = u_I$。

电阻无穷相当于开路，电阻为 0 相当于短路

6.1.3 加减运算电路

①反相求和运算电路（见图 6.6）。

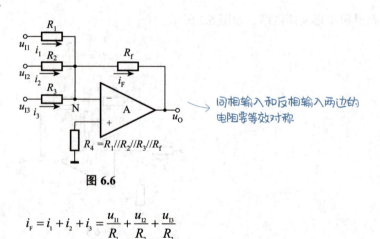

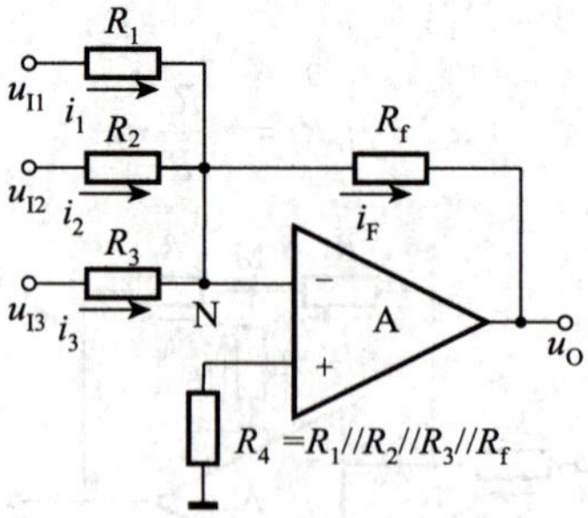

同相输入和反相输入两边的电阻要等效对称

图 6.6

$$i_F = i_1 + i_2 + i_3 = \frac{u_{I1}}{R_1} + \frac{u_{I2}}{R_2} + \frac{u_{I3}}{R_3}$$

$$u_O = -i_F R_f = -R_f\left(\frac{u_{I1}}{R_1}+\frac{u_{I2}}{R_2}+\frac{u_{I3}}{R_3}\right)$$

②同相求和运算电路（见图 6.7）。

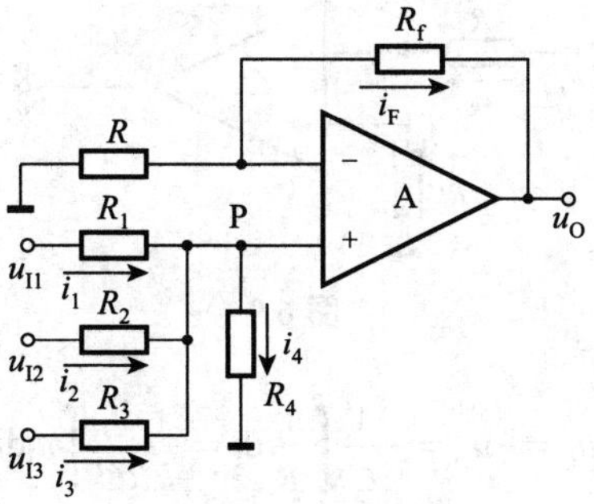

图 6.7

因为 $i_1+i_2+i_3=i_4$，即 $\frac{u_{I1}}{R_1}+\frac{u_{I2}}{R_2}+\frac{u_{I3}}{R_3}=\left(\frac{1}{R_1}+\frac{1}{R_2}+\frac{1}{R_3}+\frac{1}{R_4}\right)u_P$，若 $R//R_f=R_1//R_2//R_3//R_4$，则

$$u_O=\left(1+\frac{R_f}{R}\right)\cdot u_P$$

$$=R_f\cdot\left(\frac{u_{I1}}{R_1}+\frac{u_{I2}}{R_2}+\frac{u_{I3}}{R_3}\right)$$

③加减运算电路（见图 6.8）。

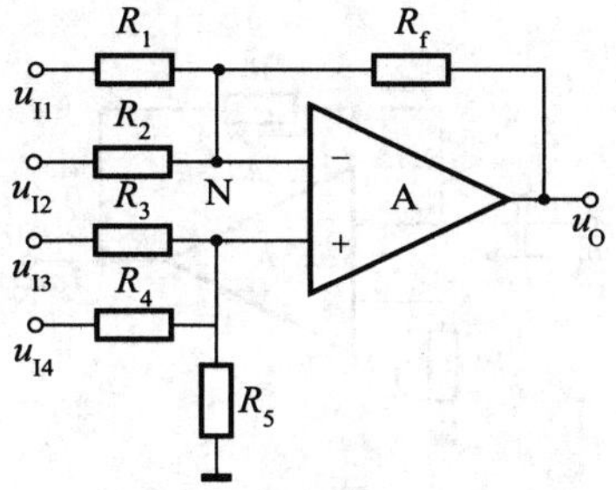

图 6.8

设 $R_1//R_2//R_f=R_3//R_4//R_5$，则

$$u_O=R_f\cdot\left(\frac{u_{I3}}{R_3}+\frac{u_{I4}}{R_4}-\frac{u_{I1}}{R_1}-\frac{u_{I2}}{R_2}\right)$$

6.1.4 积分运算电路

积分运算电路如图 6.9 所示。

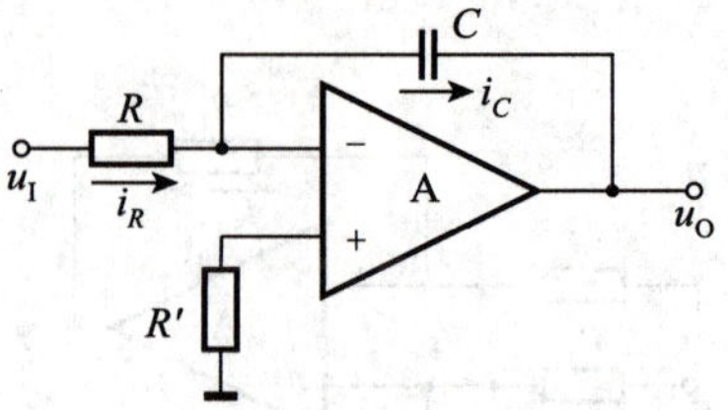

图 6.9

$$u_O = -u_C = -\frac{1}{C}\int \frac{u_I}{R}dt = -\frac{1}{RC}\int u_I dt$$

求解 t_1 到 t_2 时间段的积分，有

$$u_O = -\frac{1}{RC}\int_{t_1}^{t_2} u_I dt + u_O(t_1)$$

若 u_I 为常量，则

$$u_O = -\frac{1}{RC}u_I(t_2 - t_1) + u_O(t_1)$$

6.1.5 微分运算电路

→ 对于积分和微分运算电路，将反馈网络和反相输入端网络互换（RC 互换）就能得到一组互逆运算。同理，对数运算和指数运算也是一组互逆的运算

微分运算电路如图 6.10 所示。

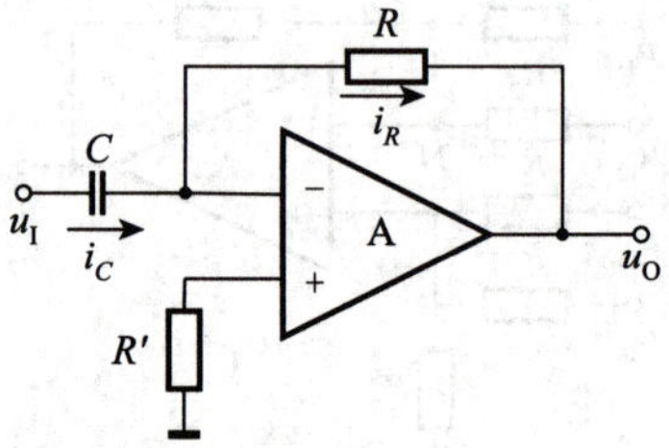

图 6.10

$$i_C = i_R = C\frac{du_I}{dt}$$

$$u_O = -i_R R = -RC\frac{du_I}{dt}$$

6.1.6 对数运算电路

对数运算电路如图 6.11 所示。

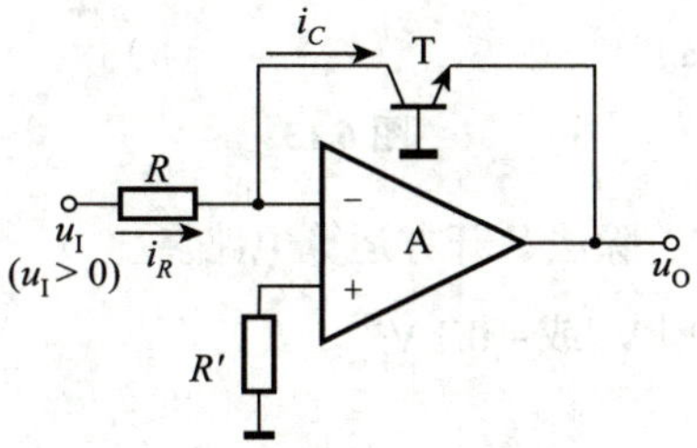

图 6.11

$$i_C = i_R = \frac{u_I}{R},\ i_C \approx I_S e^{\frac{u_{BE}}{U_T}}$$

$$u_O = -u_{BE} = -U_T \ln \frac{u_I}{I_S R}$$

6.1.7 指数运算电路

指数运算电路如图 6.12 所示。

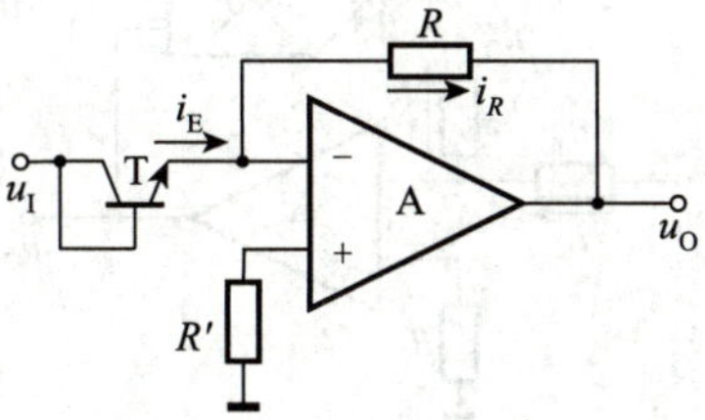

图 6.12

$$u_I = u_{BE},\ i_R = i_E \approx I_S e^{\frac{u_I}{U_T}}$$

$$u_O = -i_R R = -I_S R e^{\frac{u_I}{U_T}}$$

在求解运算关系式时，多采用节点电流法；对于多输入的电路，还可利用叠加原理。

以上所有的运算电路的结果均可直接使用。但如果是大题，还请大家根据节点电流法或者叠加原理进行推导计算

6.1.8 模拟乘法器及其应用

模拟乘法器的符号和等效电路如图 6.13 所示，$u_O = k u_X u_Y$。理想模拟乘法器的 r_{i1}、r_{i2} 和频带为无穷大，r_O 为零，失调电压与电流及其温漂、噪声均为零。当 $u_X = u_Y = 0$ V时，$u_O = 0$ V 且乘积系数 k 不随 u_X、u_Y 幅值的变化而变化。

模拟乘法器电路如图 6.13 所示。

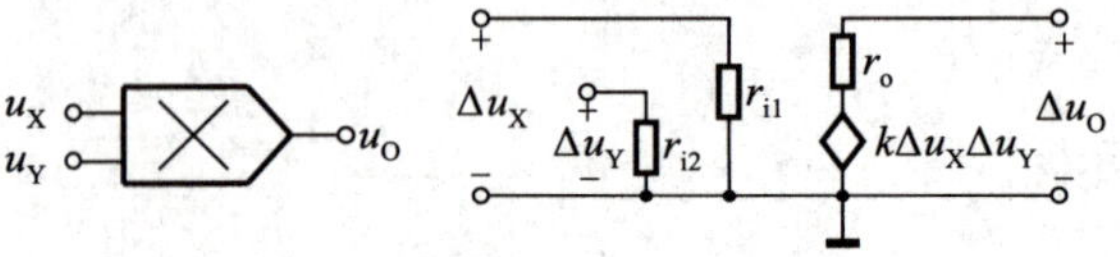

（a）　　　　（b）

图 6.13

利用模拟乘法器可实现乘法、乘方、除法、开方运算电路。

①乘积系数（相乘因子）k多为$+0.1\ \mathrm{V}^{-1}$或$-0.1\ \mathrm{V}^{-1}$。

②乘方运算电路。

输出电压$u_O=ku_I^2$，若$u_I=\sqrt{2}U_i\sin(\omega t)$，则

$$u_O=2kU_i^2\sin^2(\omega t)$$
$$=kU_i^2\left[1-\cos^2(\omega t)\right]$$

③除法运算电路。——→必须引入负反馈，故k的极性据此可进行判断，不要死记硬背，学会推导

除法运算电路如图 6.14 所示。

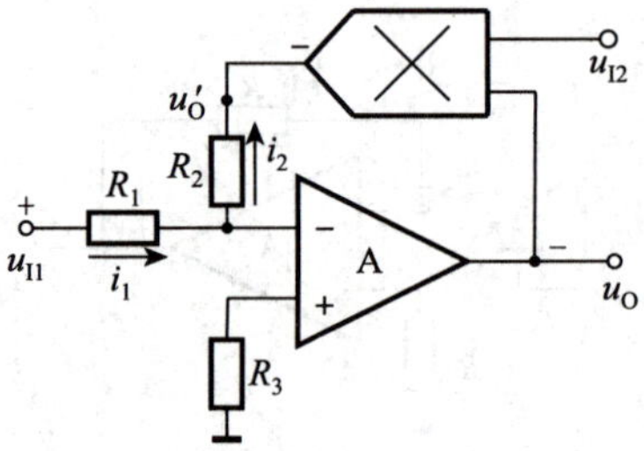

图 6.14

$$u_O=-\frac{R_2}{kR_1}\cdot\frac{u_{I1}}{u_{I2}}$$

k与u_{I2}极性相同。

④开方运算。——→必须引入负反馈，故k的极性据此可进行判断

$$u_O=\sqrt{-\frac{R_2u_I}{kR_1}}$$

$u_I<0\ \mathrm{V}$且$k>0\ \mathrm{V}^{-1}$，运算电路中集成运放必须引入负反馈，如图 6.15 所示。

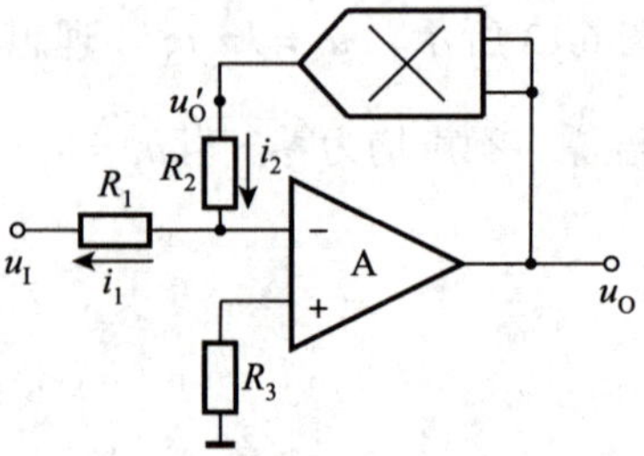

图 6.15

6.2 有源滤波电路

滤波电路的作用在于允许某一特定频率范围的信号顺利通过，同时有效阻止其他频率的信号通过。关于低通滤波器（LPF）、高通滤波器（HPF）、带通滤波器（BPF）以及带阻滤波器（BEF）这四种滤波器，在理想状况下的幅频特性及其实际应用场景，可参见表 6.1 中的详细列举与说明。

表 6.1

电路名称	LPF	HPF	BPF	BEF
理想情况幅频特性	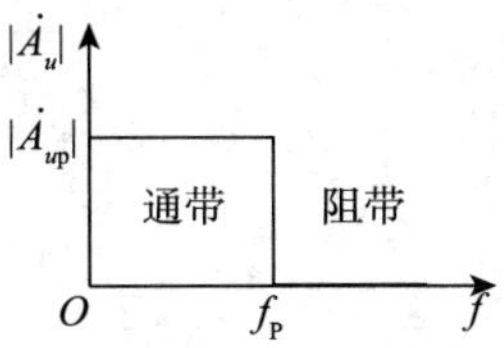	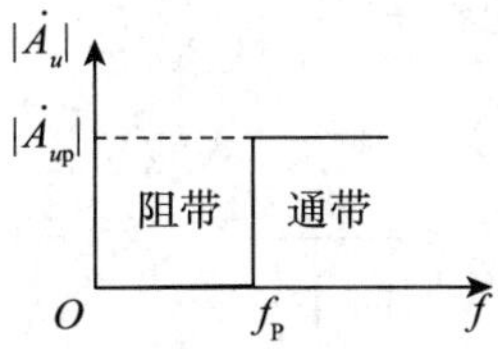	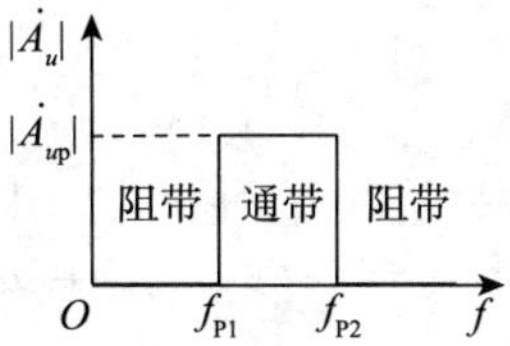	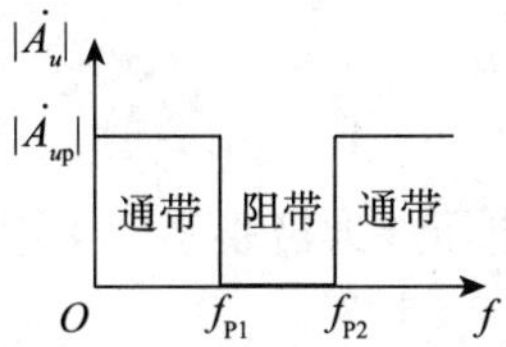
用途举例	直流电源整流后的滤波电路	放大电路中的耦合电路	载波通信或弱信号提取	滤去已知频率的干扰或噪声

四种有源滤波器电压放大倍数的特点如表 6.2 所示。

表 6.2

电压放大倍数	输入信号频率		滤波器类型
	趋于零	趋于无穷大	
$\lvert\dot{A}_u\rvert$	最大	0	LPF
	0	最大	HPF
	0	0	BPF
	最大	最大	BEF

若滤波电路仅由无源元件（电阻、电容、电感）组成，则称为**无源滤波电路**。若滤波电路由无源元件和有源元件（双极型管、单极型管、集成运放）共同组成，则称为**有源滤波电路**。

6.2.1 无源低通滤波器

RC 低通滤波器及其幅频特性如图 6.16（a）和图 6.16（b）所示。

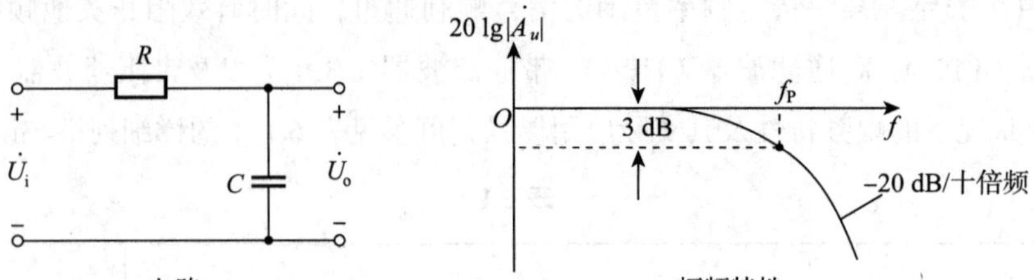

电路

（a）

幅频特性

（b）

图 6.16

电压放大倍数
$$\frac{1}{1+j\omega RC}=\frac{\dot{A}_{up}}{1+j\frac{f}{f_p}}$$

通带放大倍数
$$1$$

截止频率
$$f_p=\frac{1}{2\pi RC}$$

6.2.2 无源高通滤波器

RC 高通滤波器及其幅频特性如图 6.17（a）和图 6.17（b）所示。

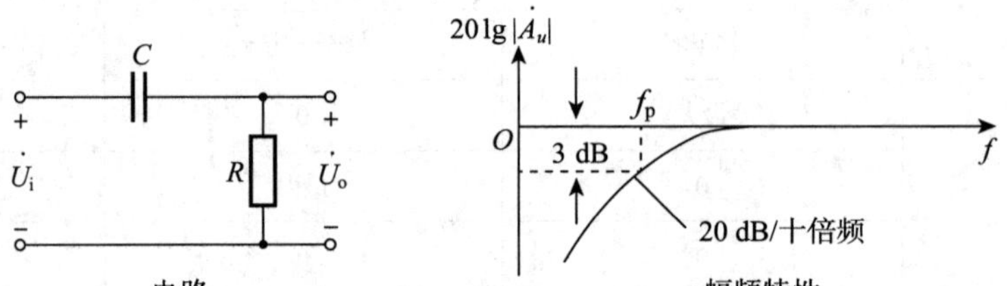

电路

（a）

幅频特性

（b）

图 6.17

电压放大倍数
$$\frac{j\omega RC}{1+j\omega RC}=\frac{\dot{A}_{up}\left(j\frac{f}{f_p}\right)}{1+j\frac{f}{f_p}}$$

通带放大倍数
$$1$$

截止频率
$$f_p=\frac{1}{2\pi RC}$$

6.2.3 有源低通滤波器

①一阶同相输入滤波电路（见图 6.18）。

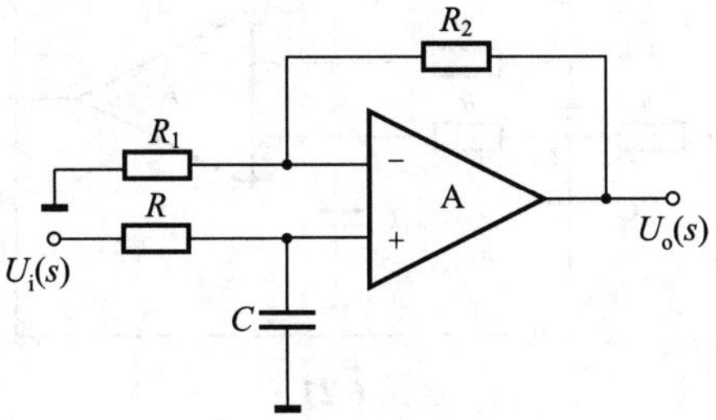

图 6.18

$$A_u(s)=\left(1+\frac{R_2}{R_1}\right)\cdot\frac{1/sC}{R+1/sC}$$

$$=\left(1+\frac{R_2}{R_1}\right)\cdot\frac{1}{1+sRC}$$

②一阶反相输入滤波电路（见图 6.19）。

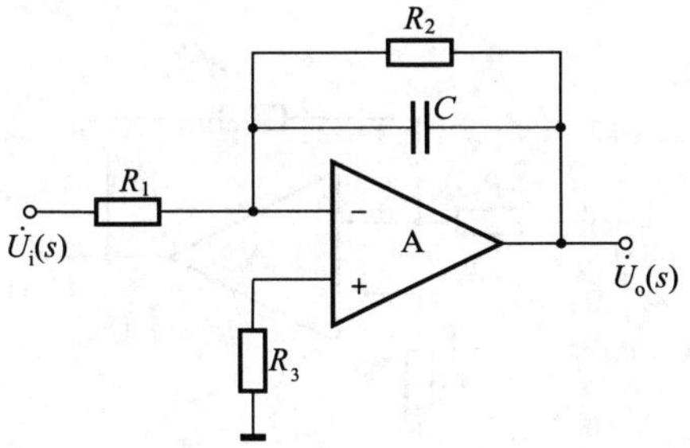

图 6.19

$$A_u(s)=-\frac{R_2}{R_1}\cdot\frac{1}{1+sR_2C}$$

③简单二阶低通滤波电路（见图 6.20）。

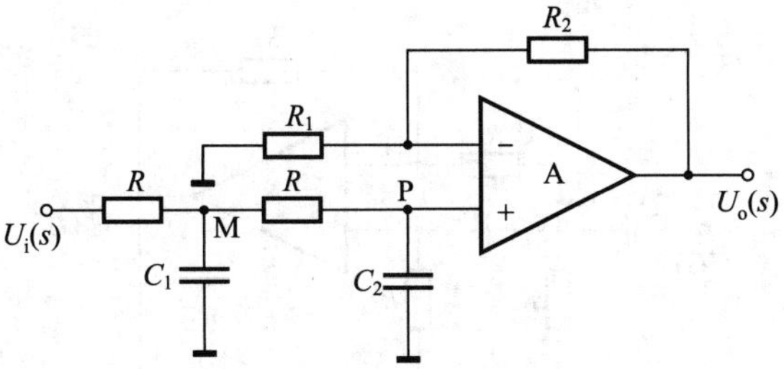

图 6.20

$$A_u(s)=\left(1+\frac{R_2}{R_1}\right)\cdot\frac{1}{1+3sRC+(sRC)^2}$$

④压控电压源二阶低通滤波电路（见图 6.21）。

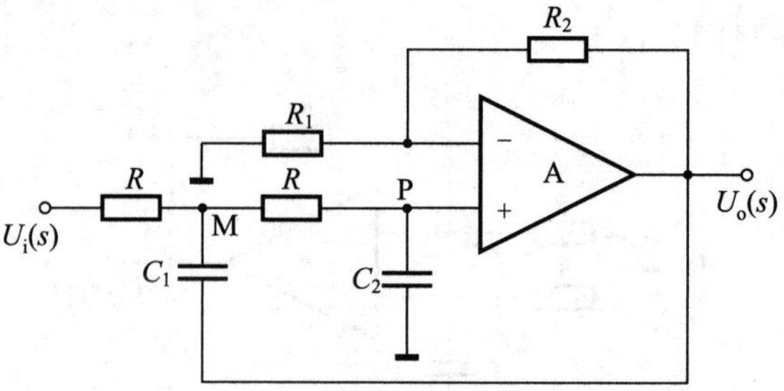

图 6.21

$$\dot{A}_{up}=1+\frac{R_2}{R_1}$$

$$A_u(s)=\frac{A_{up}(s)}{1+\left[3-A_{up}(s)\right]sRC+(sRC)^2}$$

6.2.4 有源高通滤波器

①一阶高通滤波器（见图 6.22）。

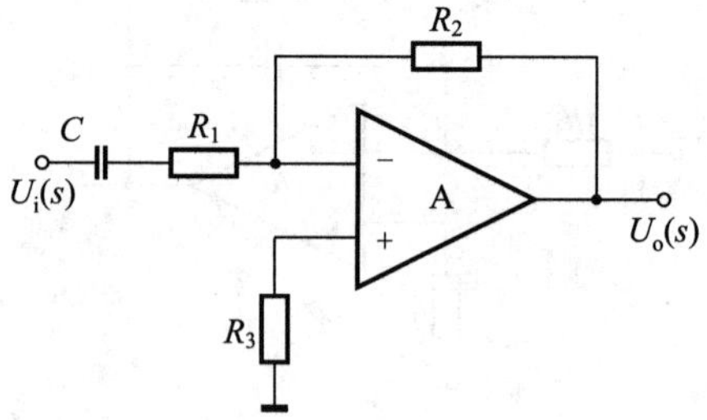

图 6.22

$$A_u(s)=-\frac{R_2}{R_1}\cdot\frac{s}{s+1/R_1C}$$

②压控电压源二阶高通滤波器（见图 6.23）。

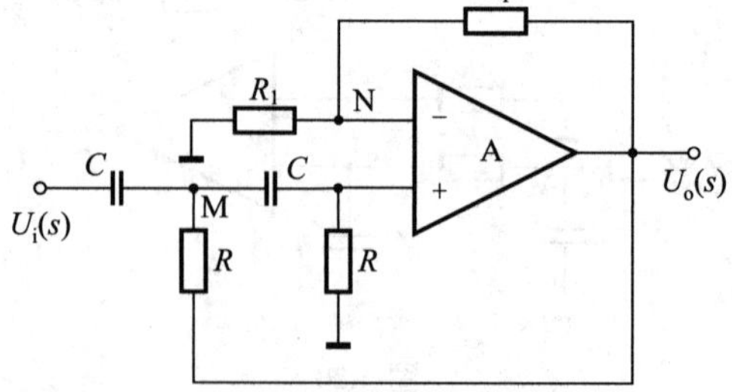

图 6.23

$$A_u(s)=\left(1+\frac{R_f}{R_1}\right)\cdot\frac{(sRC)^2}{1+[3-A_{up}(s)]sRC+(sRC)^2}$$

其中 $\dot{A}_{up}=1+\dfrac{R_f}{R_1}$。

6.2.5 带通滤波器

若将低通滤波器和高通滤波器串联，且低通滤波器的通带截止频率高于高通滤波器的通带截止频率，则可得**带通滤波器**，如图 6.24 所示。

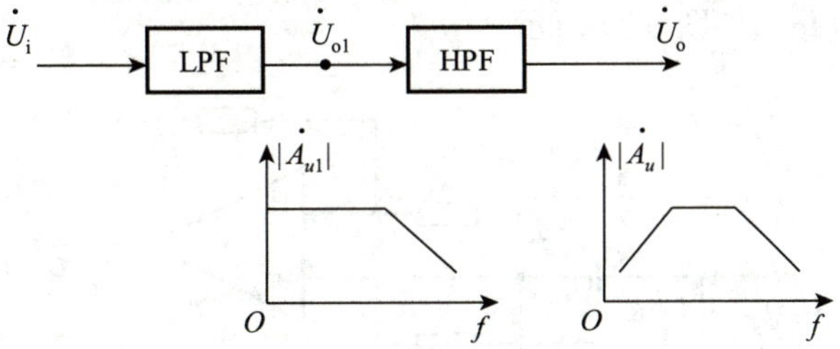

图 6.24

图 6.25 为压控电压源二阶带通滤波电路。

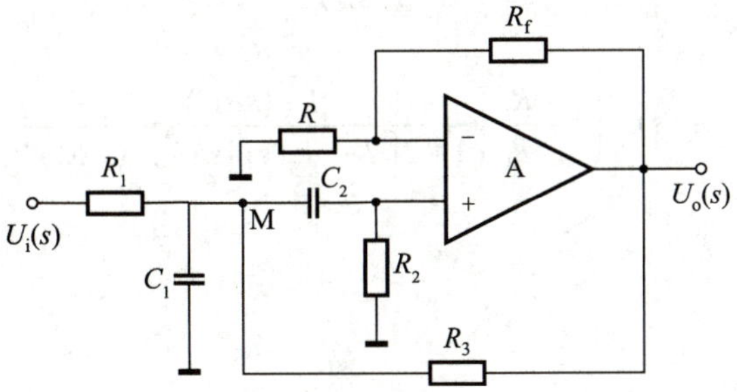

图 6.25

6.2.6 带阻滤波器 ——→ 带通、带阻滤波器大家可以做个了解

若将低通滤波器和高通滤波器的输出电压经求和运算电路，且低通滤波器的通带截止频率低于高通滤波器的通带截止频率，则可得**带阻滤波器**，如图 6.26 所示。

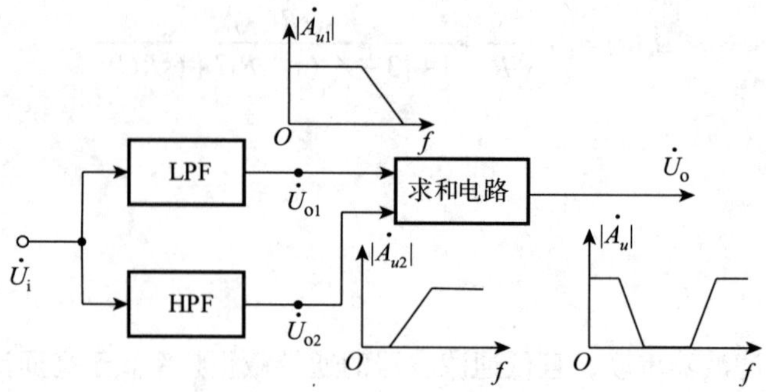

图 6.26

实用双 T 网络带阻滤波电路，如图 6.27 所示。

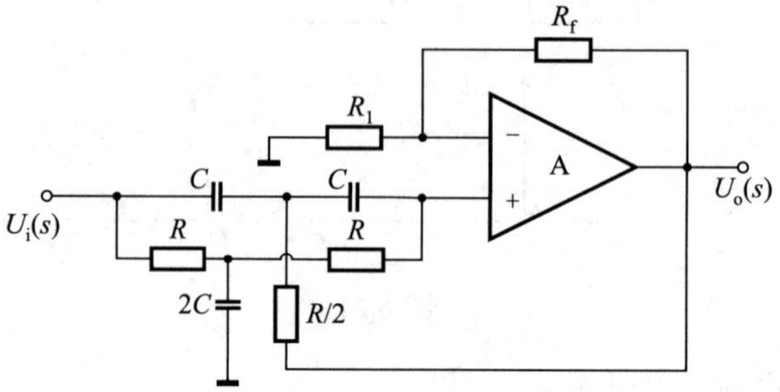

图 6.27

$$A_u(s)=\left(1+\frac{R_f}{R_1}\right)\cdot\frac{1+(sRC)^2}{1+2\left[2-A_{up}(s)\right]sRC+(sRC)^2}$$

其中，$\dot{A}_{up}=1+\dfrac{R_f}{R_1}$。

6.2.7 全通滤波器

全通滤波电路如图 6.28 所示。

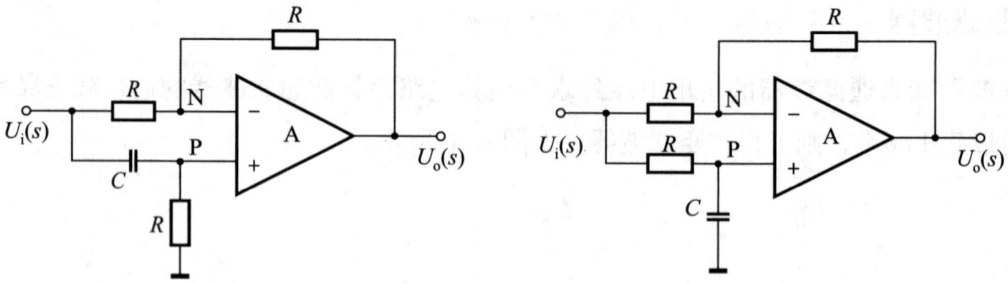

电路一

（a）

电路二

（b）

图 6.28

$$A_u(s) = -\frac{1 - sRC}{sRC + 1}$$

写成模和相角的形式为

$$\left|\dot{A}_u\right| = 1$$

$$\varphi = 180° - 2\arctan\frac{f}{f_0}$$

其中，$f_0 = \dfrac{1}{2\pi RC}$。

斩题型

题型 1 考查基本运算电路的计算

破题小记一笔

对于基本运算电路的计算，有很多种出题方式，可以是单独的比例运算电路，也可以是几个运算电路级联，还可以是某一个运算电路作为负反馈网络进行计算。考查最多的还是比例运算与加减运算的结合、积分微分运算及画波形。

例 1 将图 6.29（a）所示电路中的电阻 R_2 用 T 形网络代替，如图 6.29（b）所示。

（1）求电路的闭环电压增益表达式 $A_u = u_O / u_I$；

（2）该电路作为话筒的前置放大电路，若选 $R_1 = 51\text{ k}\Omega$，$R_2 = R_3 = 390\text{ k}\Omega$，当 $u_O = -100u_I$ 时，计算 R_4 的值；

（3）直接用 R_2 代替 T 形网络的电阻时，当 $R_1 = 51\text{ k}\Omega$，$A_u = -100$ 时，求 R_2 值。

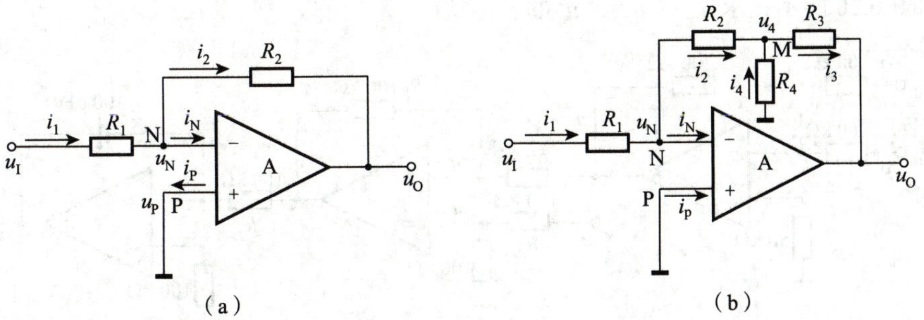

图 6.29

解析（1）利用虚短 $u_N=0$ 和虚断 $i_N=i_P=0$ 的概念，列出节点 N 和 M 的电流方程为

$$i_1=i_2$$

即

$$\frac{u_I-0}{R_1}=\frac{0-u_4}{R_2}$$

又 $i_2+i_4=i_3$，即

$$\frac{0-u_4}{R_2}+\frac{0-u_4}{R_4}=\frac{u_4-u_O}{R_3}$$

整理得

$$u_4\left(\frac{1}{R_2}+\frac{1}{R_4}+\frac{1}{R_3}\right)=\frac{u_O}{R_3}$$

$$-\frac{u_I}{R_1}R_2\left(\frac{1}{R_2}+\frac{1}{R_4}+\frac{1}{R_3}\right)=\frac{u_O}{R_3}$$

因此闭环增益为

$$A_u=\frac{u_O}{u_I}=-\frac{R_2+R_3+(R_2R_3/R_4)}{R_1}=-\frac{R_2}{R_1}\left(1+\frac{R_3}{R_2}+\frac{R_3}{R_4}\right)$$

（2）当 $R_1=51\text{ k}\Omega$，$R_2=R_3=390\text{ k}\Omega$，$A_u=-100$ 时，有

$$A_u=-\frac{390+390+(390\times390)/R_4}{51}=-100$$

故 $R_4\approx35.2\text{ k}\Omega$。

R_4 可用 $50\text{ k}\Omega$ 电位器代替，然后设置 $R_4=35.2\text{ k}\Omega$，使 $A_u=-100$，即可利用调节 R_4 的值来改变电压增益的大小。

（3）若 $A_u=-100$，用 R_2 代替 T 形网络时，则

$$R_2=-A_uR_1=100\times51=5100\ (\text{k}\Omega)$$

由上分析可看出，用 T 形网络代替反馈电阻 R_2 时，可用低阻值电阻（R_2、R_3、R_4）的 T 形网络得到高增益的放大电路。

例 2 电路如图 6.30 所示，求 u_{O1}、u_{O2}、u_O 的表达式。

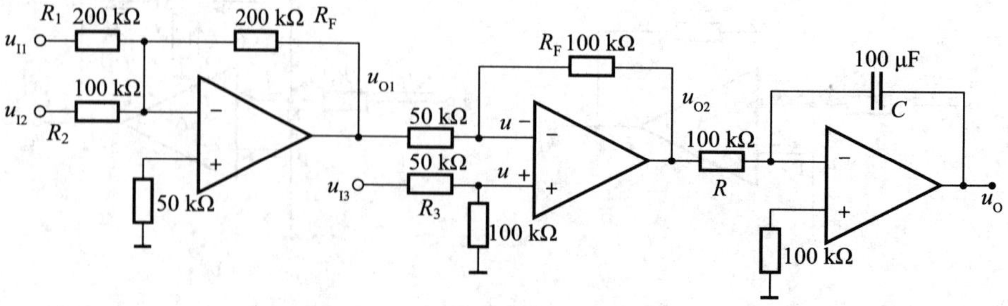

图 6.30

解析 Ⅰ级：反相比例加减运算电路，

$$u_{O1}=-\left(\frac{R_F}{R_1}u_{I1}+\frac{R_F}{R_2}u_{I2}\right)=-(u_{I1}+2u_{I2})$$

Ⅱ级：反相比例运算电路，

$$u_{O2}=\left(1+\frac{R_F}{R_3}\right)u_+-\frac{R_F}{R_3}u_{O1}=\left(1+\frac{100}{50}\right)u_+-\frac{100}{50}u_{O1}=3u_+-2u_{O1}$$

$$=3\frac{u_{I3}}{50+100}\cdot 100-2u_{O1}=2u_{I3}-2\left[-(u_{I1}+2u_{I2})\right]=2u_{I1}+4u_{I2}+2u_{I3}$$

Ⅲ级：积分运算电路，

$$u_O=u_C(0)-\frac{1}{RC}\int u_I\mathrm{d}t=0-\frac{1}{100\times10^3\times100\times10^{-6}}\int(2u_{I1}+4u_{I2}+2u_{I3})\mathrm{d}t$$

$$=-\frac{1}{10}\int(2u_{I1}+4u_{I2}+2u_{I3})\mathrm{d}t=-\frac{1}{5}\int(u_{I1}+2u_{I2}+u_{I3})\mathrm{d}t$$

例 3 设电路如图 6.31 所示，电路中电源电压 $U_+=+15\text{ V}$， $U_-=-15\text{ V}$，$R=10\text{ k}\Omega$， $C=5\text{ nF}$，输入电压 u_I 波形如图 6.32 所示，在 $t=0\ \mu\text{s}$ 时，电容 C 的初始电压 $u_C(0)=0\text{ V}$。试画出输出电压 u_O 的波形，并标出 u_O 的幅值。

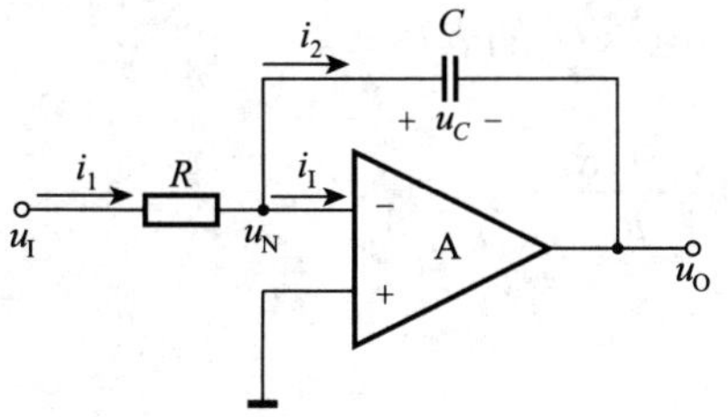

图 6.31

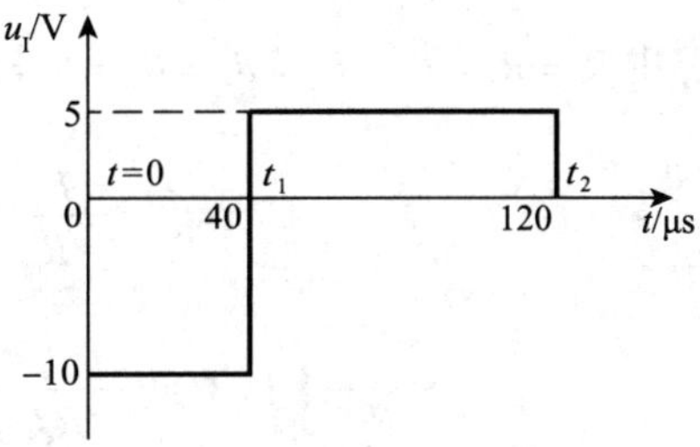

图 6.32

解析 当 $t=0\ \mu\text{s}$ 时，$u_O(0)=0\text{ V}$，当 $t_1=40\ \mu\text{s}$ 时，

$$u_O(t_1)=-\frac{u_I}{RC}t_1=-\frac{-10\times40\times10^{-6}}{10\times10^3\times5\times10^{-9}}=8\text{ (V)}$$

当 $t_2=120\ \mu\text{s}$ 时，

$$u_O(t_2)=u_O(t_1)-\frac{u_I}{RC}(t_2-t_1)$$

$$=8-\frac{5\times(120-40)\times10^{-6}}{10\times10^3\times5\times10^{-9}}=0\text{ (V)}$$

输出电压 u_O 的波形如图 6.33 所示。

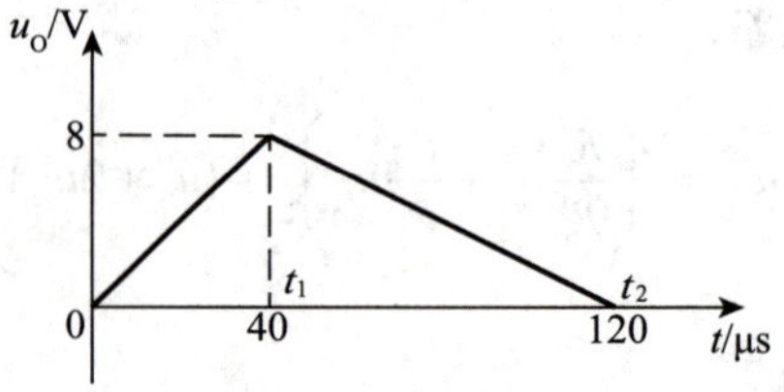

图 6.33

由于电路中 $u_N = 0\text{ V}$，因此电容器两端的电压 $u_C = -u_O$。

例 4 电路如图 6.34 所示，A_1、A_2 为理想运放，电容的初始电压 $V_C(0) = 0$。

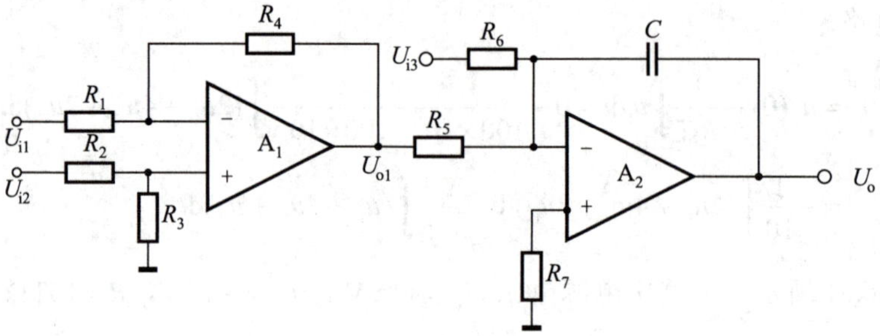

图 6.34

（1）写出 U_o 与 U_{i1}、U_{i2} 和 U_{i3} 之间的关系；

（2）当电路中 $R_1 = R_2 = R_3 = R_4 = R_5 = R_6 = R_7 = R$ 时，求输出电压 U_o 的表达式。

解析（1）

$$U_{o1} = -\frac{R_4}{R_1}U_{i1} + \left(1+\frac{R_4}{R_1}\right)\cdot U_{i2}\cdot\frac{R_3}{R_2+R_3}$$

$$U_o = -\frac{1}{R_6C}\int_0^t U_{i3}(t)\mathrm{d}t - \frac{1}{R_5C}\int_0^t U_{o1}(t)\mathrm{d}t$$

$$= -\frac{1}{R_6C}\int_0^t U_{i3}(t)\mathrm{d}t - \frac{1}{R_5C}\int_0^t\left[-\frac{R_4}{R_1}U_{i1}(t) + \left(1+\frac{R_4}{R_1}\right)U_{i2}(t)\frac{R_3}{R_2+R_3}\right]\mathrm{d}t$$

（2）当 $R_1 = R_2 = R_3 = R_4 = R_5 = R_6 = R_7 = R$ 时，

$$U_o = -\frac{1}{RC}\int_0^t\left[U_{i1}(t) - U_{i2}(t) - U_{i3}(t)\right]\mathrm{d}t$$

星峰点悟

这一类题目不难，主要考查同学们的计算能力，只要掌握了推导方法（利用虚断、虚短、节点电流法、叠加原理和引入负反馈）即可。

题型 2 考查模拟乘法器及其应用

破题小记一笔

模拟乘法器能够构建出乘法、乘方、除法及开方等多种运算电路。当我们将模拟乘法器应用于负反馈电路中时，虽然核心目的是探究输入与输出之间的运算关系，但在此过程中还需深入推导一些中间环节，比如乘积系数 k 的正负判定，以及它与模拟乘法器输入信号之间的具体关联，这些都需要大家进一步细致推导。

例 5 写出图 6.35 所示电路的运算关系。

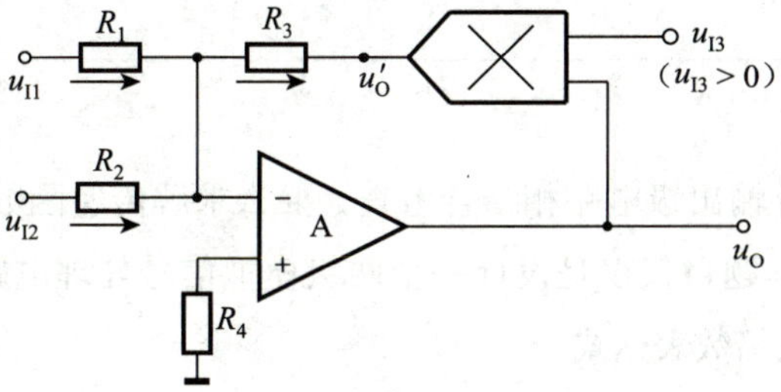

图 6.35

解析

$$I_3 = I_1 + I_2 = \frac{u_{I1}}{R_1} + \frac{u_{I2}}{R_2} = \frac{-u_O'}{R_3} \Rightarrow u_O' = -\left(\frac{R_3}{R_1}u_{I1} + \frac{R_3}{R_2}u_{I2}\right)$$

$$u_O' = ku_Ou_{I3} \Rightarrow u_O = -\frac{R_3}{ku_{I3}}\left(\frac{u_{I1}}{R_1} + \frac{u_{I2}}{R_2}\right)$$

例 6 电路如图 6.36 所示，为使电路构成运算电路，则模拟乘法器的比例系数 k 应为正还是为负？并推导输出与输入的运算关系式。

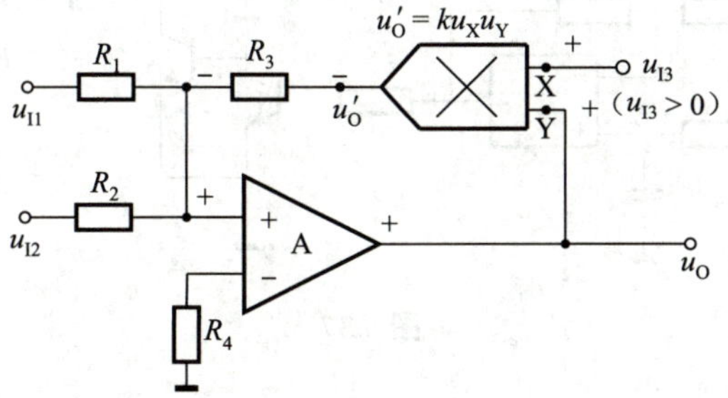

图 6.36

解析 设 u_P 极性为“+”，则 u_O 极性为“+”。已知 $u_{I3}>0$，极性为“+”，为了保证引入深度负反馈，由 $u_O' = ku_{I3}u_O$ 可得 $k<0$，即比例系数 k 为负。

由模拟乘法器得 $u_O' = ku_{I3}u_O$（其中，$k<0$，$u_{I3}>0$）。

叠加定理可得 $u_o' = -\frac{R_3}{R_1}u_{I1} - \frac{R_3}{R_2}u_{I2} = ku_o u_{I3}$，得 $u_o = -\frac{R_3}{ku_{I3}}\left(\frac{u_{I1}}{R_1}+\frac{u_{I2}}{R_2}\right)$。

星峰点悟

模拟乘法器被引入负反馈电路，首先根据瞬时极性法判断引入负反馈后 u_o 与 u_o' 的符号关系，然后确定模拟乘法器输入信号与乘积系数 k 之间的关系，一般到这一步基本上已经确定了它们符号的正负，若不能确定，直接说出两者的符号关系即可。

题型 3 考查有源滤波电路

破题小记一笔

有源滤波电路一般会与互补输出级电路相结合考查，要么求解传递函数，要么与第八章功率放大电路相结合求输出功率。本题目仅仅是设计一个两级模拟信号处理电路，求解前级的传递函数，即有源低通滤波电路的放大倍数表达式。

例 7 完成两级模拟信号处理电路设计，前级为一阶有源低通滤波电路，后级为 OTL 电路，求：

（1）该信号处理电路的电路图及耦合方式；

（2）该信号处理电路的前级电路传递函数。

解析（1）电路如图 6.37 所示。

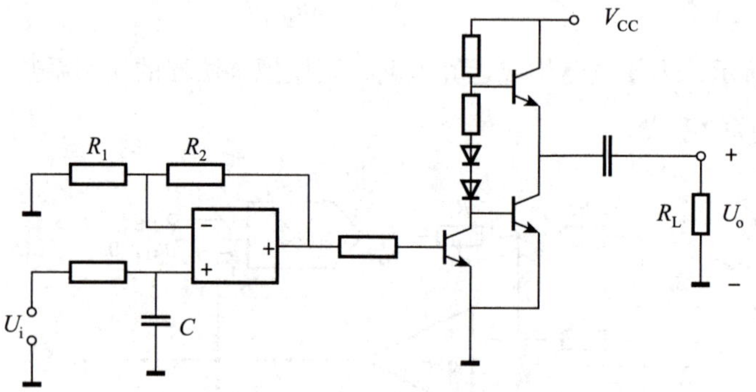

图 6.37

直接耦合。

（2）
$$A(s) = \frac{A_{uf}}{1+sRC} = \frac{\left(1+\frac{R_2}{R_1}\right)}{1+sRC}$$

星峰点悟

本题是一个设计类题目，要求同学们不仅要有识别图的能力，还要有设计图的能力，所以大家还是要熟记一些简单的运算电路和典型的电路（OTL、OCL），在设计电路时可以直接使用。推导前级电路传递函数时先将 U_i 变为 $U_i(s)$，电容 C 变为 $\frac{1}{sC}$，R 不变，然后利用虚断、虚短、节点电流法和叠加原理的方法进行推导即可。

题型 4 考查运算放大电路的设计

破题小记一笔

这类题就是考查大家对基本运算电路的掌握情况，根据已知的表达式，设计各支路的电阻。

例 8 设计一个反相加法器，使其输出电压 $u_O = -(7u_{I1} + 14u_{I2} + 3.5u_{I3} + 10u_{I4})$，允许使用的最大电阻为 280 kΩ，求各支路的电阻。

关于设计加减运算电路，对于做题，我们更推荐用反相加法电路为基础去设计，因为这会减少很多所谓等效电阻的限制

解析 设反相加法器各支路的电阻为 R_1、R_2、R_3、R_4，反馈支路电阻为 R_5。因输出电压等于各输入电压按不同比例相加之和，$u_O = -(7u_{I1} + 14u_{I2} + 3.5u_{I3} + 10u_{I4})$ 可写为

$$u_O = -\left(\frac{R_5}{R_1}u_{I1} + \frac{R_5}{R_2}u_{I2} + \frac{R_5}{R_3}u_{I3} + \frac{R_5}{R_4}u_{I4}\right)$$

由上式可知最大电阻应为 R_5，故选 $R_5 = 280\ \text{k}\Omega$，各支路电阻分别为

$$R_1 = \frac{R_5}{7} = \frac{280}{7} = 40\ (\text{k}\Omega)$$

$$R_2 = \frac{R_5}{14} = \frac{280}{14} = 20\ (\text{k}\Omega)$$

$$R_3 = \frac{R_5}{3.5} = \frac{280}{3.5} = 80\ (\text{k}\Omega)$$

$$R_4 = \frac{R_5}{10} = \frac{280}{10} = 28\ (\text{k}\Omega)$$

由已计算出的电阻值，可画出设计的反相加法器电路如图 6.38 所示。

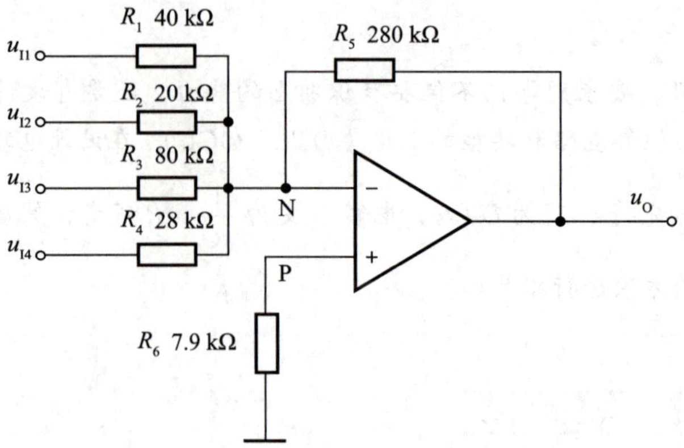

图 6.38

$R_1 // R_2 // R_3 // R_4 // R_5 \approx 7.9\ \text{k}\Omega$，所以应在同相端加一个电阻 R_6 为 7.9 kΩ。

星峰点悟

此类题目的做法：先根据题目给出的表达式确定设计什么样的电路（一般都是加减运算电路）；然后确定反相输入和同相输入是哪些参数；再根据表达式求解各支路电阻和反馈电阻的阻值；最后根据等效对称原则分别求解反相输入和同相输入的等效电阻，并根据结果确定在哪端加电阻。

解习题

【6-1】填空：

（1）__________运算电路可实现 $A_u > 1$ 的放大器。

（2）__________运算电路可实现 $A_u < 0$ 的放大器。

（3）__________运算电路可将三角波电压转换成方波电压。

（4）__________运算电路可实现函数 $Y = aX_1 + bX_2 + cX_3$，a、b 和 c 均大于零。

（5）__________运算电路可实现函数 $Y = aX_1 + bX_2 + cX_3$，a、b 和 c 均小于零。

（6）__________运算电路可实现函数 $Y = aX^2$。

答案（1）同相比例；（2）反相比例；（3）微分；（4）同相求和；（5）反相求和；（6）乘方

【6-2】、**【6-3】**略。

【6-4】电路如图 6.39 所示，试求其输入电阻和比例系数。

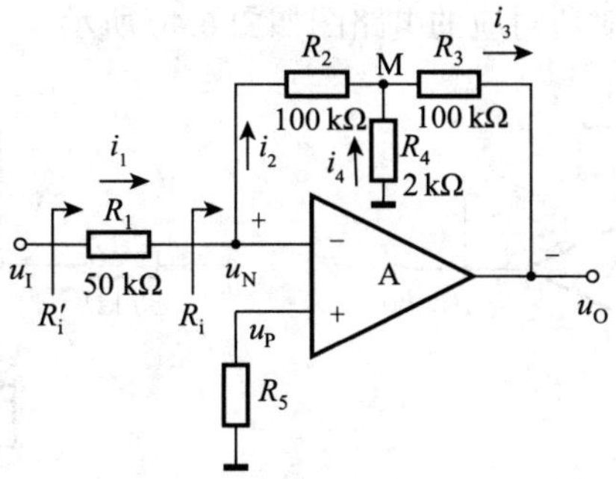

图 6.39

解析 方法一：由图 6.39 可知，$u_N = u_P = 0$，$i_1 \neq 0$，故 $R_i' = 0$，则 $R_i = R_1 + R_i' = R_1$，即 $R_i = 50\,\text{k}\Omega$。

因为 $u_M = -2u_I$，$i_2 = i_4 + i_3$，即

$$-\frac{u_M}{R_2} = \frac{u_M}{R_4} + \frac{u_M - u_O}{R_3}$$

代入已知参数，解得输出电压为

$$u_O = 52u_M = -104u_I$$

所以比例系数为 −104。

方法二：由图 6.39 可知，$u_N = u_P = 0$，故

$$i_2 = i_1 = \frac{u_I}{R_1} = \frac{-u_M}{R_2} \Rightarrow u_M = -\frac{R_2}{R_1}u_I$$

则

$$i_4 = \frac{0 - u_M}{R_4} = \frac{R_2}{R_1 R_4}u_I$$

$$i_3 = i_2 + i_4 = \frac{u_I}{R_1} + \frac{R_2}{R_1 R_4}u_I = \frac{R_4 + R_2}{R_1 R_4}u_I$$

所以

$$u_O = u_M - i_3 R_3 = -\frac{R_2}{R_1}u_I - \frac{(R_2 + R_4)R_3}{R_1 R_4}u_I = -104u_I$$

【6-5】电路如图 6.39 所示，集成运放输出电压的最大幅值为 ±14 V，u_I 为 2 V 的直流信号。分别求出下列各种情况下的输出电压。

（1）R_2 短路；（2）R_3 短路；（3）R_4 短路；（4）R_4 断路。

解析 电路出现（1）~（4）故障时所对应的电路图如图 6.40 所示。

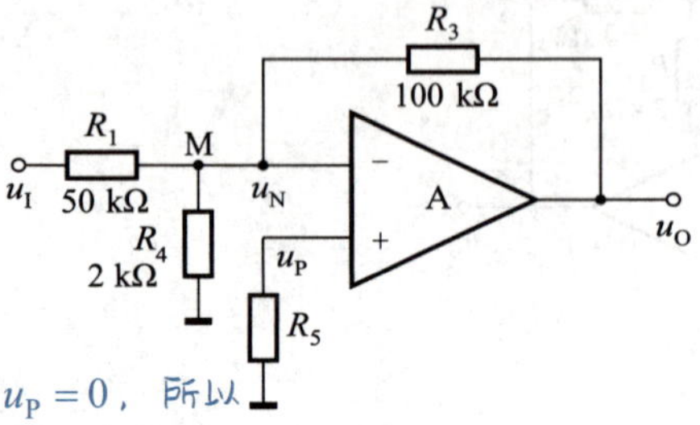

因为 $u_N = u_P = 0$，所以 $u_M = 0$，故 R_4 相当于开路，则 (a) 为反相比例运算电路

（a）

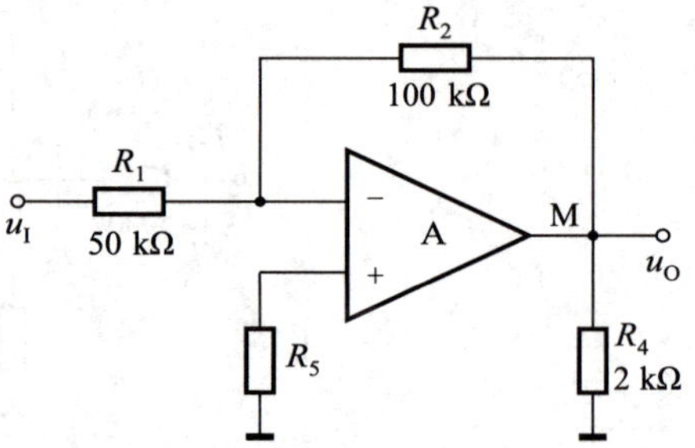

反相比例运算电路 ← （b）

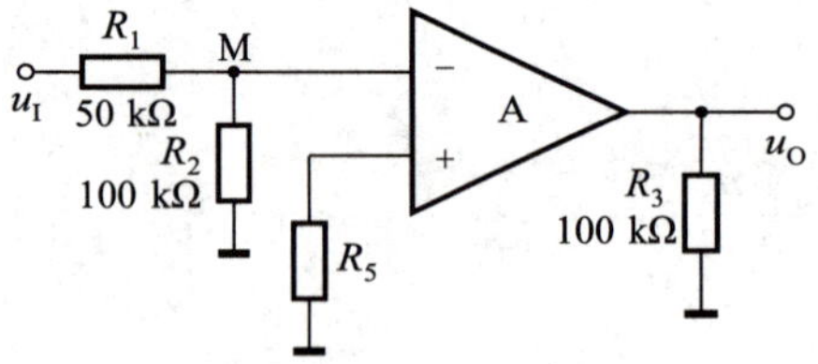

无反馈，$u_I = 2\text{ V} > 0$（反相输入端电压），所以 $u_O = -u_{OM} = -14\text{ V}$

（c）

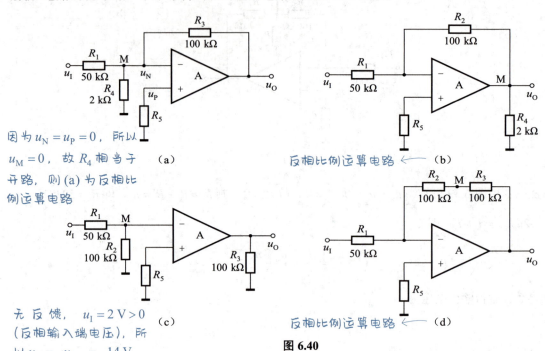

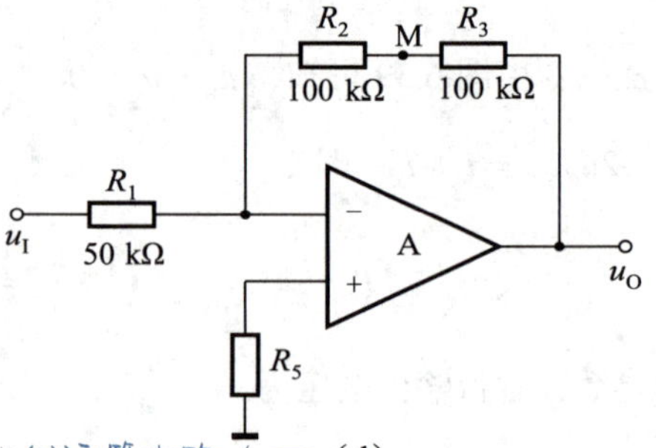

反相比例运算电路 ← （d）

图 6.40

（1）$u_O = -\dfrac{R_3}{R_1} u_I = -2u_I = -4\,(\text{V})$。

（2）$u_O = -\dfrac{R_2}{R_1} u_I = -2u_I = -4\,(\text{V})$。

（3）电路无反馈，$u_O = -14\text{ V}$。

（4）$u_O = -\dfrac{R_2 + R_3}{R_1} u_I = -4u_I = -8\,(\text{V})$。

【6-6】~【6-8】略。

【6-9】电路如图 6.41 所示。

（1）写出 u_O 与 u_{I1}、u_{I2} 的运算关系式；

（2）当 R_w 的滑动端在最上端时，若 $u_{I1} = 10\text{ mV}$，$u_{I2} = 20\text{ mV}$，则 u_O 的值为多少？

（3）若 u_O 的最大幅值为 ± 14 V，输入电压最大值 $u_{I1\max} = 10\text{ mV}$，$u_{I2\max} = 20\text{ mV}$，它们的最小值均为 0 V，则为了保证集成运放工作在线性区，R_2 的最大值为多少？

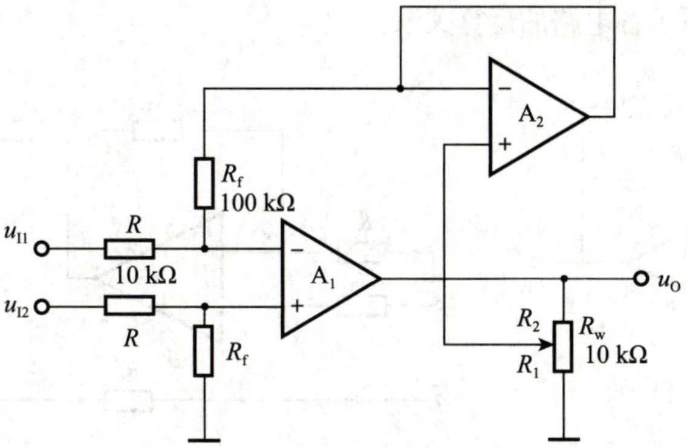

图 6.41

解析（1）图 6.41 中 A_1 为差分比例运算电路，A_2 为电压跟随器，则 A_2 同相输入端电位

$$u_{P2}=u_{N2}=\frac{R_f}{R}(u_{I2}-u_{I1})=10(u_{I2}-u_{I1})$$

也可以令 $u_{P_2}=\frac{R_1}{R_w}\cdot u_O=10(u_{I2}-u_{I1})\Rightarrow u_O=10\cdot\frac{R_w}{R_1}(u_{I2}-u_{I1})$

输出电压

$$u_O=\left(1+\frac{R_2}{R_1}\right)\cdot u_{P2}=10\left(1+\frac{R_2}{R_1}\right)(u_{I2}-u_{I1})$$

也可写成

$$u_O=10\cdot\frac{R_w}{R_1}\cdot(u_{I2}-u_{I1})$$

（2）将 $R_1=R_w$，$u_{I1}=10\text{ mV}$，$u_{I2}=20\text{ mV}$ 代入上式，得 $u_O=100\text{ mV}$。

（3）根据题目所给参数，$u_{I2}-u_{I1}$ 的最大值为 20 mV。若 R_1 为最小值，则为保证集成运放工作在线性区，$u_{I2}-u_{I1}=20\text{ mV}$ 时集成运放的输出电压应为 +14 V，写成表达式为

当 $u_{I2}=u_{I2\max}=20\text{ mV}$，$u_{I1}=u_{I1\min}=0$ 时，A_1 为同相输入，则 u_O 为正，故为 +14 V。

$$u_O=10\cdot\frac{R_w}{R_{1\min}}\cdot(u_{I2}-u_{I1})=10\times\frac{10}{R_{1\min}}\times 20=14\text{ (V)}$$

故 $R_{1\min}\approx 143\,\Omega$，因此 $R_{2\max}=R_w-R_{1\min}\approx 10-0.143\approx 9.86\text{ (k}\Omega)$。

【6-10】分别求解图 6.42 所示各电路的运算关系。

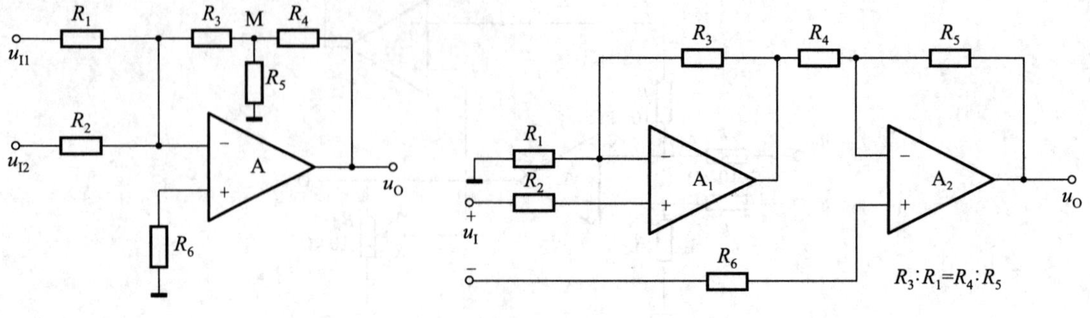

（a） （b）

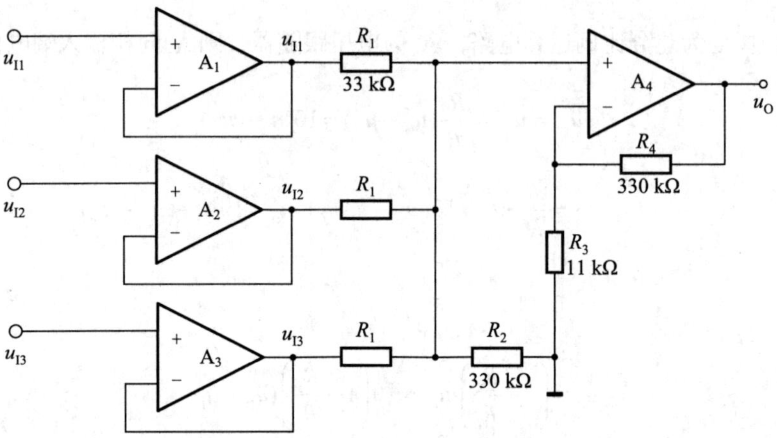

（c）

图 6.42

解析 图 6.42（a）所示为反相求和运算电路；图 6.42（b）所示的 A_1 组成同相比例运算电路，A_2 组成加减运算电路；图 6.42（c）所示的 A_1、A_2、A_3 均组成电压跟随器电路，A_4 组成反相求和运算电路。

（a）设 R_3、R_4、R_5 的节点为 M，则

$$u_M = -R_3\left(\frac{u_{I1}}{R_1}+\frac{u_{I2}}{R_2}\right)$$

$$i_{R_4} = i_{R_3} - i_{R_5} = \frac{u_{I1}}{R_1}+\frac{u_{I2}}{R_2}-\frac{u_M}{R_5}$$

$$u_O = u_M - i_{R_4}\cdot R_4 = -\left(R_3+R_4+\frac{R_3R_4}{R_5}\right)\left(\frac{u_{I1}}{R_1}+\frac{u_{I2}}{R_2}\right)$$

（b）设加在 A_1 同相输入端的信号为 u_{I1}，加在 A_2 同相输入端的信号为 u_{I2}，则 $u_I = u_{I1} - u_{I2}$。u_{O1} 和 u_O 分析如下：

$$u_{O1} = \left(1+\frac{R_3}{R_1}\right)u_{I1}$$

$$u_O = -\frac{R_5}{R_4}u_{O1} + \left(1+\frac{R_5}{R_4}\right)u_{I2} = -\frac{R_5}{R_4}\left(1+\frac{R_3}{R_1}\right)u_{I1} + \left(1+\frac{R_5}{R_4}\right)u_{I2}$$

$$= \left(1+\frac{R_5}{R_4}\right)(u_{I2} - u_{I1}) = -\left(1+\frac{R_5}{R_4}\right)u_I$$

（c）A_1、A_2、A_3的输出电压分别为u_{I1}、u_{I2}、u_{I3}。由于在A_4组成的反相求和运算电路中反相输入端和同相输入端外接电阻阻值相等，所以

$$u_O = \frac{R_4}{R_1}(u_{I1} + u_{I2} + u_{I3}) = 10(u_{I1} + u_{I2} + u_{I3})$$

【6-11】在图 6.43（a）所示电路中，已知输入电压u_I的波形如图 6.43（b）所示。当$t = 0\text{ ms}$时，$u_O = 0\text{ V}$。试画出输出电压u_O的波形。

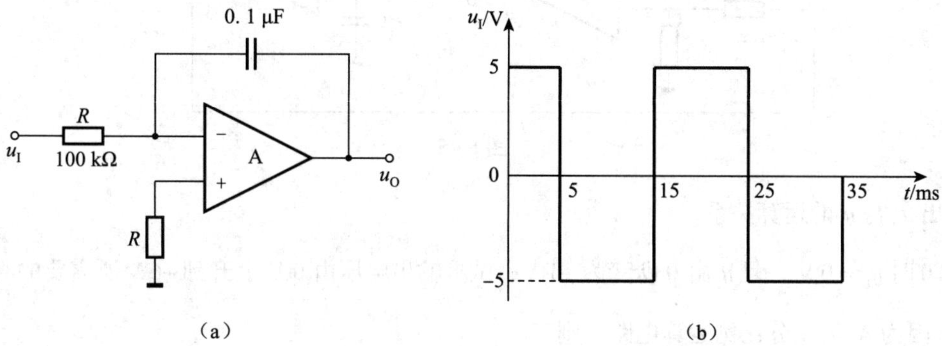

图 6.43

解析 输出电压的表达式为

$$u_O = -\frac{1}{RC}\int_{t_1}^{t_2} u_I \mathrm{d}t + u_O(t_1)$$

当u_I为常量时，

$$u_O = -\frac{1}{RC}u_I(t_2 - t_1) + u_O(t_1)$$

$$= -\frac{1}{10^5 \times 10^{-7}}u_I(t_2 - t_1) + u_O(t_1)$$

$$= -100u_I(t_2 - t_1) + u_O(t_1)$$

①当$t = 0\text{ ms}$时，$u_O = 0\text{ V}$。

②当$t = 5\text{ ms}$，$t_1 = 0\text{ ms}$时，$u_O(0) = 0\text{ V}$，$u_O = -100\times5\times5\times10^{-3} + 0 = -2.5\text{ (V)}$。

③当$t = 15\text{ ms}$，$t_1 = 5\text{ ms}$时，$u_O(5) = -2.5\text{ V}$，$u_O = -100\times(-5)\times10\times10^{-3} + (-2.5) = 2.5\text{ (V)}$。

以此类推，得$t = 25\text{ ms}$，$t_1 = 15\text{ ms}$时，$u_O(15) = 2.5\text{ V}$，$u_O = -2.5\text{ V}$；$t = 35\text{ ms}$时，$u_O = 2.5\text{ V}$。因此，输出波形如图 6.44 所示。

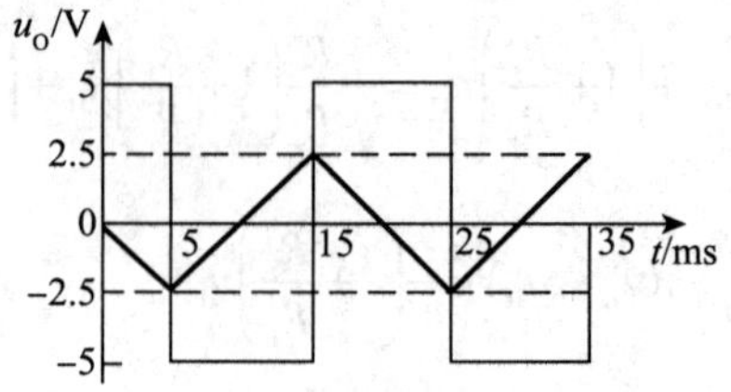

图 6.44

【6-12】、【6-13】略。

【6-14】在图 6.45 所示电路中，已知 $R_1 = R = R' = R_2 = R_f = 100\,\text{k}\Omega$， $C = 1\,\mu\text{F}$ 。

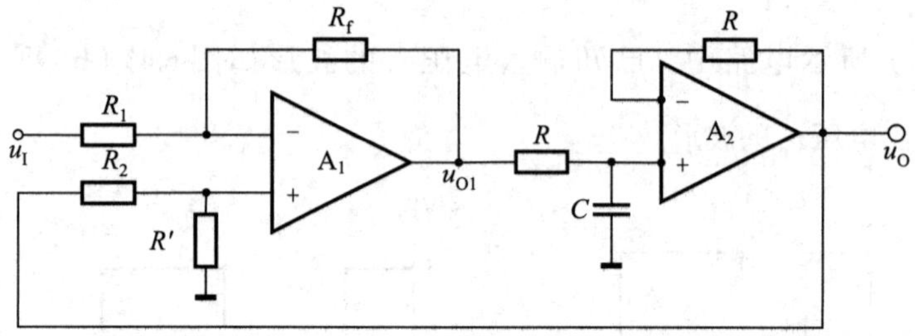

图 6.45

（1）试求出 u_O 与 u_I 的运算关系；

（2）设 $t=0$ 时 $u_O = 0\,\text{V}$，且 u_I 由 0 跃变为 −1 V，试求输出电压由 0 V 上升到 +6 V 所需要的时间。

解析（1）因为 A_1 为差分比例运算电路，则有

$$u_{O1} = -\frac{R_f}{R_1}\cdot u_I + \frac{R_f}{R_2}\cdot u_O = u_O - u_I$$

因为 A_2 为电压跟随器，以电容上电压 u_C 为输入，所以输出电压 $u_O = u_C$。而电容的电流

$$i_C = \frac{u_{O1} - u_O}{R} = -\frac{u_I}{R} \text{ 且 } i_C = C\frac{\mathrm{d}u_O}{\mathrm{d}t}$$

因此，输出电压

$$u_O = -\frac{1}{RC}\int u_I \mathrm{d}t = -10\int u_I \mathrm{d}t$$

（2）$u_O = -10u_I t_1 = -10\times(-1)\times t_1 = 6\,(\text{V})$，故 $t_1 = 0.6\,\text{s}$，即经 0.6 s 输出电压达到 6 V。

【6-15】略。

【6-16】在图 6.46 所示电路中，已知 $u_{I1} = 4\,\text{V}$，$u_{I2} = 1\,\text{V}$。回答下列问题：

（1）当开关 S 闭合时，分别求解 A、B、C、D 和 u_O 的电位；

（2）设 $t=0$ 时 S 打开，经过多长时间 $u_O = 0\,\text{V}$？

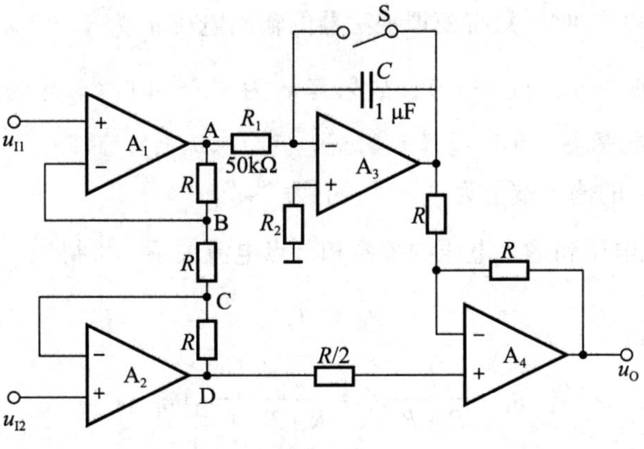

图 6.46

解析（1）由于电路中 A_1 和 A_2 均引入负反馈，净输入电压和电流均为零，故从 A 到 D 三个电阻中的电流相等，且 B 电位 $u_B = u_{I1} = 4\text{ V}$，电位 $u_C = u_{I2} = 1\text{ V}$，$u_B - u_C = 3\text{ V}$，说明每个电阻上的电压为 3 V，故 $u_A = u_B + 3 = 7\text{ (V)}$，$u_D = u_C - 3 = -2\text{ (V)}$。

因为 S 闭合，所以 A_3 的输出电压为零，A_4 实现同相比例运算，故 $u_O = \left(1 + \dfrac{R}{R}\right) u_D = -4\text{ (V)}$。

综上，$u_A = 7\text{ V}$，$u_B = 4\text{ V}$，$u_C = 1\text{ V}$，$u_D = -2\text{ V}$，$u_O = -4\text{ V}$。

（2）当开关断开时，A_3 为积分运算，A_4 实现减法运算，$u_O = 2u_D - u_{O3}$。因为 $2u_D = -4\text{ V}$，所以只有 A_3 的输出电压 $u_{O3} = -4\text{ V}$ 时，u_O 才为零，即

$$u_{O3} = -\frac{1}{R_1 C} \times u_A \times t = -\frac{1}{50 \times 10^3 \times 10^{-6}} \times 7 \times t = -4\text{ (V)}$$

求得 $t \approx 28.6\text{ ms}$。

【6-17】为了使图 6.47 所示电路实现除法运算，

（1）标出集成运放的同相输入端和反相输入端；

（2）求出 u_O 和 u_{I1}、u_{I2} 的运算关系式。

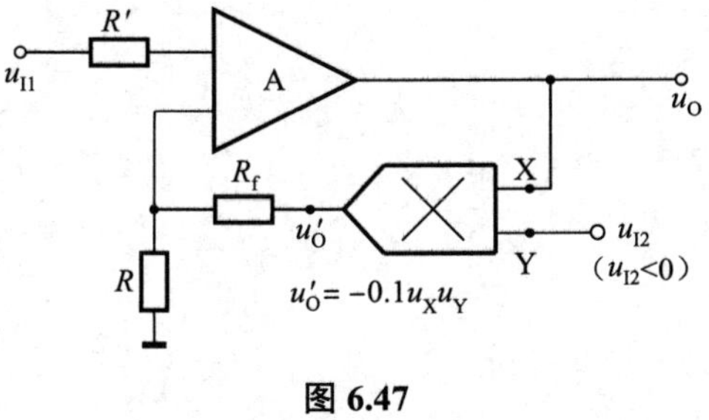

图 6.47

解析（1）当 u_{I1} 对地为"+"时，只有模拟乘法器的输出电压 u_O' 为"+"，反馈电压才为"+"，电路也才引入负反馈。已知 $k<0$，且 $u_{I2}<0$，故只有 u_O 为"+"时，u_O' 才为"+"，即输出电压 u_O 与

→ 本题最主要的就是学会判断为何引入的为负反馈

输入电压 u_{I1} 同相，因此 A 的输入端上为"+"、下为"–"。

（2）根据模拟乘法器输出电压和输入电压的关系和节点电流关系，可得

$$u_O' = k u_O u_{I2}$$

$$u_{I1} = \frac{R}{R+R_f} u_O' = \frac{R}{R+R_f} \cdot (-0.1 u_O u_{I2})$$

本题从 u_O' 入手，u_O' 既是 A 运放的输出，也是模拟乘法器的输出，令两者相等便可求 u_O 的表达式

整理上式，得输出电压

$$u_O = -\frac{10(R+R_f)}{R} \cdot \frac{u_{I1}}{u_{I2}}$$

【6-18】~【6-26】略。

第七章　波形的发生和信号的转换

本章主要讲述了正弦波振荡电路、电压比较器、非正弦波发生电路。本章重点包括：正弦波振荡电路的判断方法；电压比较器（单限、滞回）的电压传输特性；电压比较器电压传输特性的分析方法；矩形波、三角波、锯齿波发生电路的组成及振荡周期等。

划重点

知识架构

- 波形的发生和信号的转换
  - 正弦波振荡电路
    - RC正弦波振荡电路
    - LC正弦波振荡电路
    - 石英晶体正弦波振荡电路
  - 电压比较器
    - 单限比较器
    - 滞回比较器
    - 窗口比较器
  - 非正弦波发生电路
    - 矩形波发生电路
    - 三角波发生电路
    - 锯齿波发生电路

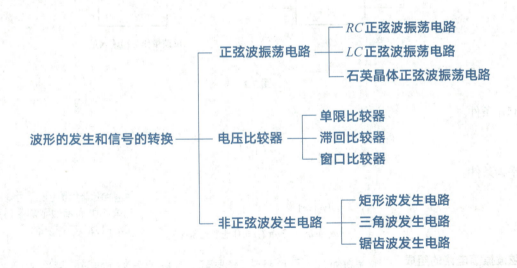

7.1 正弦波振荡电路

7.1.1 概述

1. 产生正弦波振荡的条件

正弦波振荡电路可以拆解为图 7.1（a）中的方框图形式，其中上方的方框代表放大电路，下方的方框代表反馈网络，且该反馈具有正极性。当没有外部输入信号（即输入量为零）时，反馈量会等同于输入量，这一状态如图 7.1（b）所示。由于电路中的微小电扰动（例如，在合闸通电的瞬间产生的扰动），电路会产生一个初始幅值很小的输出信号，这个信号包含了多种频率成分。若电路仅对频率为f_0的正弦波信号提供正反馈机制，那么输出信号将经历以下变化过程：

$$X_o\uparrow\rightarrow X_f\uparrow(X_i'\uparrow)\rightarrow X_o\uparrow\uparrow$$

即输出量X_o的增大使反馈量X_f增大，因放大电路的输入量就是X_i'反馈量X_f，故X_o将进一步增大。

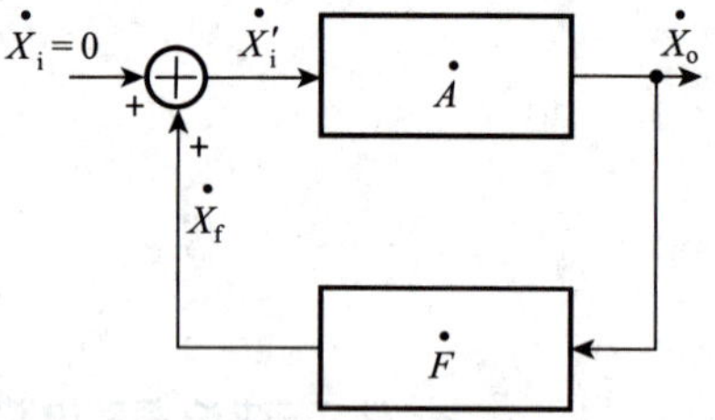

电路引入正反馈

（a）

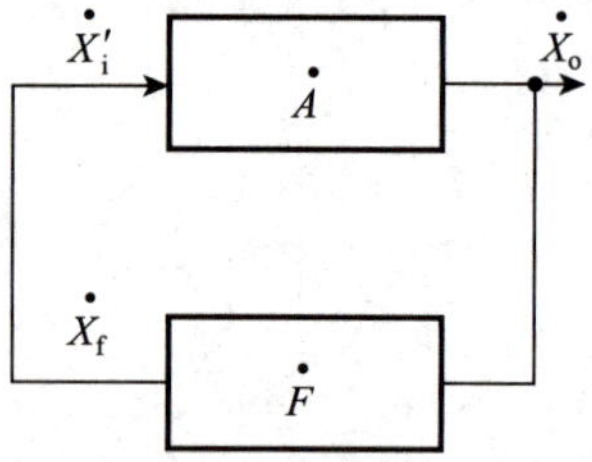

反馈量作为净输入量

（b）

图 7.1

（1）起振条件。

$$|\dot{A}\dot{F}|>1$$

（2）平衡条件。

$$\begin{cases}|\dot{A}\dot{F}|=1\\ \varphi_A+\varphi_F=2n\pi\ (n=0,\pm1,\pm2,\cdots)\end{cases}$$

→ 这里相位条件是 $2n\pi$，自给振荡电路中的相位平衡条件是 $(2n+1)\pi$，不要混淆

2. 正弦波振荡电路的组成 → 要判断电路是否可能产生正弦波振荡，其中一点就是判断电路是否包含这几部分

正弦波振荡电路主要构成如下。

（1）放大部分：此部分负责增强振荡功率，以补偿振荡电路在运行过程中的能量损耗，并能够为外接负载提供所需的振荡输出功率。

（2）正反馈路径：它将振荡器输出的部分能量重新导向输入端，这是维持振荡持续的关键。

（3）选频网络：该网络负责确定并产生单一频率的正弦波振荡。值得注意的是，选频网络经常与正反馈网络集成在一起，即同一网络既承担选择频率的任务，又发挥正反馈的功能。

（4）稳幅机制：此机制用于调控输出电压的幅值，确保振荡保持在稳定的振幅状态。

3. 判断电路是否可能产生正弦波振荡

（1）首先，确认电路的各个组成部分是否都已完备。

（2）接着，检查放大电路的工作状态是否正常。

判断电路是否可能产生正弦波振荡最关键的一步就是判断是否满足振荡的相位平衡条件，因为通过调整元件大小很容易满足幅值条件

（3）然后，利用瞬时极性法来判断电路是否满足振荡所需的相位平衡条件，这是决定电路能否成功振荡的核心要素。

（4）最后，评估电路是否满足正弦波振荡所需的幅值条件。

利用瞬时极性法判断电路是否满足相位条件的框图如图 7.2 所示。

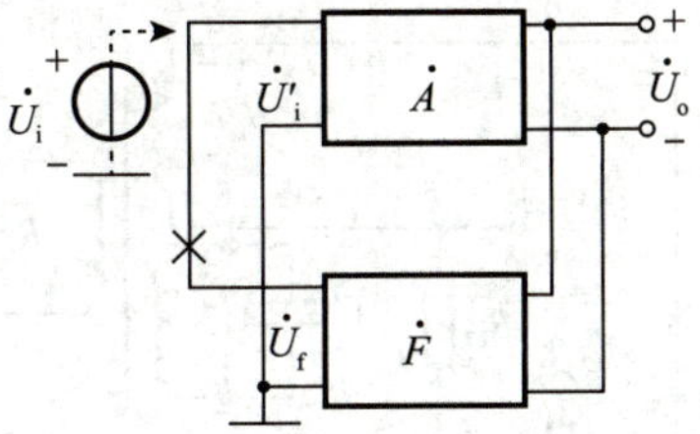

图 7.2

具体方法：断开反馈，在断开处给放大电路加频率为 f_0 的输入电压 $\dot{U}_i$，并给定其瞬时极性（见图 7.2），然后判断反馈电压 $\dot{U}_f$ 的极性，若 $\dot{U}_f$ 与 $\dot{U}_i$ 极性相同，则满足相位条件，否则，不满足相位条件。

7.1.2 *RC* 桥式正弦波振荡电路

RC 桥式正弦波振荡电路的振荡频率较低，常用的 *RC* 桥式正弦波振荡电路由 *RC* 串并联选频网络和同相比例运算电路组成，如图 7.3 所示。

大家在想到 RC 桥式正弦波振荡电路时，脑海里应该直接出现这两个电路图

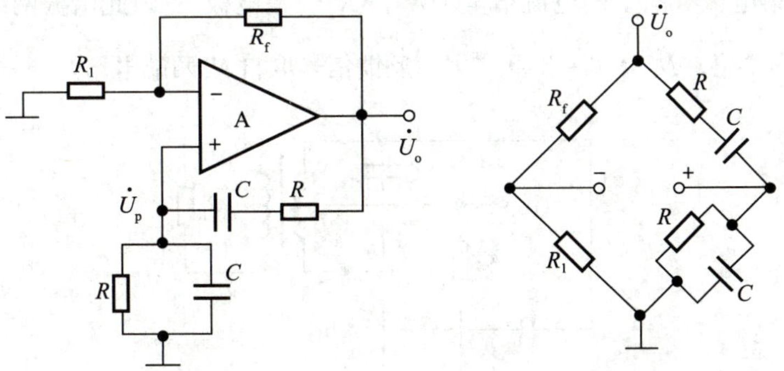

电路
（a）

电路中的桥路
（b）

图 7.3

为了满足起振条件，负反馈网络中电阻取值应满足：$R_f \geqslant 2R_1$。

振荡频率：$f_0=\dfrac{1}{2\pi RC}$，当 $f=f_0$ 时，正反馈最强，此时 $F=\dfrac{1}{3}$，$\varphi_F=0°$，只要配合 $\dot{A}_u\geqslant 3$ 的同相放大器就能振荡。

这里容易出题，根据电压放大倍数，会给出 R_f 和 R_1 其中一个值，去求另一个值

7.1.3 *LC* 正弦波振荡电路

LC 正弦波振荡电路分为变压器反馈式（见图 7.4）、电感反馈式（见图 7.5）和电容反馈式（见图 7.6）三种振荡电路。

此部分能够分析工作原理，能够辨认出电感反馈式振荡电路和电容反馈式振荡电路即可

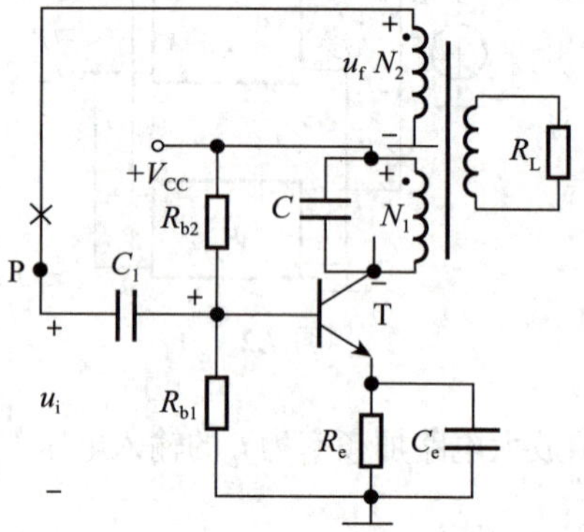

图 7.4

电感反馈式振荡电路的分析方法：用瞬时极性法分析时，将 *LC* 谐振网络当作纯电阻。例如，图 7.5 中电路为共射组态，断开基极，并在基极上加“+”极性信号，集电极有向下的电流增量，在谐振时，N_1、N_2、C 呈纯电阻，并且为共射组态，所以集电极电位瞬时极性为“–”，并且由于 N_1、N_2 中间交流接地，且集电极有向下的电流增量（$N_2\to N_1\to$集电极），因此谐振网络整体为上“+”下“–”，N_2 上“+”下“–”，N_1 上“+”下“–”，反馈信号取自 N_2 两端电压。

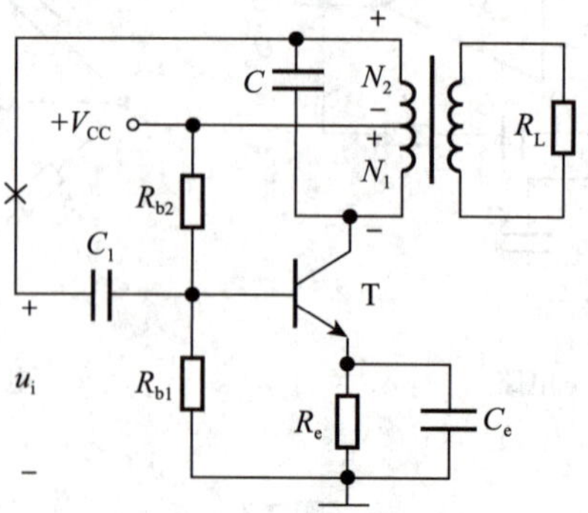

图 7.5

电容反馈式振荡电路的分析方法：用瞬时极性法分析时，将 *LC* 谐振网络当作纯电阻。例如，图 7.6

中电路为共射组态，断开基极，并在基极上加“+”极性信号，集电极有向下的电流增量（$C_2 \to C_1$→集电极），在谐振时，C_1、C_2、L 呈纯电阻，并且为共射组态，所以集电极电位瞬时极性为“−”，并且由于 C_1、C_2 中间交流接地，且集电极有向下的电流增量（$C_2 \to C_1$→集电极），因此谐振网络整体为下“+”上“−”，C_1 上“−”下“+”，C_2 上“−”下“+”，反馈信号取自 C_2 两端电压。

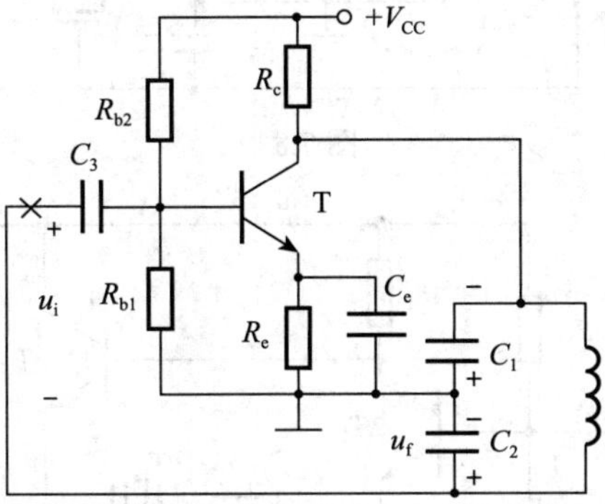

图 7.6

7.1.4 石英晶体正弦波振荡电路

石英晶体的等效电路及其频率特性如图 7.7 所示。

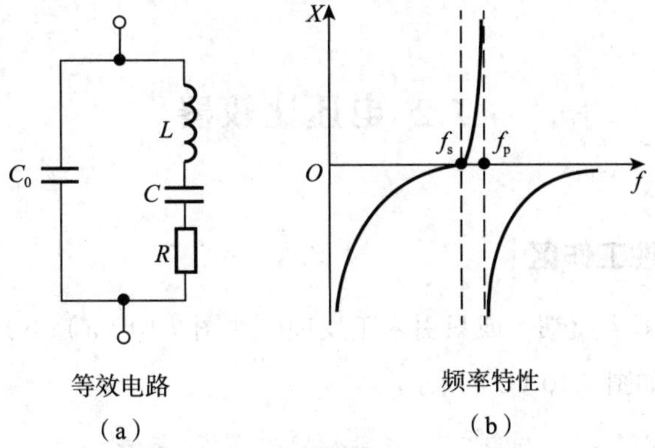

图 7.7

（1）石英晶体正弦波振荡电路的振荡频率非常稳定，分为两种谐振频率：串联谐振频率 f_s 和并联谐振频率 f_p，且 $f_p \approx f_s = \dfrac{1}{2\pi\sqrt{LC}}$。在 f_s 与 f_p 下石英晶体呈纯阻性，只有在 $f_s < f < f_p$ 这个极窄的频率范围内呈感性，其余频率范围内呈容性。

（2）石英晶体正弦波振荡电路的并联型电路为电容反馈式，石英晶体工作在感性区（见图 7.8）；石英晶体正弦波振荡电路的串联型电路产生串联谐振，阻抗趋于零（见图 7.9）。

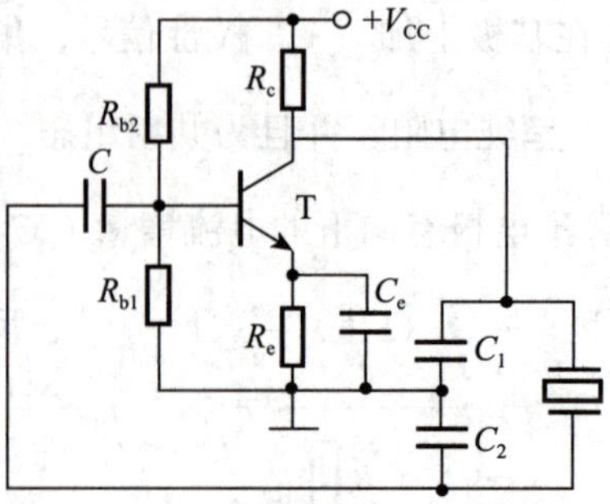

图 7.8

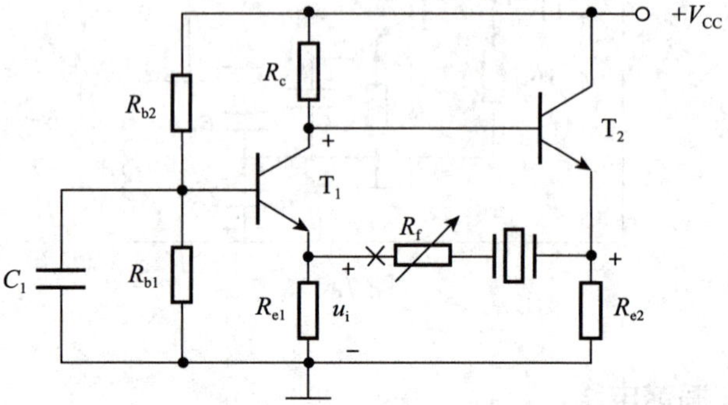

图 7.9

7.2 电压比较器

7.2.1 理想运放的非线性工作区

理想运放处于开环状态（即无反馈）或只引入正反馈，如图 7.10（a）（b）所示，则集成运放工作在非线性区，电压传输特性如图 7.10（c）所示。

线性区一般对应引入负反馈，例加运算放大电路都必须工作在线性区。
非线性区对应引入正反馈或者开环状态

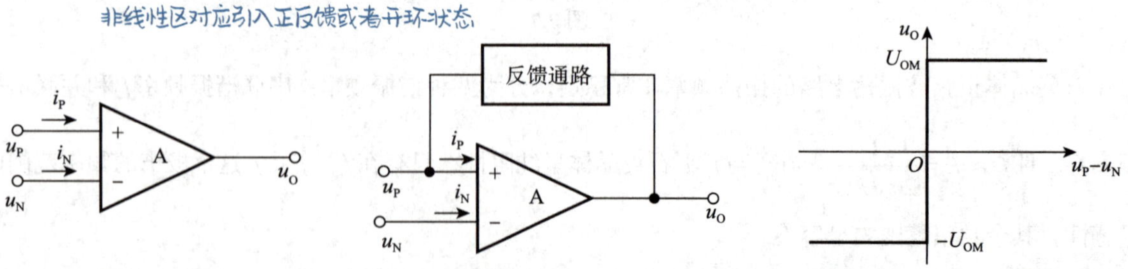

集成运放的开环状态
（a）

集成运放引入正反馈
（b）

集成运放的电压传输特性
（c）

图 7.10

理想运放工作在非线性区时有两个特点：这个知识点是分析电压比较器的电压传输特性的基础，所以比较重要，大家一定要掌握！与第三章中运放工作在线性区不同，这里不要混淆

①输出电压只有两种可能性，即不是 $+U_{OM}$ 就是 $-U_{OM}$。若 $u_P > u_N$，则 $u_O = +U_{OM}$；若 $u_P < u_N$，则 $u_O = -U_{OM}$。

②运放的净输入电流为零，即 $i_P = i_N = 0$。

7.2.2 画电压比较器的电压传输特性的三要素

（1）输出电压高电平和低电平的数值 U_{OH} 和 U_{OL}。

（2）阈值电压的数值 U_T。

（3）当 u_I 变化且经过 U_T 时，u_O 跃变的方向不是从 U_{OH} 跃变为 U_{OL}，就是从 U_{OL} 跃变为 U_{OH}。

注意①如果输出端没有稳压二极管，那么输出电压高电平和低电平就为理想集成运放所接入的正、负电压，如果有，那么就为稳压管的电压。

②阈值电压：当同相与反相输入端相等时，求解的输入电压 u_I 就是 U_T。

③跃变方向技巧：当 u_I 从反相输入端输入时，若 u_I 大于 U_T，则输出为负，若 u_I 小于 U_T，则输出为正，所以此时曲线是“z”形；当 u_I 从同相输入端输入时，若 u_I 大于 U_T，则输出为正，若 u_I 小于 U_T，则输出为负，所以此时曲线是镜像的“z”形（上、下翻转）。

7.2.3 电压比较器的种类

（1）单限比较器仅设定了一个阈值电压。

（2）滞回比较器则具备滞回特性，它有两个阈值电压。但特别的是，当输入电压朝同一方向变动时，其输出电压只会发生一次跃变。

（3）窗口比较器同样具有两个阈值电压，不过，当输入电压沿同一方向变化时，其输出电压会发生两次跃变。

表 7.1 为常用的电压比较器。

表 7.1

电路名称	电路组成	电压传输特性	U_T
过零比较器	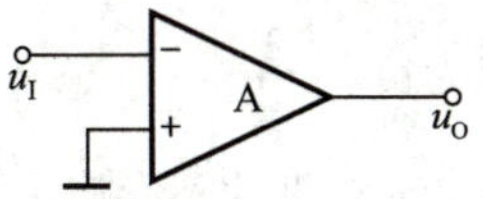	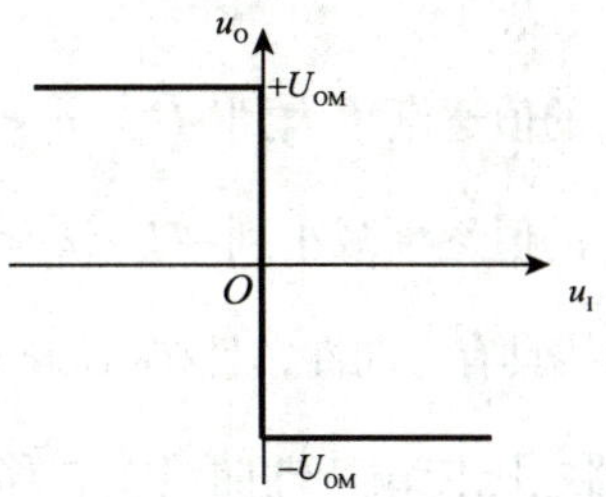	$U_T = 0\ V$

续表

电路名称	电路组成	电压传输特性	U_T
一般单限比较器	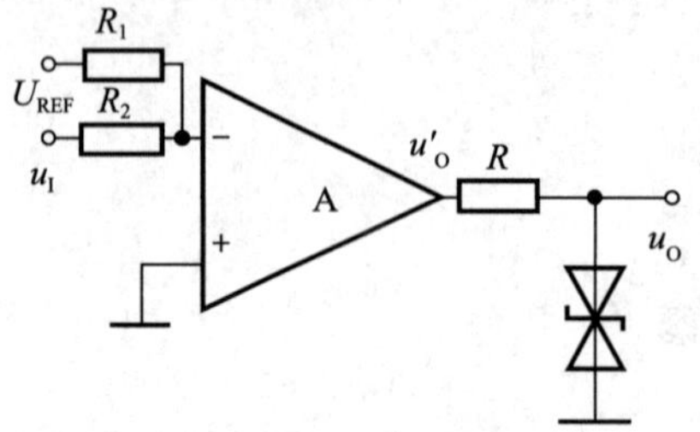	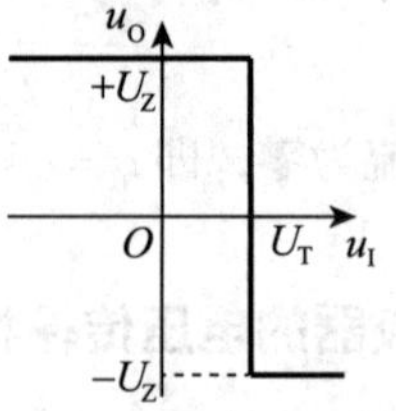	$U_T = -\frac{R_2}{R_1}U_{REF}$
滞回比较器	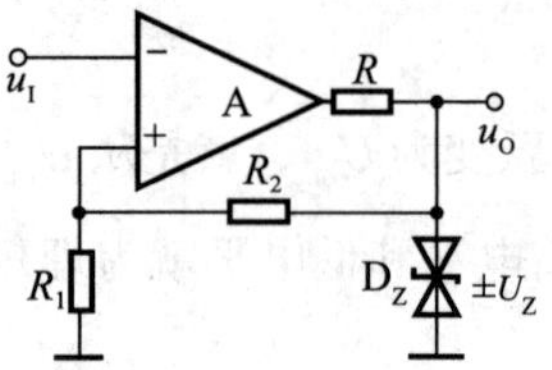	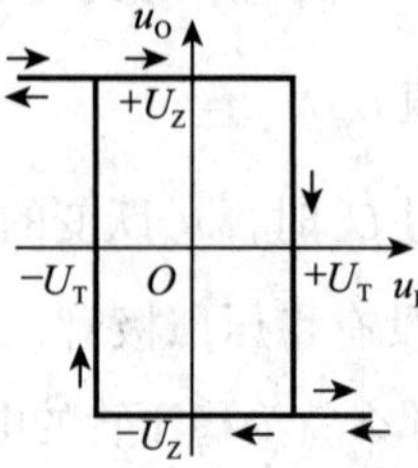	$\pm U_T = \pm\frac{R_1}{R_1+R_2}U_Z$
窗口比较器	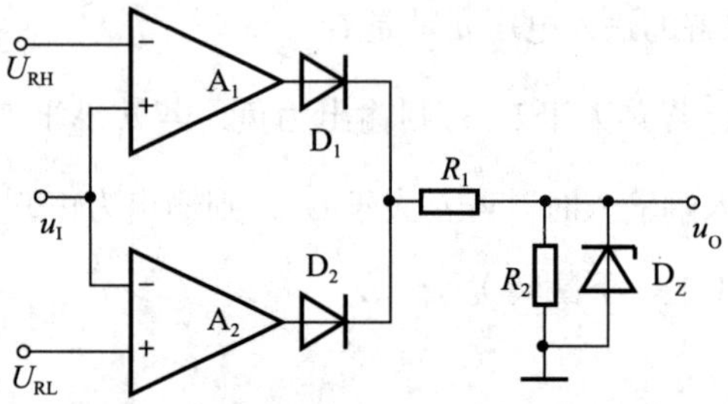	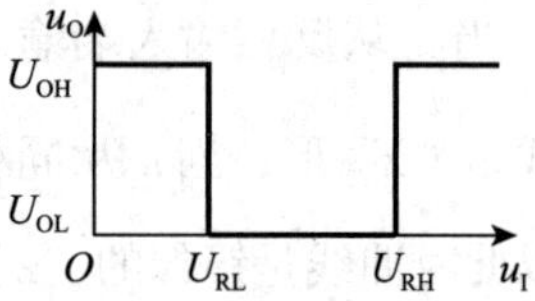	U_{RL}、U_{RH}

注意反相端输入滞回比较器的理解。

如表 7.1 中滞回比较器，同相端 u_P 相当于接了 $\pm\frac{R_1}{R_1+R_2}U_Z$ 的参考电压。

若 u_I（即反相端 u_N）$<-U_T$（比任意一个 u_P 都小），则 u_O 一定输出 $+U_Z$，此时 $u_P=+U_T$，只有当 $u_I>+U_T$ 时，u_O 从 $+U_Z$ 跃变到 $-U_Z$；

同理，若 u_I（即反相端 u_N）$>+U_T$（比任意一个 u_P 都大），则 u_O 一定输出 $-U_Z$，此时 $u_P=-U_T$，只有 $u_I<-U_T$ 时，u_O 从 $-U_Z$ 跃变到 $+U_Z$。故电压传输特性曲线上，当 $-U_T<u_I<+U_T$ 时，u_O 可能是 $+U_Z$，也可能是 $-U_Z$。

若 u_I 从小于 $-U_T$ 的值逐渐增大到 $-U_T<u_I<+U_T$，则 u_O 应为正；

若 u_I 从大于 $+U_T$ 的值逐渐减小到 $-U_T<u_I<+U_T$，则 u_O 应为负。

电压传输特性曲线具有方向性，且在 $-U_T<u_I<+U_T$ 范围内，u_I 的变化不影响 u_O，电路具有抗干扰能力。

若要滞回比较器电压传输特性曲线左右移动，则需要将 R_1 接地端改接基准电压 U_{REF}；若要滞回比较器电压传输特性曲线上下移动，则需要改变稳压管的稳定电压。

7.2.4 电压比较器电压传输特性的分析方法

（1）输出信号的高、低电平级别主要受两个因素影响：一是集成运算放大器能够输出的最大电压幅度；二是输出端限幅电路中的稳压管所维持的稳定电压，或者是二极管在导通状态下的电压。

（2）为了确定阈值电压，我们可以列出集成运算放大器同相输入端和反相输入端的电位表达式，并令它们相等。通过解这个等式，我们就可以找到输入电压的阈值。

（3）当输入电压超过阈值电压时，输出电压的跃变方向将取决于输入电压是施加在集成运算放大器的反相输入端还是同相输入端。如果输入电压作用在反相输入端，那么当输入电压高于阈值时，输出将是低电平；反之，输出将是高电平。如果输入电压作用在同相输入端，那么当输入电压高于阈值时，输出将是高电平；反之，输出将是低电平。

7.3 非正弦波发生电路

在实用电路中除了常见的正弦波外，还有矩形波、三角波、锯齿波等，如表 7.2 所示。

表 7.2

电路名称	矩形波发生电路	三角波发生电路	锯齿波发生电路
电路组成	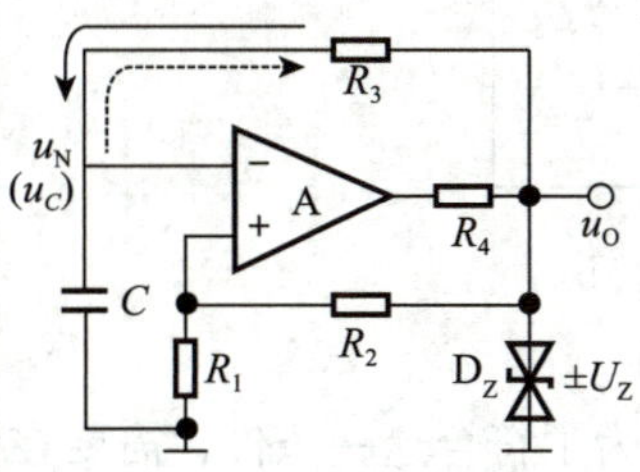	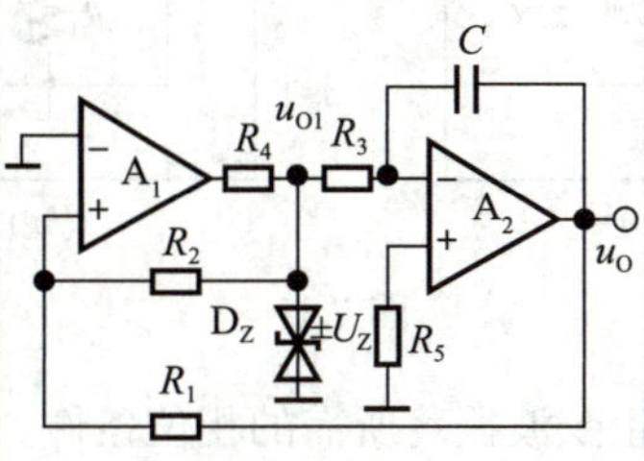	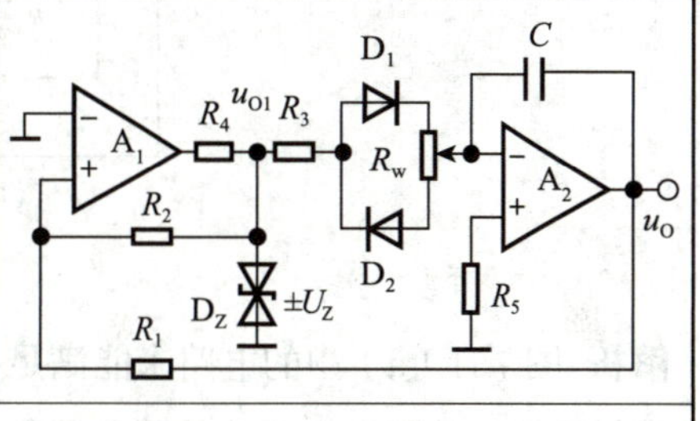
波形	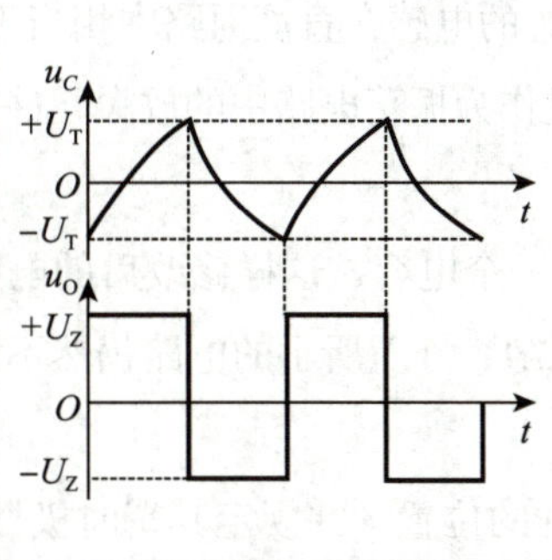	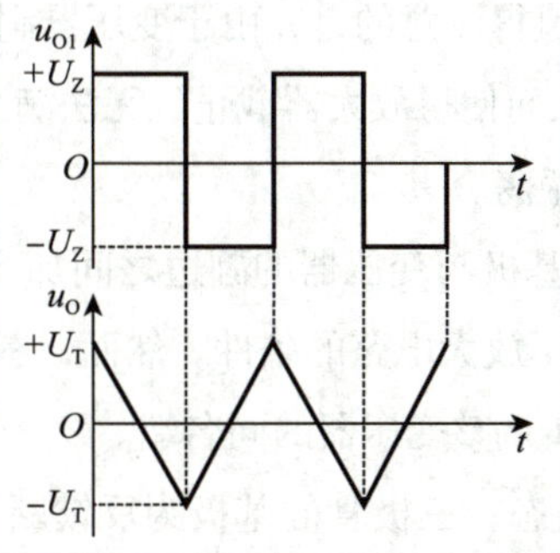	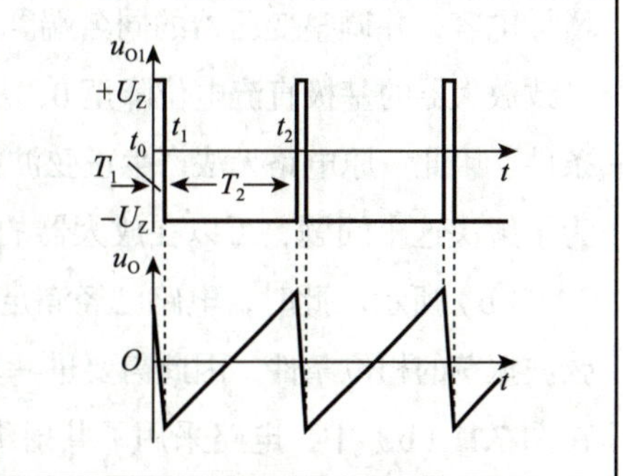
振荡周期	$2R_3C\ln\left(1+\frac{2R_1}{R_2}\right)$	$\frac{4R_1R_3C}{R_2}$	$2\frac{R_1}{R_2}(2R_3+R_w)C$
振荡幅值	$\pm U_Z$	$u_{Omax}=\pm U_T=\pm\frac{R_1}{R_2}U_Z$	$u_{Omax}=\pm U_T=\pm\frac{R_1}{R_2}U_Z$

斩题型

题型 1 考查正弦波振荡的相位条件

破题小记一笔

这类题目一般结合同名端出题，首先判断是否满足正弦波振荡的相位条件，然后通过同名端看是否修改电路。

例 1 分别判断图 7.11 所示各电路是否满足正弦波振荡的相位条件，若不能，修改电路使其满足正弦波振荡的相位条件。

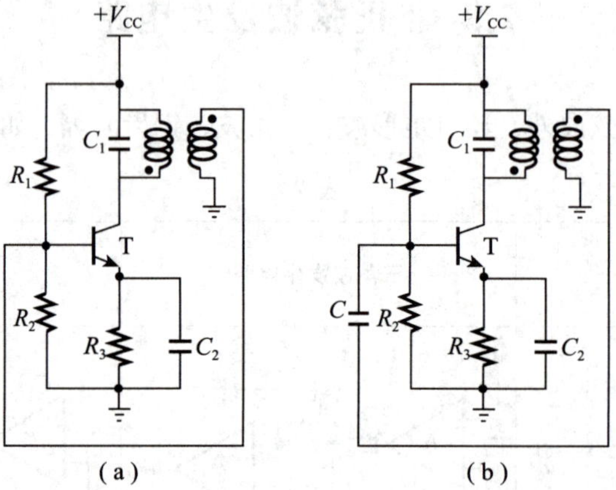

图 7.11

解析 图 7.11（a）中的电路未能满足正弦波振荡所需的相位条件。为了符合这一条件，需要在电路中增加电容，并调整变压器的同名端。值得注意的是，由于变压器副边的电感在直流通路中相当于短路，导致放大器的基极直流电位降至 0，从而使得放大器截止，无法满足作为振荡电路中的放大元件的必要条件。因此，原电路无法产生正弦波振荡。

为了解决这个问题，可以在放大器的基极与变压器的副边之间加入一个电容，这样修改后的电路如图 7.11（b）所示。此时，电路已经满足了放大电路的条件。然而，图 7.11（b）所示的电路仍然不满足正弦波振荡的相位条件，因此需要进一步调整变压器的同名端。

在图 7.11（b）中，电路采用了共射组态，三极管的基极为反馈断开的位置，并规定其瞬时极性为正。在谐振状态下，C_1 和变压器的原边可以看作是纯电阻。因此，在变压器的原边，上极性的电位为正，下极性的电位为负。根据同名端的规则，我们可以推断出在变压器的副边，上极性的电位为负，下极性的电位为正。这意味着电路引入的是负反馈，从而不满足相位平衡的条件。

为了满足相位平衡的条件，需要将变压器的同名端调整至副边的下方。这样修改后，电路就能够满足正弦波振荡的相位条件了。

星峰点悟

例 1 中，同名端为相同的瞬时极性的端子。利用瞬时极性法先判断出是否满足相位平衡条件，即可说明此电路可否产生振荡。另外，分析电路是否可能产生正弦波振荡需要特别注意放大电路是否能正常工作。

题型 2 考查正弦波振荡的起振条件

破题小记一笔

正弦波振荡的起振条件包括幅值条件和相位条件，实际上，只要判断出满足相位条件，即可产生正弦波振荡，接下来给出一个综合性题目，让大家更直观地理解。

例 2 将图 7.12 所示电路中各环节进行合理连接，组成一个正弦波振荡器。

（1）若要求 $f_0 = 100\ \text{Hz}$，则 R 应选多大？

（2）选择合适的 R_1 值。

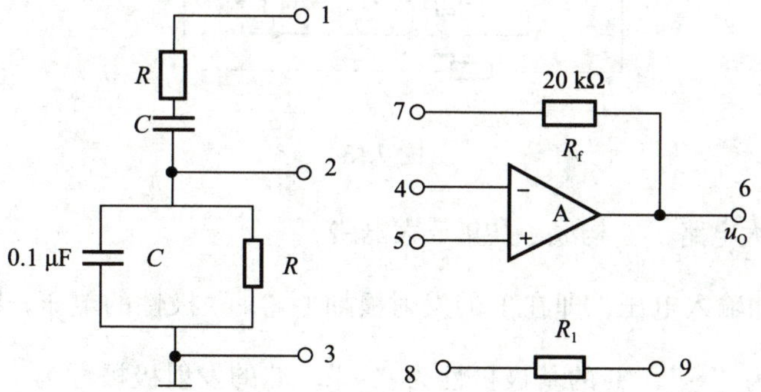

图 7.12

解析（1）连接方式：2–5，1–6，4–7–9，3–8。

设在 5 加输入信号，对地为"+"，根据瞬时极性法，6 的点位为"+"，应该将 6 接 1，2 接 5，从而引入正反馈。为了引入电压串联负反馈，应将 4、7、9 相接，将 3 接 8。

由 $f_0 = \dfrac{1}{2\pi RC} = 100$，得 $R \approx 16\ \text{k}\Omega$。

（2）由 $\dot{A}_u = 1 + \dfrac{R_f}{R_1} \geqslant 3$，得 $R_1 \leqslant 10\ \text{k}\Omega$，故可选 $R_1 = 10\ \text{k}\Omega$。

星峰点悟

当相位条件满足后，只要配合 $\dot{A}_u \geqslant 3$ 使负反馈网络中的电阻取值满足 $R_f \geqslant 2R_1$，正弦波电路就能产生振荡。

题型 3 考查石英晶体正弦波振荡电路

破题小记一笔

石英晶体正弦波振荡电路分为串联型和并联型，不管石英晶体等效电路中的 L、C、R 发生串联谐振还是并联谐振，石英晶体均呈纯阻性。

例 3 如图 7.13 所示的电路中，C_1 为耦合电容，C_2、C_3 为旁路电容。T_1 和 T_2 分别构成了什么接法的放大电路？判断电路是否可能产生正弦波振荡，简述原因。若能产生正弦波振荡，说明石英晶体在电路中呈容性、感性还是纯阻性？

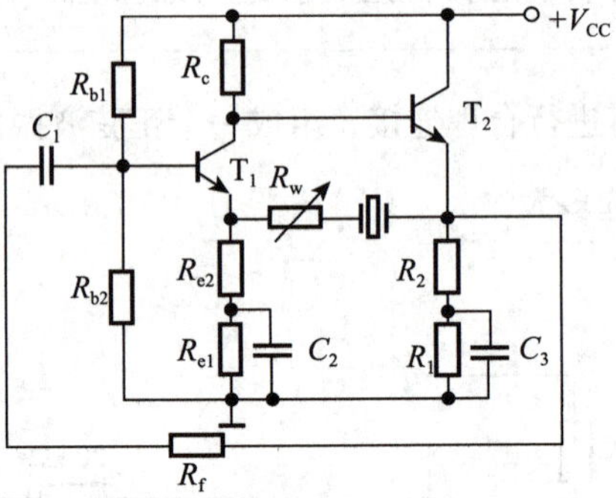

图 7.13

解析 T_1 构成了共基放大电路，T_2 构成了共集放大电路。

断开反馈，放大电路加输入电压，即在 T_1 的发射极加上“+”极性的电压，因为 T_1 管为共基组态，所以 T_1 的集电极极性为“+”，T_2 的基极极性为“+”，T_2 的发射极极性为“+”。此时 T_1 的基极为“+”，从而使得 T_1 的净输入量减小，引入负反馈，同时 R_w 为负反馈电阻。只有在石英晶体呈纯阻性时，才能产生串联谐振，反馈电压才与输入电压同相，电路才满足正弦波振荡的相位平衡条件。

因为 T_1 为共基放大电路，T_2 为共集放大电路，所以放大电路的相移 $\varphi_A=0$，故要求石英晶体呈纯阻性，$\varphi_F=0$，使得 $\varphi_A+\varphi_F=0$，引入正反馈。

星峰点悟

并联型和串联型石英晶体正弦波振荡电路的振荡频率约等于石英晶体的并联谐振频率 f_p 和串联谐振频率 f_s。

题型 4 考查电压比较器

破题小记一笔

对电压比较器的考查最主要的就是画出电压传输特性。

例 4 图 7.14 所示电路是单门限电压比较器的另一种形式，试求出其门限电压（阈值电压）U_T，画出其电压传输特性。设运放输出的高、低电平分别为 U_{OH} 和 U_{OL}。

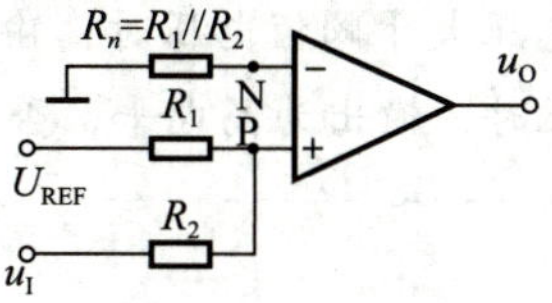

图 7.14

解析 根据图 7.14，利用叠加原理可得

$$u_P=\frac{R_2}{R_1+R_2}U_{REF}+\frac{R_1}{R_1+R_2}u_I$$

理想情况下，输出电压发生跃变时对应的 $u_P=u_N=0$，即

$$R_2U_{REF}+R_1u_I=0$$

由此可以求出门限电压

$$U_T=u_I=-\frac{R_2}{R_1}U_{REF}$$

当 $u_I>U_T$ 时，$u_P>u_N$，所以 $u_O=U_{OH}$；当 $u_I<U_T$ 时，$u_P<u_N$，所以 $u_O=U_{OL}$。因为电压传输特性的三个要素为输出电压的高电平 U_{OH} 和低电平 U_{OL}、门限电压及输出电压的跃变方向，所以可画出图 7.14 的电压传输特性，如图 7.15 所示。

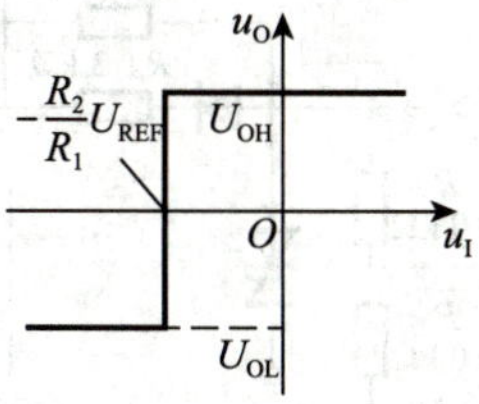

图 7.15

根据式 $U_T=u_I=-\frac{R_2}{R_1}U_{REF}$ 可知，只要改变 U_{REF} 的大小和极性，以及电阻 R_1 和 R_2 的阻值，就可以改变门限电压 U_T 的大小和极性。若要改变 u_I 过 U_T 时 u_O 的跃变方向，则只要将图 7.14 所示电路运放的同相输入端和反相输入端所接外电路互换。

星峰点悟

画电压比较器的电压传输特性的三要素。

（1）输出电压高电平和低电平的数值 U_{OH} 和 U_{OL}。输出高、低电平取决于：①集成运放输出电压的最大幅度；②输出端限幅电路中稳压管的稳定电压或二极管的导通电压。

（2）阈值电压的数值 U_T。列出集成运放同相输入端和反相输入端电位的表达式，令它们相等，求出的输入电压即阈值电压。

（3）当 u_I 变化且经过 U_T 时，u_O 跃变的方向不是从 U_{OH} 跃变为 U_{OL}，就是从 U_{OL} 跃变为 U_{OH}。输入电压过阈值电压时，输出电压的跃变方向取决于输入电压是作用于集成运放的反相输入端还是同相输入端。若为前者，则输入电压大于阈值电压时，输出为低电平，否则，输出为高电平；若为后者，则输入电压大于阈值电压时，输出为高电平，否则，输出为低电平。

题型 5 考查非正弦波发生电路

破题小记一笔

非正弦波发生电路包括矩形波、三角波、锯齿波等。本类型题目主要展示了锯齿波电路，因为它是三角波电路变化得来的，所以具有代表性，锯齿波电路主要由滞回比较器和积分运算电路组成。

例 5 如图 7.16 所示，在锯齿波发生电路中，A_1、A_2 均为理想运放，U_Z 的双向限幅值为 ±6V。

（1）试画出 u_{O1} 和 u_O 的波形图，并在图上标出电压幅值及时间；

（2）求出振荡周期；

（3）如何调整锯齿波的振荡周期？

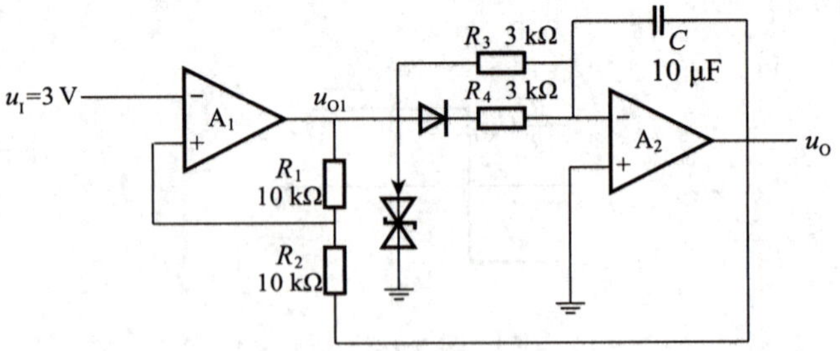

图 7.16

解析（1）

$$t_{充} = R_3 C \frac{2R_2}{R_1} = 3\times10^3\times10\times10^{-6}\times2$$

$$= 60\,(\text{ms})$$

$$t_{放} = R_3 // R_4 C \frac{2R_2}{R_1} = 1.5 \times 10^3 \times 10 \times 10^{-6} \times 2$$

$$= 30\,(\text{ms})$$

u_{O1} 和 u_O 的波形图如图 7.17 所示。

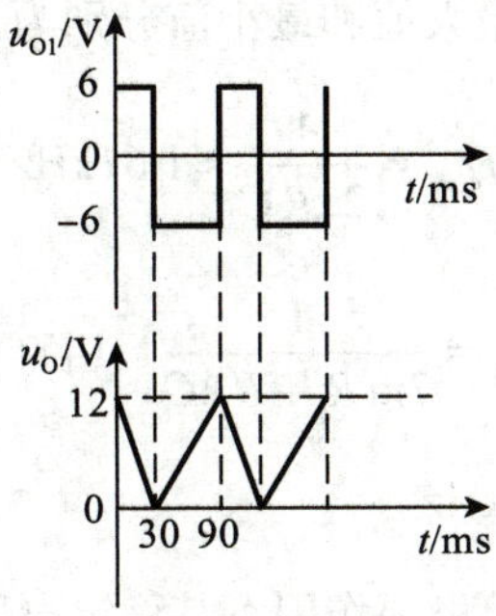

图 7.17

（2）充电时间与放电时间相加即振荡周期，故 $T = 90$ ms 。

（3）调节 R_3 、R_1 。

★ **星峰点悟**

此类题目主要涉及画出输入输出波形、求解振荡频率和振荡周期。

解习题

【7-1】~【7-5】略。

【7-6】电路如图 7.18 所示，试求解：

（1）R'_w 的下限值；

（2）振荡频率的调节范围。

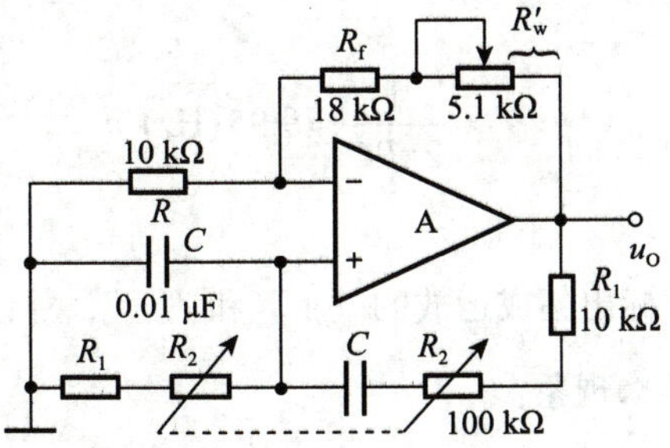

图 7.18

解析（1）根据起振条件，$R_f + R'_w \geqslant 2R$，R'_w 应大于 2 kΩ。

同相比例运算电路 $\dot{A}_u = 1 + \dfrac{R_f + R'_w}{R} \geqslant 3$，所以 $R_f + R'_w \geqslant 2R$

（2）RC 串并联选频网络的振荡频率的最大值和最小值分别为

$$f_{0\max} = \frac{1}{2\pi R_1 C} \approx 1.6\,(\text{kHz})$$

$$f_{0\min} = \frac{1}{2\pi (R_1 + R_2) C} \approx 145\,(\text{Hz})$$

即振荡频率的调节范围为 145 Hz ~ 1.6 kHz。

【7-7】电路如图 7.19 所示，稳压管 D_Z 起稳幅作用，其稳定电压 $\pm U_Z = \pm 6$ V。试估算：

（1）输出电压不失真情况下的有效值；

（2）振荡频率。

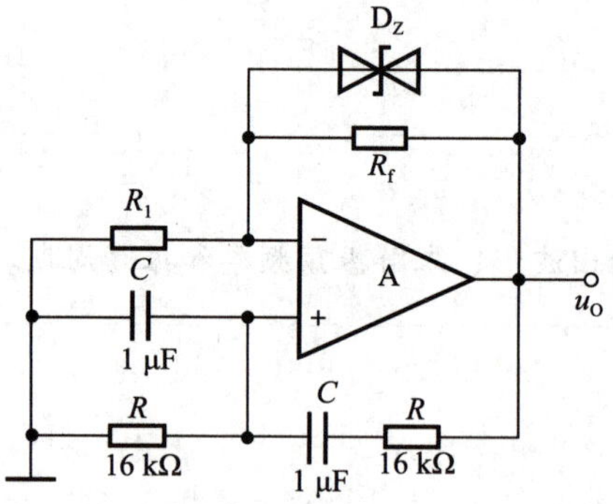

图 7.19

解析（1）当达到稳幅时，同相比例放大倍数为 3（此时 $AF = 1$），所以 $1 + \dfrac{R_Z /\!/ R_f}{R_1} = 3$，有 $R_Z /\!/ R_f = 2R_1$。

设输出电压的峰 – 峰值为 U_{om}，则 $U_Z = \dfrac{R_Z /\!/ R_f}{R_Z /\!/ R_f + R_1} U_{om} = \dfrac{2}{3} U_{om}$，故 $U_{om} = \dfrac{3}{2} U_Z$，有效值 $u_o = \dfrac{U_{om}}{\sqrt{2}} \approx$ 6.36 (V)。

（2）电路的振荡频率 $$f_0 = \frac{1}{2\pi RC} \approx 9.95\,(\text{Hz})$$

【7-8】电路如图 7.20 所示。

（1）为使电路产生正弦波振荡，标出集成运放的“+”和“−”，并说明电路是哪种正弦波振荡电路。

（2）若 R_1 短路，则电路将产生什么现象？

（3）若 R_1 断路，则电路将产生什么现象？

（4）若 R_f 短路，则电路将产生什么现象？

（5）若 R_f 断路，则电路将产生什么现象？

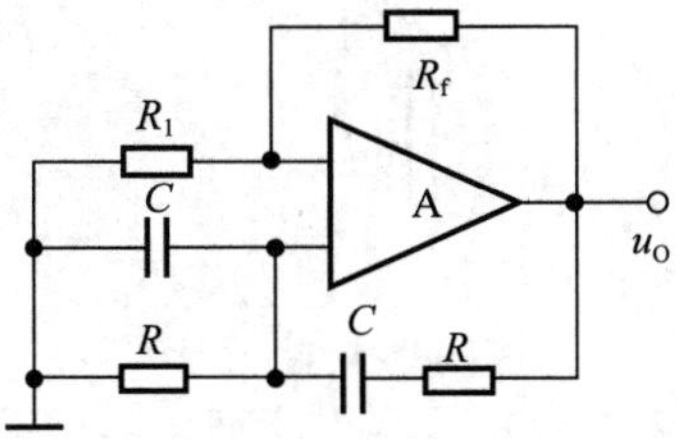

图 7.20

解析（1）该电路为 RC 桥式正弦波振荡电路，其上端标记为"–"，下端标记为"+"。

（2）如果 R_1 发生短路，集成运算放大器将处于开环工作状态，此时其差模增益会变得非常大，导致输出信号严重失真，几乎呈现为矩形波。

（3）若 R_1 出现断路，集成运算放大器将形成电压跟随器的结构，此时电压放大倍数被限制为 1，这无法满足正弦波振荡所需的幅值条件，因此电路将无法产生振荡，输出信号为零。

（4）与（3）类似，如果 R_f 发生短路，集成运算放大器同样会形成电压跟随器的结构，电压放大倍数也被限制为 1，这同样无法满足正弦波振荡的幅值条件，导致电路无法振荡，输出为零。

（5）如果 R_f 出现断路，集成运算放大器将再次处于开环工作状态，差模增益急剧增大，使得输出信号严重失真，几乎接近矩形波的形状。

【7-9】分别标出图 7.21 所示电路中变压器的同名端，使之满足正弦波振荡的相位条件。

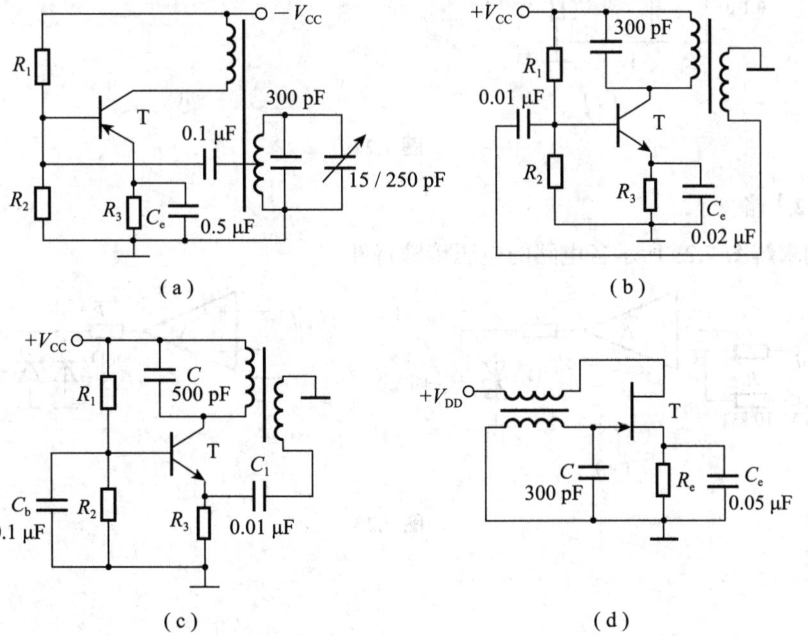

图 7.21

解析 利用瞬时极性法可判断出变压器反馈式 LC 正弦波振荡电路中变压器原、副边的同名端。图 7.21 所示各电路的瞬时极性和变压器的同名端如图 7.22 所示。

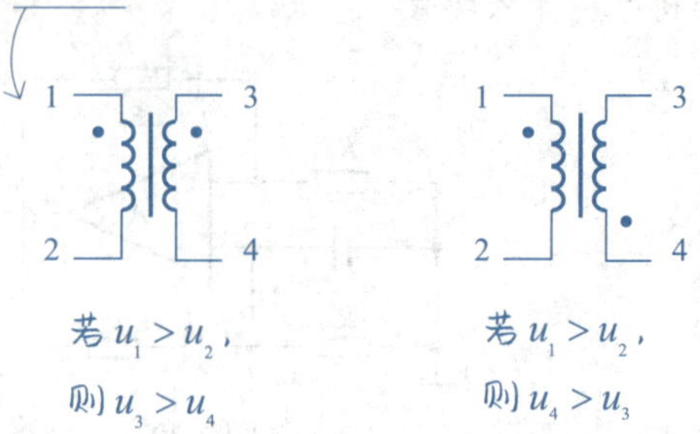

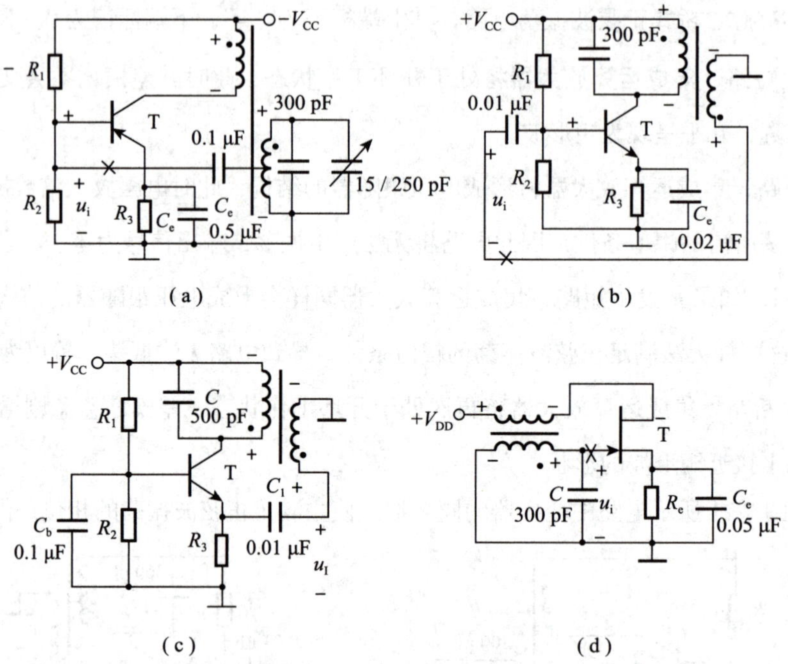

图 7.22

【7-10】~【7-12】略。

【7-13】试分别求解图 7.23 所示各电路的电压传输特性。

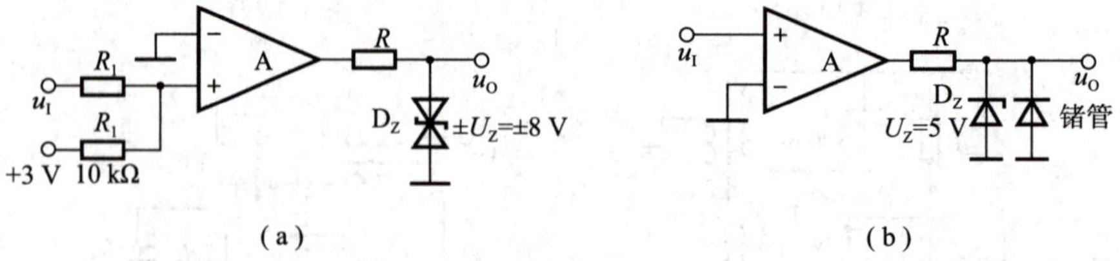

图 7.23

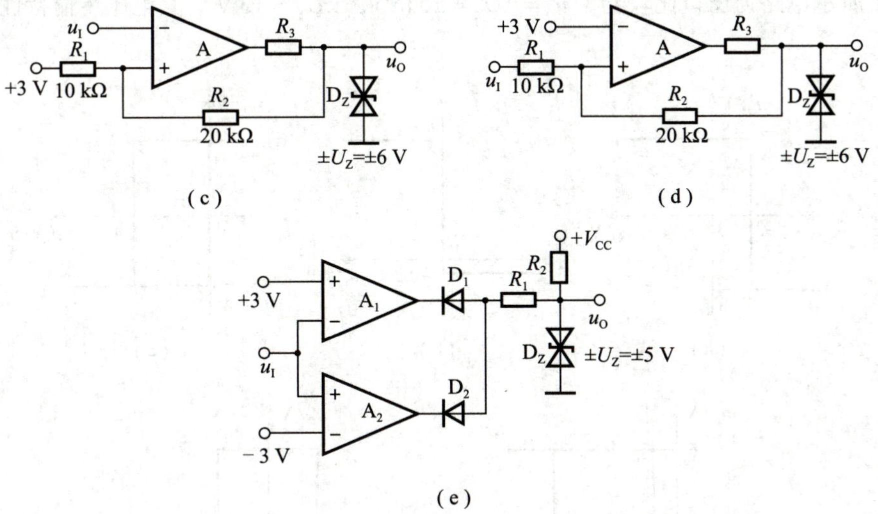

图 7.23（续）

解析 图 7.23（a）所示电路为单限比较器，$u_O = \pm U_Z = \pm 8\,(\mathrm{V})$，$U_T = -3\,\mathrm{V}$，其电压传输特性如图 7.24（a）所示。

图 7.23（b）所示电路为过零比较器，$U_{OL} = -U_D = -0.2\,(\mathrm{V})$，$U_{OH} = +U_Z = +5\,(\mathrm{V})$，$U_T = 0\,\mathrm{V}$，其电压传输特性如图 7.24（b）所示。

图 7.23（c）所示电路为反相输入的滞回比较器，$u_O = \pm U_Z = \pm 6\,(\mathrm{V})$。令

$$u_P = \frac{R_1}{R_1 + R_2} \cdot u_O + \frac{R_2}{R_1 + R_2} \cdot U_{REF} = u_N = u_I$$

以图 7.23（c）为例，求解电压传输特性的三要素的详细步骤如下。

① $U_{OH} = 6\,\mathrm{V}, U_{OL} = -6\,\mathrm{V}$。

②求 U_T。

$u_P = \frac{R_1}{R_1 + R_2} u_O + \frac{R_2}{R_1 + R_2} \cdot 3\,\mathrm{V}$，$u_N = u_I$，令 $u_P = u_N$，得 $U_{T1} = 0\,\mathrm{V}, U_{T2} = 4\,\mathrm{V}$。

③跃变方向。

当 $u_I < 0\,\mathrm{V}$ 时，u_O 为"+"，为 $U_{OH} = 6\,\mathrm{V}$，u_I 增到 4 V 时，U_{OH} 跃变为 U_{OL}；当 $u_I > 0\,\mathrm{V}$ 时，u_O 为"−"，为 $U_{OL} = -6\,\mathrm{V}$，u_I 减到 0 V 时，U_{OL} 跃变为 U_{OH}

求出阈值电压 $U_{T1} = 0\,\mathrm{V}$，$U_{T2} = 4\,\mathrm{V}$，其电压传输特性如图 7.24（c）所示。

图 7.23（d）所示电路为同相输入的滞回比较器，$u_O = \pm U_Z = \pm 6\,(\mathrm{V})$。令

$$u_P = \frac{R_2}{R_1 + R_2} \cdot u_I + \frac{R_1}{R_1 + R_2} \cdot u_O = u_N = 3\,(\mathrm{V})$$

得出阈值电压 $U_{T1} = 1.5\,\mathrm{V}$，$U_{T2} = 7.5\,\mathrm{V}$，其电压传输特性如图 7.24（d）所示。

图 7.23（e）所示电路为窗口比较器，$u_O = \pm U_Z = \pm 5\,(\mathrm{V})$，$\pm U_T = \pm 3\,\mathrm{V}$，其电压传输特性如图 7.24（e）所示。

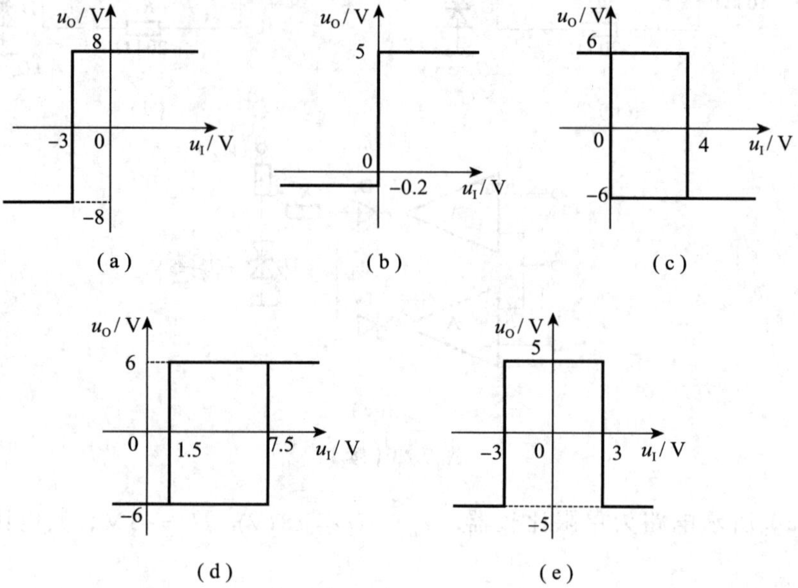

图 7.24

【7-14】已知三个电压比较器的电压传输特性分别如图 7.25（a）~（c）所示，它们的输入电压波形均如图 7.25（d）所示，试画出 u_{O1}、u_{O2}和u_{O3}的波形。

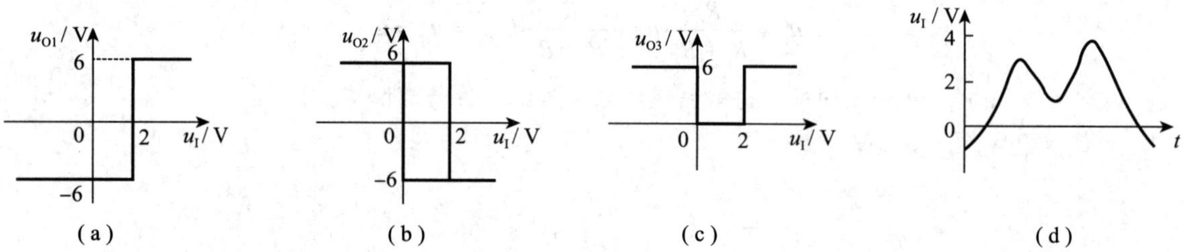

图 7.25

解析 图 7.25（a）所示电压传输特性表明，其电路为单限比较器，当 $u_I > 2\,\mathrm{V}$ 时，$u_O = 6\,\mathrm{V}$，当 $u_I < 2\,\mathrm{V}$ 时，$u_O = -6\,\mathrm{V}$。

图 7.25（b）所示电压传输特性表明，其电路为反相输入的滞回比较器，输出高、低电平为 ±6 V，$U_{T1} = 0\,\mathrm{V}$，$U_{T2} = 2\,\mathrm{V}$。

图 7.25（c）所示电压传输特性表明，其电路为窗口比较器，输出高电平为 6 V，低电平为 0 V，$U_{T1} = 0\,\mathrm{V}$，$U_{T2} = 2\,\mathrm{V}$。当 $u_I < 0\,\mathrm{V}$ 和 $u_I > 2\,\mathrm{V}$ 时，$u_O = 6\,\mathrm{V}$，当 $0\,\mathrm{V} < u_I < 2\,\mathrm{V}$ 时，$u_O = 0\,\mathrm{V}$。

根据上述分析，输出电压波形如图 7.26 所示。

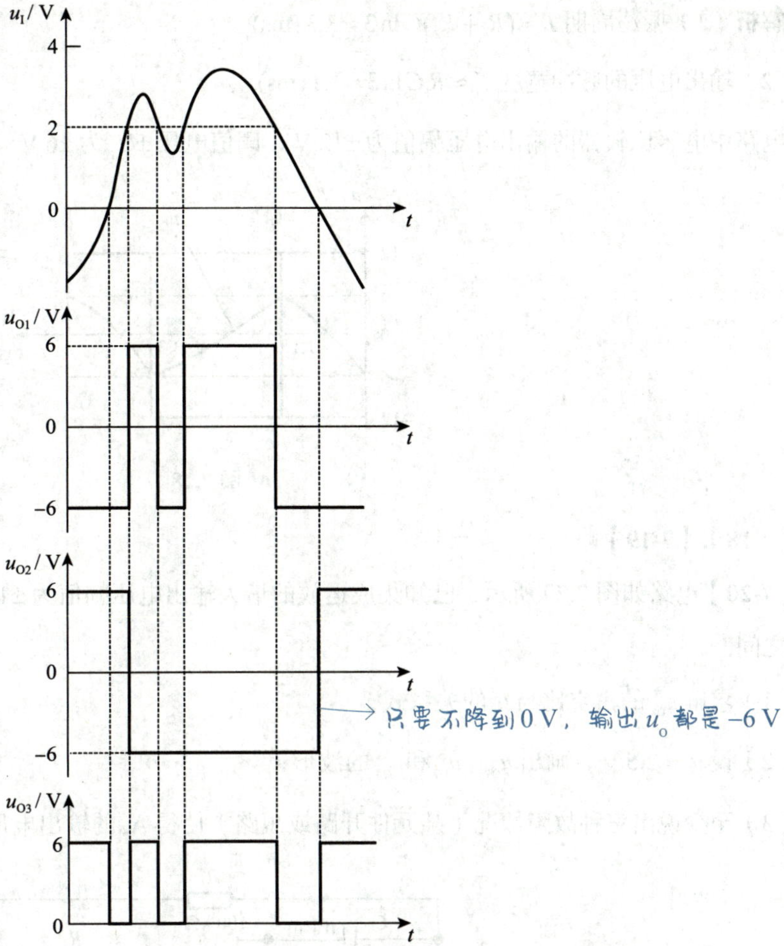

图 7.26

【7-15】、【7-16】略。

【7-17】在图 7.27 所示电路中，已知 $R_1 = 10\,\text{k}\Omega$，$R_2 = 20\,\text{k}\Omega$，$C = 0.1\,\mu\text{F}$，集成运放的最大输出电压幅值为 ±12 V，二极管的动态电阻可忽略不计。

（1）求出电路的振荡周期；

（2）画出 u_O 和 u_C 的波形。

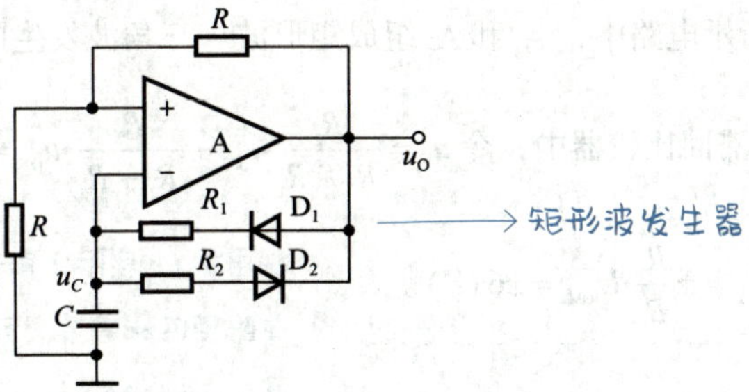

图 7.27

解析（1）振荡周期 $T\approx(R_1+R_2)C\ln3\approx3.3\,(\text{ms})$。

（2）输出电压的脉冲宽度 $T_1\approx R_1C\ln3\approx1.1\,(\text{ms})$。

电路中电压比较器的输出电压幅值为 ±12 V，阈值电压 $\pm U_T$ 为 ±6 V。u_O和u_C的波形如图 7.28 所示。

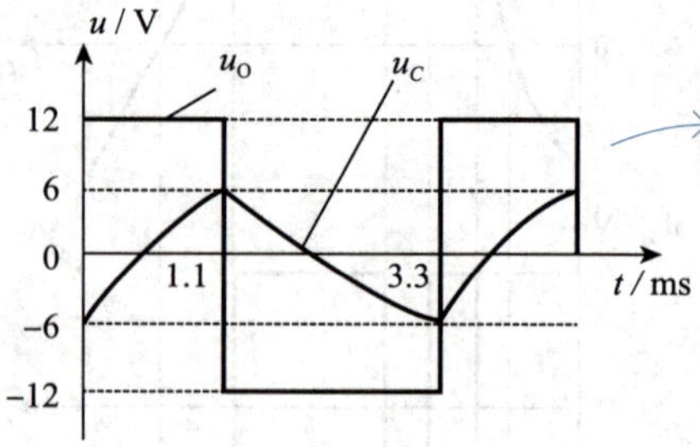

$u_O>0$ V 时，D_1 导通，C 充电
$u_O<0$ V 时，D_2 导通，C 放电

图 7.28

【7-18】、【7-19】略。

【7-20】电路如图 7.29 所示，已知集成运放的最大输出电压幅值为 ±12 V，u_I 的数值在 u_{O1} 的峰 – 峰值之间。

（1）求解 u_{O3} 的占空比与 u_I 的关系式；

（2）设 $u_I=2.5$ V，画出 u_{O1}、u_{O2}和u_{O3} 的波形；

（3）至少说出三种故障情况（某元件开路或短路）使得 A_2 的输出电压 u_{O2} 恒为 12 V。

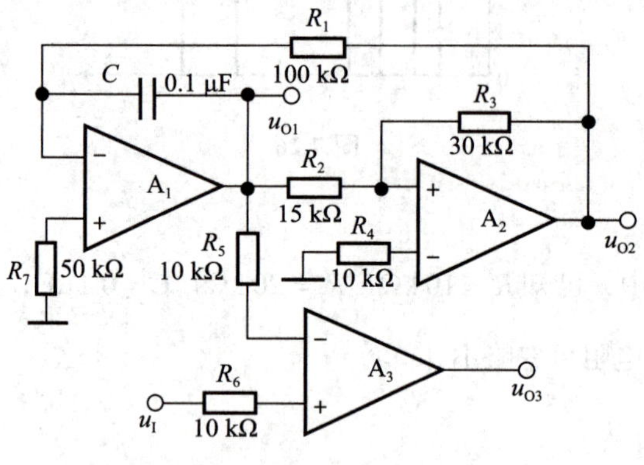

图 7.29

解析 在图 7.29 所示电路中，A_1 和 A_2 组成矩形波 – 三角波发生电路。

（1）在 A_2 组成的滞回比较器中，令 $u_P=\dfrac{R_2}{R_2+R_3}\cdot u_{O2}+\dfrac{R_3}{R_2+R_3}\cdot u_{O1}=0\,(\text{V})$。

求出阈值电压 $\pm U_T=\pm\dfrac{R_2}{R_3}\cdot U_{OM}=\pm6\,(\text{V})$。

这里的 U_T 实际上就是 u_{O1}，u_I 在 u_{O1} 的峰 – 峰值之间，A_3 为单限滞回比较器，所以当 $u_I>u_{O1}$ 时，$u_{O3}=U_{OM}=+12\,(\text{V})$，当 $u_I<u_{O1}$ 时，$u_{O3}=-U_{OM}=-12\,(\text{V})$，$u_{O3}$ 波形如图 7.30 所示。u_{O3} 周期即三角波周期 T

在 A_1 组成的积分运算电路中，运算关系式为 $u_{O1}=-\dfrac{1}{R_1C}u_{O2}(t_2-t_1)+u_{O1}(t_1)$。

在 1/2 振荡周期内，积分起始值 $u_{O1}(t_1)=-U_T=-6\,(\text{V})$，终了值 $u_{O1}(t_1)=U_T=6\,(\text{V})$，$u_{O2}=-U_{OM}=-12\,(\text{V})$，代入上式得 $6=-\dfrac{1}{10^5\times10^{-7}}\times(-12)\times\dfrac{T}{2}-6$，求出振荡周期 $T=20\text{ ms}$。

求解脉冲宽度 T_1，可以看成是三角波从 $6\text{ V}\rightarrow u_I$ 的时间 $T-T_1$，所以 $u_I=-\dfrac{1}{R_1C}u_{O2}\cdot\dfrac{T-T_1}{2}+u_{O1}(t_1)$，故

6 V

$$u_I=-\frac{12}{100\times10^3\times0.1\times10^{-6}}\cdot\frac{T-T_1}{2}+6$$

则 $T_1=\dfrac{6+u_I}{600}\text{s}$，所以占空比 $q=\dfrac{T_1}{T}=\dfrac{6+u_I}{12}$。

（2）u_{O1}、u_{O2} 和 u_{O3} 的波形如图 7.30 所示。

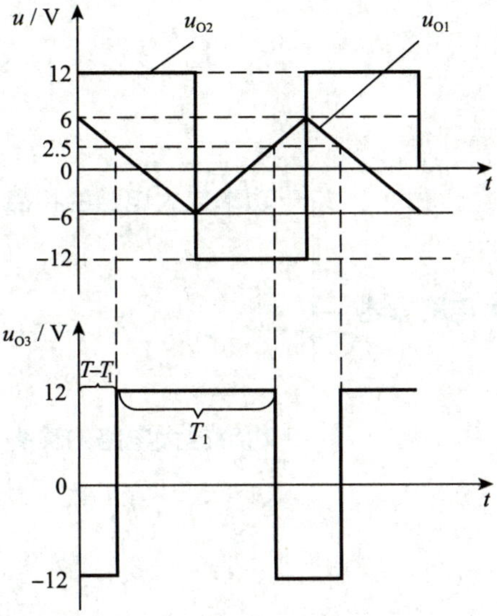

图 7.30

（3）可能的情况有：C 断路或者短路，R_1 开路，R_3 开路。→也就是不要让 A_1 的 C 进行充电或者放电

【7-21】～【7-30】略。

第八章　功率放大电路

本章主要讲述了功率放大电路的特点与组成，最大输出功率和效率的求解，以及互补功率放大电路。其中最大输出功率、效率、晶体管的选择为重点。

划重点

知识架构

- 功率放大电路
  - 功率放大电路概述
    - 功率放大电路的特点
    - 功率放大电路的种类
      - 无输出变压器的功率放大电路（OTL电路）
      - 无输出电容的功率放大电路（OCL电路）
      - 桥式推挽功率放大电路（BTL电路）
  - 互补功率放大电路
    - 电路组成及工作原理
    - 输出功率及效率
    - 电路中晶体管的选择

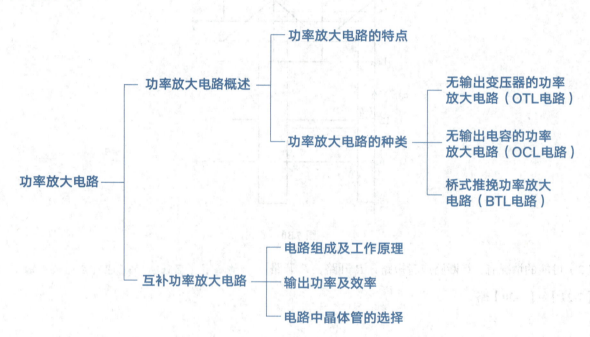

1. 功率放大电路概述

功率放大电路的定义：能够向负载提供足够信号功率的放大电路称为功率放大电路。

功率放大电路的主要技术指标：——> 知其定义并会求解

（1）最大输出功率 P_{om}：在电路参数已经确定的情况下，负载所能接收到的最大交流功率值。

（2）转换效率 η：功率放大电路的最大输出功率与其电源所提供的总功率之间的比值。

与一般的放大电路相比，功率放大电路不仅仅追求电压或电流的放大，而是更注重以下两点要求：一是要尽可能地提高输出功率，确保负载能够获得足够的能量；二是要尽可能地提升效率，使得电源提供的功率能够更高效地转化为输出功率（即最大化 P_{om}，并提升 η）。

最大输出功率和效率的求解方法：

对于功率放大电路，若求出最大不失真输出电压 U_{om}（有效值），则可得最大输出功率

$$P_{om}=\frac{U_{om}^2}{R_L}$$

若供电电源电压为 V_{CC}，输出平均电流为 $I_{CQ(AV)}$，则电源提供的功率为

$$P_V=I_{CQ(AV)}V_{CC}$$

效率

$$\eta=\frac{P_{om}}{P_V}$$

每只管子的管耗 P_T 等于每管由电源输入的直流功率与每管输出的交流功率之差。

单管管耗
$$P_T=P_V-P_o$$

晶体管最大功耗
$$P_{T\max}=\frac{1}{\pi^2}\frac{V_{CC}^2}{R_L}=\frac{2}{\pi^2}P_{om}\approx 0.2P_{om}$$

2. 功率放大电路的种类

常见功率放大电路一览表如表 8.1 所示。

表 8.1

电路名称	OCL 电路	OTL 电路	BTL 电路	变压器耦合乙类推挽电路
电路组成	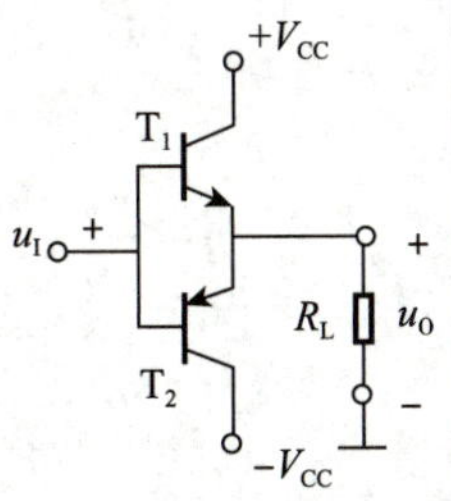	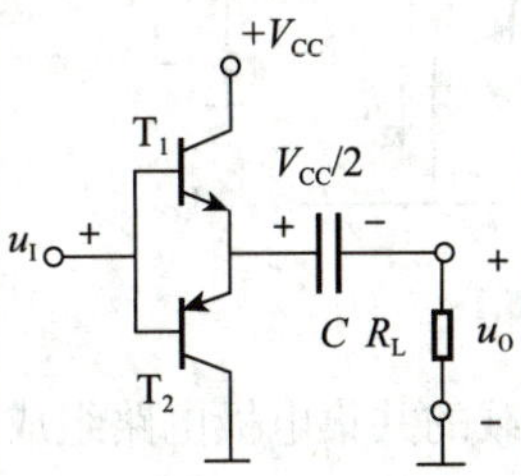	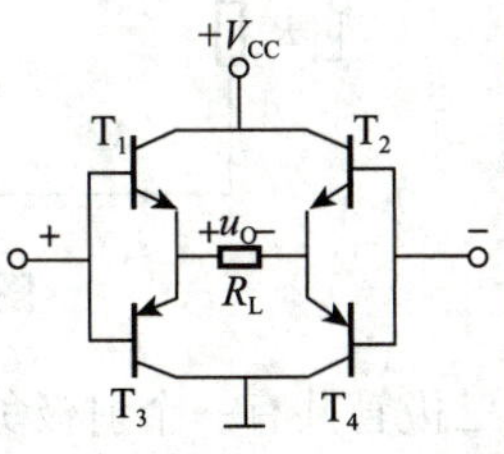	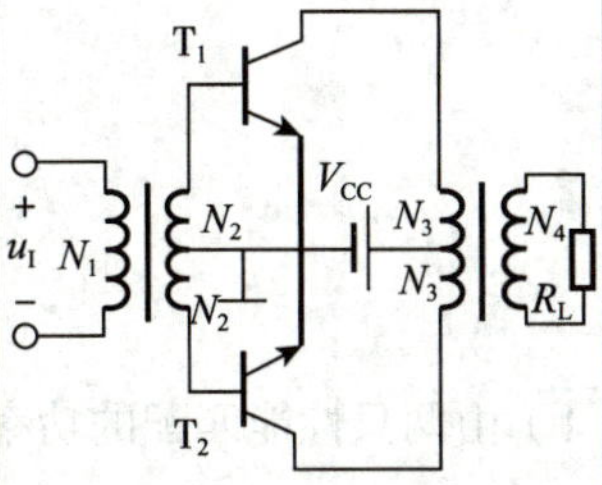

续表

电路名称	OCL 电路	OTL 电路	BTL 电路	变压器耦合乙类推挽电路
U_{om}	$\frac{V_{CC}-\lvert U_{CES}\rvert}{\sqrt{2}}$	$\frac{V_{CC}/2-\lvert U_{CES}\rvert}{\sqrt{2}}$	$\frac{V_{CC}-2\lvert U_{CES}\rvert}{\sqrt{2}}$	N_3上：$\frac{V_{CC}-\lvert U_{CES}\rvert}{\sqrt{2}}$
P_{om}	$\frac{(V_{CC}-\lvert U_{CES}\rvert)^2}{2R_L}$	$\frac{(V_{CC}/2-\lvert U_{CES}\rvert)^2}{2R_L}$	$\frac{(V_{CC}-2\lvert U_{CES}\rvert)^2}{2R_L}$	一次功率：$\frac{(V_{CC}-\lvert U_{CES}\rvert)^2}{2R_L'}$ $R_L'=\left(\frac{N_3}{N_4}\right)^2 R_L$
η	$\frac{\pi}{4}\cdot\frac{V_{CC}-\lvert U_{CES}\rvert}{V_{CC}}$	$\frac{\pi}{4}\cdot\frac{V_{CC}/2-\lvert U_{CES}\rvert}{V_{CC}/2}$	$\frac{\pi}{4}\cdot\frac{V_{CC}-2\lvert U_{CES}\rvert}{V_{CC}}$	$\frac{\pi}{4}\cdot\frac{V_{CC}-\lvert U_{CES}\rvert}{V_{CC}}$
特点	双电源供电，效率较高，P_{om}决定于V_{CC}，低频特性好	单电源供电，效率较高，P_{om}决定于$V_{CC}/2$，低频特性差	单电源供电，效率较 OCL 电路低，P_{om}决定于V_{CC}，低频特性好	单电源供电，可实现阻抗变换，P_{om}可很大，效率低，低频特性差，笨重

功率放大电路的分类。

甲类：功放管在正弦波信号的整个周期内均导通，即导通角为$\theta=2\pi$。静态电流大于零。管耗大，效率低，仅适用于小信号的放大和驱动。

乙类：功放管在正弦波信号的半个周期内导通，即导通角为$\theta=\pi$。静态电流等于零。效率高，存在交越失真，用于功率放大电路。

甲乙类：功放管在正弦波信号大于半个周期且小于一个周期内导通，即导通角为$\pi<\theta<2\pi$。静态电流很小。效率高，消除了交越失真，用于功率放大电路。

3. 互补功率放大电路（以 OCL 电路为例）（见图 8.1）

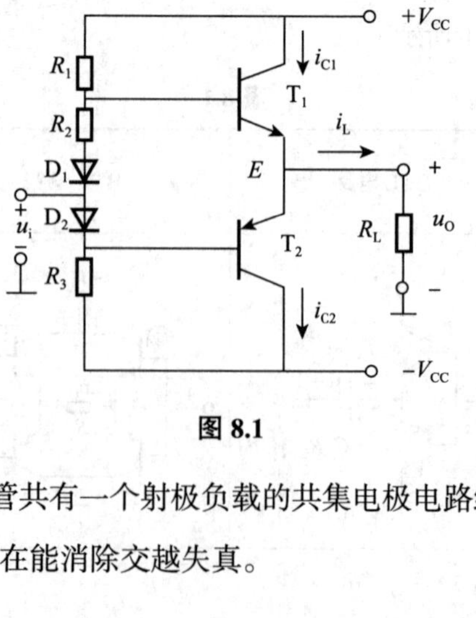

图 8.1

（1）由两只性能匹配的功率三极管共有一个射极负载的共集电极电路组成。

（2）二极管 D_1、D_2 和电阻 R_2 的存在能消除交越失真。

（3）双电源供电。

工作原理： U_{B1B2} 略大于 T_1 管发射结和 T_2 管发射结开启电压之和，从而使两只管子均处于微导通态，即调节 R_2，设置静态工作点，可使 U_{B1} 为 0.7 V，U_{B2} 为 −0.7 V，输出电压 U_E 为零。

主要性能指标计算：

最大输出功率
$$P_{om}=\frac{U_{om}^2}{R_L}=\frac{(V_{CC}-|U_{CES}|)^2}{2R_L}$$

效率
$$\eta=\frac{P_{om}}{P_V}=\frac{\pi}{4}\cdot\frac{V_{CC}-|U_{CES}|}{V_{CC}}$$

其中，直流电源提供的功率

$$P_V=\frac{2}{\pi}\cdot\frac{V_{CC}(V_{CC}-|U_{CES}|)}{R_L}$$

在理想情况下，即饱和管压降可以忽略不计的情况下：

$$P_{om}=\frac{U_{om}^2}{R_L}=\frac{V_{CC}^2}{2R_L}$$

$$\eta=\frac{P_{om}}{P_V}=\frac{\pi}{4}\approx 78.5\%$$

其中
$$P_V=\frac{2}{\pi}\cdot\frac{V_{CC}^2}{R_L}$$

电路中晶体管的选择：

最大耐压值：$U_{(BR)CEO}>2V_{CC}$；

最大集电极电流：$I_{CM}>\frac{V_{CC}}{R_L}$；

最大允许管耗：$P_{CM}>0.2P_{om}$。

斩题型

题型 1 考查功率放大电路中的基本概念

破题小记一笔

功率放大电路的组成、种类、工作原理都需要理解并掌握。特别是各类功率放大器的最大不失真输出电压的有效值，是求解最大输出功率的关键。

例 1 甲乙类功放的效率最大可达（　　）。 ——> 在理想情况下，才能够达到78.5%

A. 25%　　B. 50%　　C. 75%　　D. 78.5%

答案 D

例 2 OCL 电路是________，OTL 电路是________。

答案 无输出电容的功率放大电路，无输出变压器的功率放大电路

星峰点悟

表 8.1 中常见的几种功率放大电路中的各项指标大家不仅要熟记，还要自己会推导，不要只是一味地记公式。

题型 2 求解功率放大电路的最大输出功率、效率等

破题小记一笔

与负反馈电路相结合是功率放大电路最常见的一种出题方式，特别是基本放大电路或者运放与 OCL 电路和 OTL 电路相结合，求解最大输出功率、如何添加电阻连接构成负反馈电路等问题。

例 3 图 8.2 所示电路中，已知 $V_{CC}=15\text{ V}$，$R_L=4\,\Omega$，T_1 和 T_2 管的饱和管压降 $|U_{CES}|=3\text{ V}$，输入电压足够大。求：每只管子可能承受的最大管压降 $|U_{CE\max}|$、每只管子的最大功耗 $P_{T\max}$ 以及电路的效率 η。

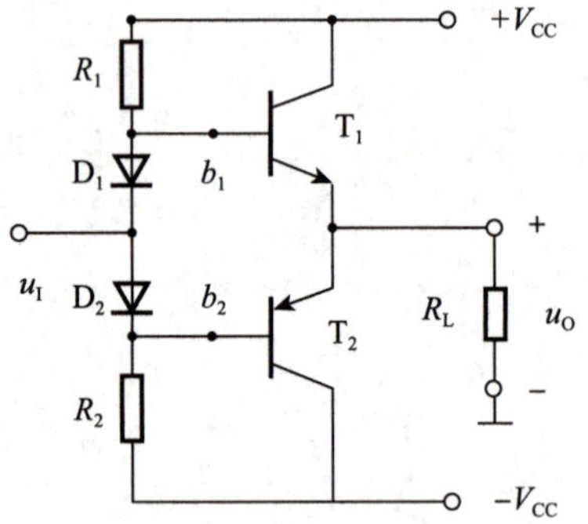

图 8.2

解析 当 T_1 管导通且输出电压最大时，T_2 管所承受的最大管压降为

$$|U_{CE\max}|=2V_{CC}=30\,(\text{V})$$

每只管子的最大功耗 $P_{T\max}=\dfrac{V_{CC}^2}{\pi^2 R_L}\approx 5.7\,(\text{W})$。

电路的效率 $\eta=\dfrac{P_{om}}{P_V}=\dfrac{\pi}{4}\cdot\dfrac{V_{CC}-|U_{CES}|}{V_{CC}}\approx 62.8\%$。

例 4 在图 8.3 所示电路中，已知 $V_{CC}=15\text{ V}$，T_1 和 T_2 管的饱和管压降 $|U_{CES}|=1\text{ V}$，集成运放的最大输出电压幅值为 ±13 V，二极管的导通电压为 0.7 V。

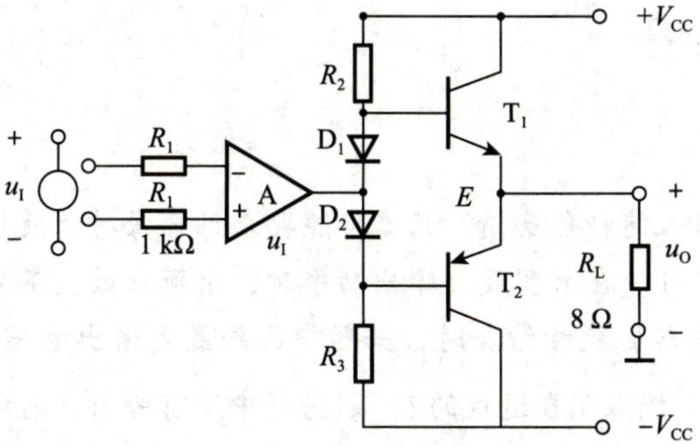

图 8.3

（1）若输入电压幅值足够大，则电路的最大输出功率为多少？

（2）为了提高输入电阻，稳定输出电压，且减小非线性失真，应引入哪种组态的交流负反馈？画出电路图；

（3）若 $\dot{U}_i=0.1\text{ V}$ 时，$\dot{U}_o=5\text{ V}$，则反馈网络中电阻的取值约为多少？

解析（1）输出电压幅值和最大输出功率分别为 → 这里大家要注意审题，题中已知集成运放的最大输出电压幅值为 ±13 V。所以 U_{omax} 不能用 $V_{CC}-|U_{CES}|$，只能限制在 13 V

$$U_{omax}\approx 13\text{ V}$$

$$P_{om}=\frac{(U_{omax}/\sqrt{2})^2}{R_L}\approx 10.6\text{ (W)}$$

（2）应引入电压串联负反馈，电路如图 8.4 所示。

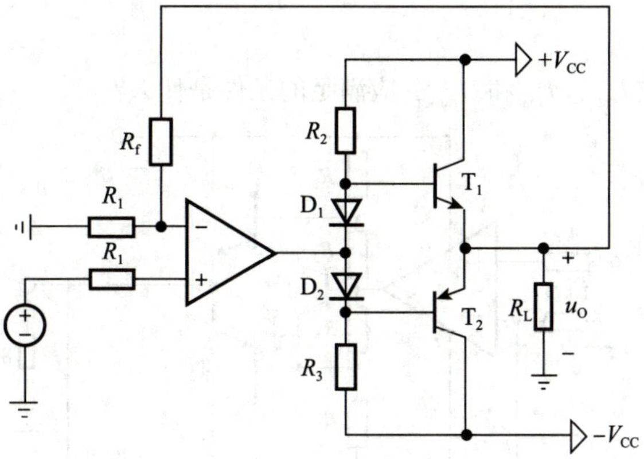

图 8.4

（3）在深度负反馈条件下，电压放大倍数为

$$\dot{A}_u = 1 + \frac{R_f}{R_1} = \frac{\dot{U}_o}{\dot{U}_i} = 50$$

因为$R_1 = 1\,\text{k}\Omega$，所以$R_f = 49\,\text{k}\Omega$。

星峰点悟

若题目增加一问：求应引入何种负反馈？只需按照要求结合每种负反馈对电路带来的影响，通过瞬时极性法判断连线即可。在求解最大输出功率时，求解出最大不失真输出电压即可求出最大输出功率，但是要注意与运放相结合时，若题中已知最大输出电压就要考虑到运放的性质，$U_{o\max}$不能用$V_{CC}-|U_{CES}|$，只能限制在运放的U_{om}。若题中没有给出，则按照$V_{CC}-|U_{CES}|$计算。

题型 3 运放中晶体管的极限参数的求解

破题小记一笔

对极限参数的求解一般都是将题型 2 中的参数指标求解完之后加的一个小问，为了加深同学们对这个知识点的理解，此处单独列为一个题型。

例 5 电路如图 8.5 所示，已知T_1和T_2管的饱和管压降$|U_{CES}|=2\,\text{V}$，$R_1=1\,\text{k}\Omega$，$R_L=8\,\Omega$，直流功耗可忽略不计。

（1）计算电路的最大输出功率P_{om}；

（2）判断电路引入的负反馈类型，并说明引入的负反馈可改善功率放大器哪些性能指标？

（3）设最大输入电压的峰值为 0.05 V，为使电路最大不失真输出电压的峰值达到 16 V，问电阻R_6至少应取多少kΩ？

（4）说明 BJT 的极限参数I_{CM}、P_{CM}和$U_{(BR)CEO}$应满足的条件是什么？

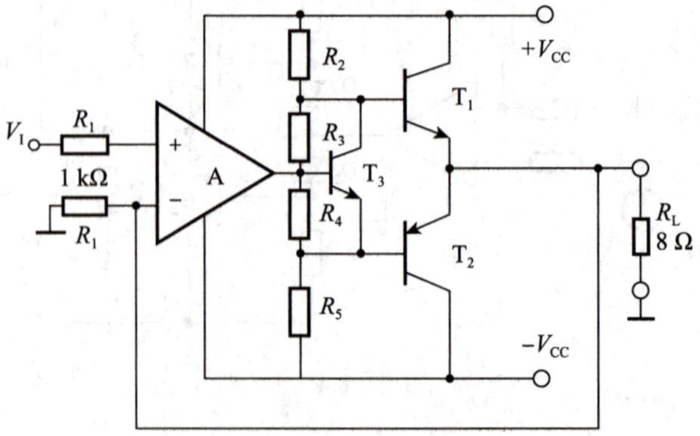

图 8.5

解析（1）

$$P_{om}=\frac{\left(\frac{V_{CC}-|U_{CES}|}{\sqrt{2}}\right)^2}{R_L}=\frac{(V_{CC}-|U_{CES}|)^2}{2R_L}=\frac{(V_{CC}-2)^2}{2R_L}$$

（2）电压串联负反馈。

优点：①提高增益的稳定性（稳定输出电压）；

②减小非线性失真；

③抑制反馈内噪声；

④提高 R_i，减小 R_o；

⑤扩展通频带。

（3）电路如图 8.6 所示。

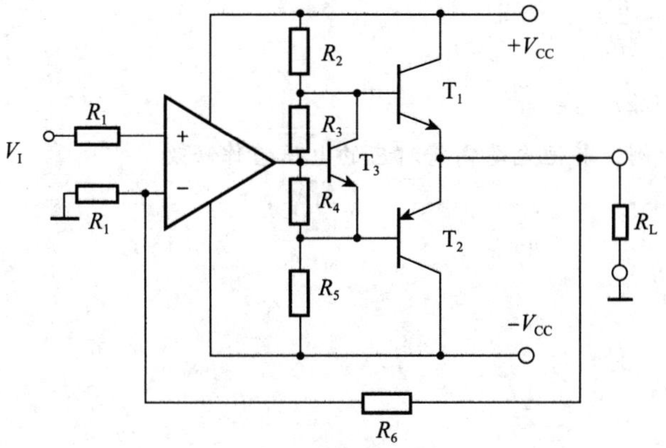

图 8.6

$$V_I=V_f=\frac{R_1}{R_1+R_6}V_o$$

V_I峰值 = 0.05 V，则

$$R_6=\frac{V_o-V_I}{V_I}R_1=319\ (\text{k}\Omega)$$

（4）

$$I_{CM}>\frac{V_{CC}}{R_L}$$

$$U_{(BR)CEO}>2V_{CC}$$

$$P_{CM}>0.2P_{om}$$

星峰点悟

在理想情况下，即饱和管压降可以忽略不计时：

$$P_{om}=\frac{U_{om}^2}{R_L}=\frac{V_{CC}^2}{2R_L}$$

$$\eta=\frac{P_{om}}{P_V}=\frac{\pi}{4}\approx 78.5\%$$

其中

$$P_V=\frac{2}{\pi}\cdot\frac{V_{CC}^2}{R_L}$$

电路中晶体管的选择。

最大耐压值：$U_{(BR)CEO}>2V_{CC}$；

最大集电极电流：$I_{CM}>\frac{V_{CC}}{R_L}$；

最大允许管耗：$P_{CM}>0.2P_{om}$。

本题是以 OCL 电路为例，其他电路需将对应的电压值作修改。

解习题

【8-1】~【8-3】略。

【8-4】在图 8.7 所示电路中，已知 $V_{CC}=16\text{ V}$，$R_L=4\,\Omega$，T_1 和 T_2 管的饱和管压降 $|U_{CES}|=2\text{ V}$，输入电压足够大，试问：

（1）最大输出功率 P_{om} 和效率 η 各为多少？

（2）晶体管的最大功耗 $P_{T\max}$ 为多少？

（3）为了使输出功率达到 P_{om}，输入电压的有效值约为多少？

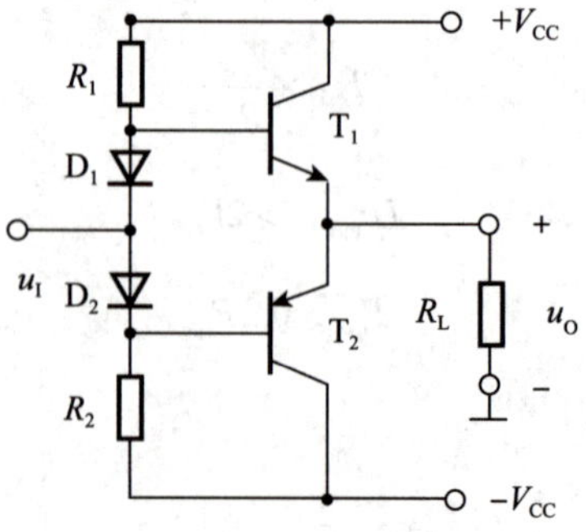

图 8.7

解析（1）最大输出功率和效率分别为

$$P_{om}=\frac{(V_{CC}-|U_{CES}|)^2}{2R_L}=\frac{(16-2)^2}{2\times 4}=24.5\,(W)$$

$$\eta=\frac{\pi}{4}\times\frac{V_{CC}-|U_{CES}|}{V_{CC}}=\frac{\pi}{4}\times\frac{16-2}{16}\times 100\%\approx 68.7\%$$

（2）晶体管的最大功耗

$$P_{T\max}=\frac{V_{CC}^2}{\pi^2 R_L}=\frac{16^2}{\pi^2\times 4}\approx 6.48\,(W)$$

（3）输出功率为 P_{om} 时，输入电压的有效值为

→接近最大不失真输出电压有效值

$$U_i\approx U_{om}\approx\frac{V_{CC}-|U_{CES}|}{\sqrt{2}}=\frac{16-2}{\sqrt{2}}\approx 9.9\,(V)$$

【8-5】、**【8-6】**略。

【8-7】在图 8.8 所示电路中，已知 T_2 和 T_4 管的饱和管压降 $|U_{CES}|=2\,V$，静态时电源电流可忽略不计。试问：

（1）负载上可能获得的最大输出功率 P_{om} 和效率 η 各约为多少？

（2）T_2 和 T_4 管的最大集电极电流、最大管压降和集电极最大功耗各约为多少？

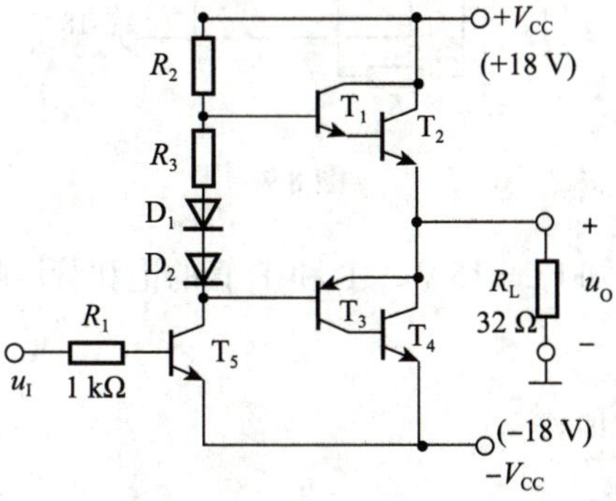

→OCL电路

图 8.8

解析（1）最大输出功率和效率分别为

$$P_{om}=\frac{(V_{CC}-|U_{CES}|)^2}{2R_L}=\frac{(18-2)^2}{2\times 32}=4\,(W)$$

$$\eta=\frac{\pi}{4}\times\frac{V_{CC}-|U_{CES}|}{V_{CC}}=\frac{\pi}{4}\times\frac{18-2}{18}\times 100\%\approx 69.8\%$$

（2）T_2 和 T_4 管的最大集电极电流、最大管压降和集电极最大功耗分别为

$$I_{C\max}=\frac{V_{CC}-|U_{CES}|}{R_L}=\frac{18-2}{32}=0.5\,(A)$$

$$U_{CE\max}=2V_{CC}-U_{CES}=2\times18-2=34\,(\text{V})$$

$$P_{T\max}=\frac{V_{CC}^2}{\pi^2R_L}=\frac{18^2}{\pi^2\times32}\approx1.03\,(\text{W})$$

【8-8】 为了稳定输出电压，减小非线性失真，请通过电阻 R_f 在图 8.8 所示电路中引入合适的负反馈，并估算在电压放大倍数数值约为 10 的情况下，R_f 的取值。 表明要引入电压负反馈

解析 应引入电压并联负反馈，由输出端经反馈电阻 R_f 接 T_5 管基极，如图 8.9 所示。

在深度负反馈情况下，电压放大倍数

$$\dot{A}_{uf}\approx-\frac{R_f}{R_1},\ |\dot{A}_{uf}|\approx10$$

因为 $R_1=1\,\text{k}\Omega$，所以 $R_f\approx10\,\text{k}\Omega$。

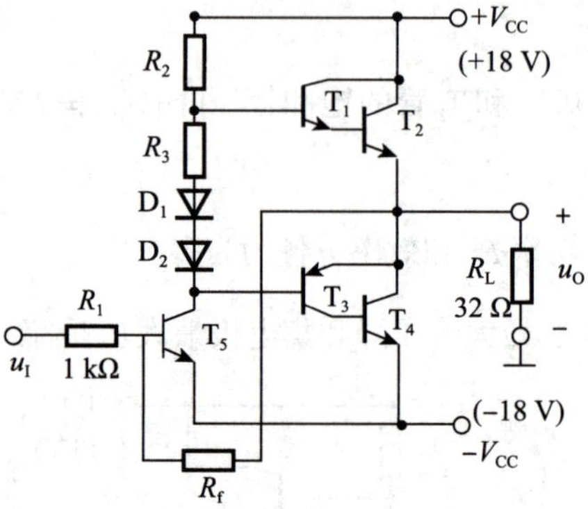

图 8.9

【8-9】 在图 8.10 所示电路中，已知 $V_{CC}=15\,\text{V}$，T_1 和 T_2 管的饱和管压降 $|U_{CES}|=2\,\text{V}$，输入电压足够大，求解：

（1）最大不失真输出电压的有效值；

（2）负载电阻 R_L 上电流的最大值；

（3）最大输出功率 P_{om} 和效率 η。

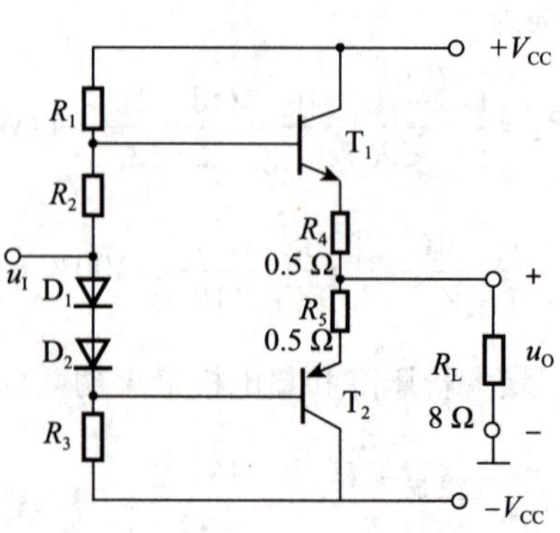

图 8.10

解析（1）最大不失真输出电压的有效值

$$U_{om}=\frac{\dfrac{R_L}{R_4+R_L}\cdot(V_{CC}-|U_{CES}|)}{\sqrt{2}}\approx 8.65\,(\mathrm{V})$$

（2）负载电阻 R_L 上电流最大值

$$i_{L\max}=\frac{V_{CC}-|U_{CES}|}{R_4+R_L}\approx 1.53\,(\mathrm{A})$$

（3）最大输出功率和效率分别为

$$P_{om}=\frac{U_{om}^2}{R_L}\approx 9.35\,(\mathrm{W})$$

$$\eta=\frac{\pi}{4}\cdot\frac{V_{CC}-|U_{CES}|-U_{R4}}{V_{CC}}\approx 64\%$$

$U_{R_4}=\dfrac{R_4}{R_4+R_L}\cdot(V_{CC}-|U_{CES}|)$

【8-10】、【8-11】略。

【8-12】OTL 电路如图 8.11 所示。

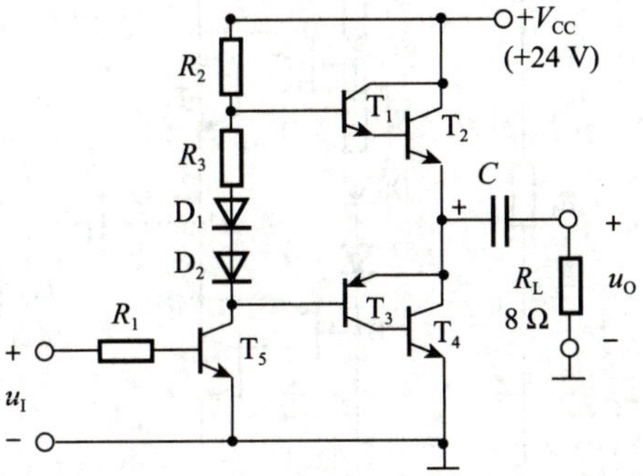

图 8.11

（1）为了使得最大不失真输出电压幅值最大，静态时 T_2 和 T_4 管的发射极电位应为多少？若不合适，则一般应调节哪个元件参数？

（2）若 T_2 和 T_4 管的饱和管压降 $|U_{CES}|=3\,\mathrm{V}$，输入电压足够大，则电路的最大输出功率 P_{om} 和效率 η 各为多少？

（3）T_2 和 T_4 管的 I_{CM}、$U_{(BR)CEO}$ 和 P_{CM} 应如何选择？

解析（1）发射极电位 $U_E=V_{CC}/2=12\,(\mathrm{V})$，若不合适，则偏差小时应调节 R_3，偏差大时应调节 R_2。

二极管导通时，电阻忽略不计，R_2、R_3 可用来调节 U_{B1B3} 电压，且 $(R_2\gg R_3)$

（2）最大输出功率 P_{om} 和效率 η 分别为

$$P_{om}=\frac{(V_{CC}/2-|U_{CES}|)^2}{2R_L}\approx 5.06\,(\mathrm{W})$$

$$\eta=\frac{\pi}{4}\cdot\frac{V_{CC}/2-|U_{CES}|}{V_{CC}/2}\approx 58.9\%$$

（3）T_2 和 T_4 管的 I_{CM}、$U_{(BR)CEO}$ 和 P_{CM} 的选择原则分别为

$$I_{CM}>I_{C\max}=\frac{V_{CC}/2}{R_L}=1.5\,(A)$$

$$U_{(BR)CEO}>V_{CC}=24\,(V)$$

$$P_{CM}>P_{T\max}=\frac{(V_{CC}/2)^2}{\pi^2 R_L}\approx 1.82\,(W)$$

【8-13】 已知图 8.12 所示电路中 T_2 和 T_4 管的饱和管压降 $|U_{CES}|=2\,V$，导通时的 $|U_{BE}|=0.7\,V$，输入电压足够大。

（1）A、B、C、D 点的静态电位各为多少？

（2）若管压降 $|U_{CE}|\geqslant 3\,V$，为使最大输出功率 P_{om} 不小于 1.5 W，则电源电压至少应取多少？

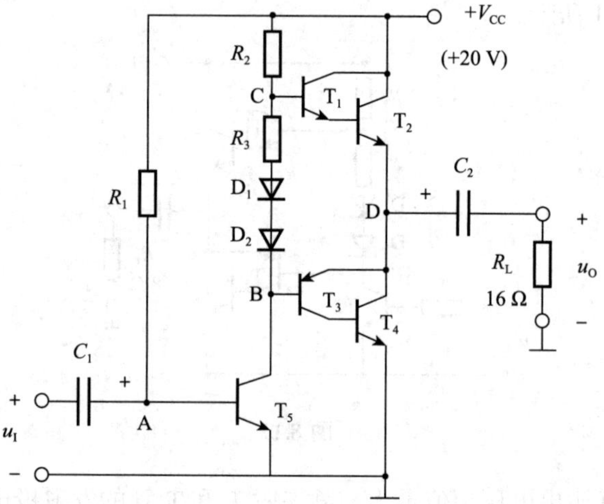

图 8.12

解析（1）静态电位分别为

$$U_D-0.7 \qquad U_D+0.7\times 2 \qquad \frac{V_{CC}}{2}$$

$$U_A=0.7\,V,\ U_B=9.3\,V,\ U_C=11.4\,V,\ U_D=10\,V$$

（2）根据最大输出功率

$$P_{om}=\frac{(V_{CC}/2-|U_{CE}|)^2}{2R_L}=\frac{(V_{CC}/2-3)^2}{2\times 16}\geqslant 1.5\,W$$

可得 $V_{CC}\geqslant 19.9\,V$。

【8-14】～【8-20】 略。

第九章　直流电源

本章主要讲述了直流稳压电源的组成，各部分电路的结构、工作原理、性能指标、作用等。重点包括整流电路、滤波电路、稳压电路。

划重点

知识架构

- 直流电源
  - 直流电源的组成及各部分的作用
  - 整流电路
    - 单相半波整流电路
    - 单相桥式整流电路
  - 滤波电路
    - 电容滤波电路
    - 电感滤波电路
    - 倍压整流电路
  - 稳压管稳压电路
  - 串联型稳压电路
    - 具有放大环节的串联型稳压电路
    - 三端稳压器
  - 开关型稳压电路
    - 串联开关型稳压电路
    - 并联开关型稳压电路

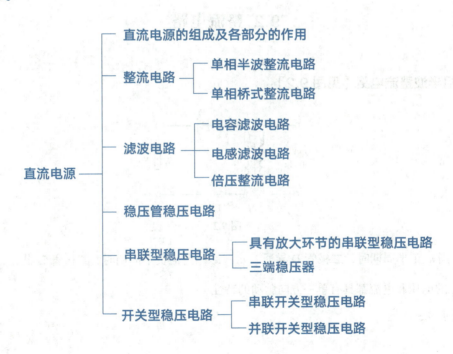

9.1 直流电源的组成及各部分的作用

电源变压器的作用是将电网提供的电压转换成所需幅值的交流电压。整流电路则负责将这种交流电压转换成带有脉动的直流电压。滤波电路的功能是减少这种电压的脉动，使其变得更加平滑。稳压电路则能在电网电压发生波动或负载电流改变时，确保输出电压保持相对稳定。

综上所述，直流稳压电源是一个系统，它通过将交流电依次经过电源变压器、整流电路、滤波电路和稳压电路的处理，最终转换成稳定的直流电，其构成如图 9.1 所示。

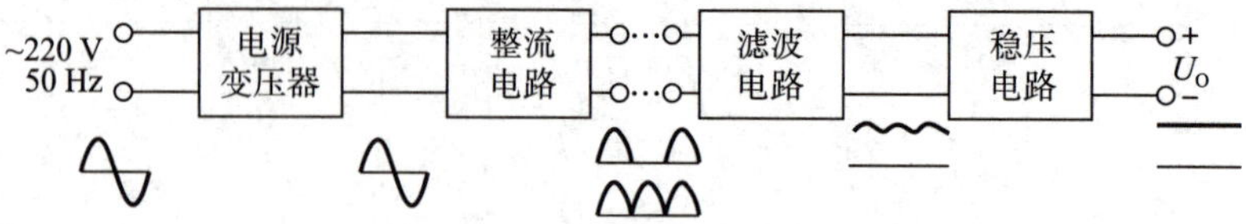

图 9.1

9.2 整流电路

9.2.1 单相半波整流电路（见图 9.2）

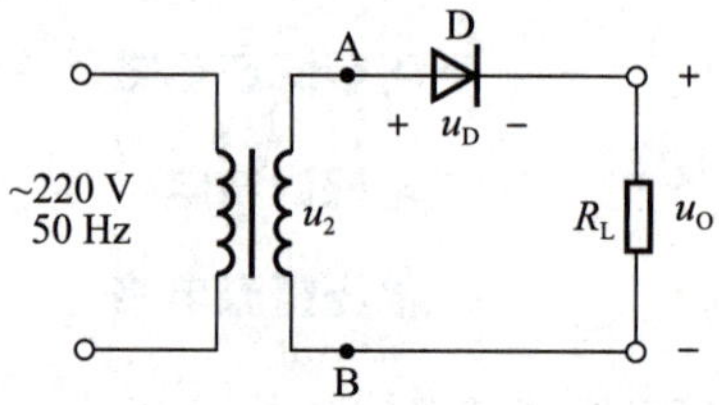

图 9.2

工作原理：当 u_2 正半周期时，二极管 D 导通，$u_o = u_2$；当 u_2 负半周期时，二极管 D 截止，$u_o = 0\text{ V}$，负载电阻 R_L 的电压和电流都具有单一方向脉动的特性。

波形图（见图 9.3）：

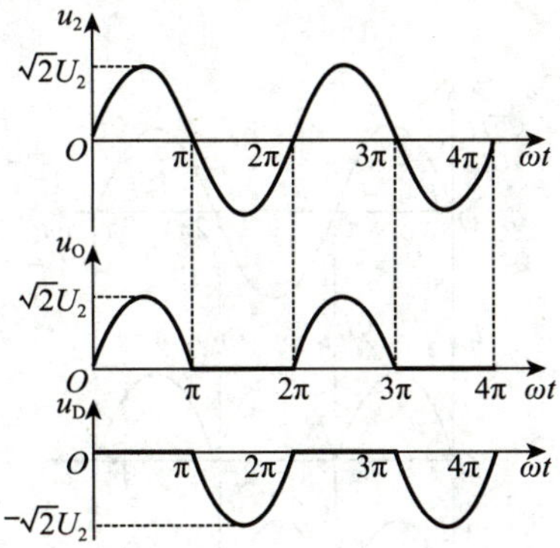

图 9.3

半波整流电路的主要参数（见表 9.1）：输出电压平均值 $U_{O(AV)}$，负载电流平均值 $I_{O(AV)}$，二极管最大整流电流 I_F，二极管最高反向工作电压 U_R。

表 9.1

$U_{O(AV)}$	$\approx 0.45U_2$
$I_{O(AV)}$	$\approx \frac{0.45U_2}{R_L}$
I_F	$> \frac{1.1\times 0.45U_2}{R_L}$
U_R	$> 1.1\sqrt{2}U_2$

9.2.2 单相桥式整流电路（见图 9.4）

工作原理要多看多记，有的题目会换一种电路（不是桥式），要学会分析电路

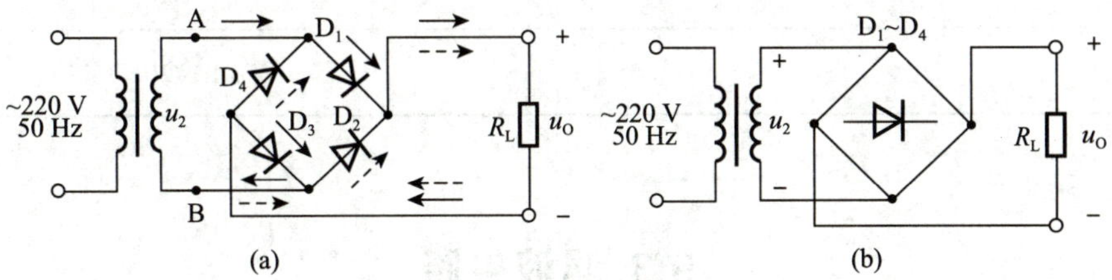

图 9.4

工作原理：当 u_2 正半周期时，电流由 A 点流出，经 D_1、R_L、D_3 流入 B 点，$u_o = u_2$；当 u_2 负半周期时，电流由 B 点流出，经 D_2、R_L、D_4 流入 A 点，$u_o = -u_2$。所以，由于 D_1、D_3 和 D_2、D_4 两对二极管交替导通，致使负载电阻 R_L 上在 u_2 整个周期内都有电流通过，而且方向不变。

波形图如图 9.5 所示。

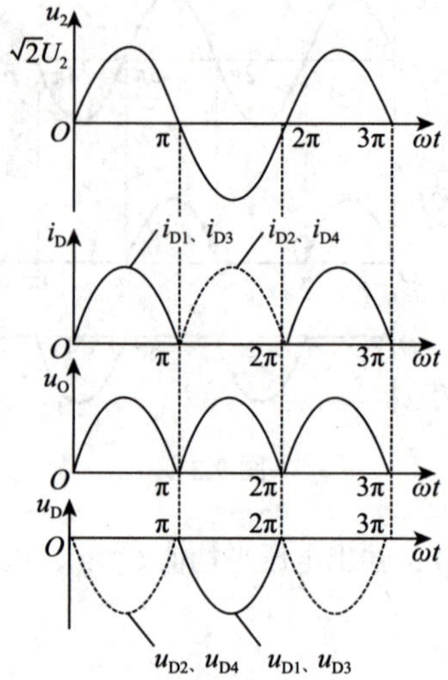

图 9.5

全波整流电路的主要参数（见表 9.2）：输出电压平均值 $U_{O(AV)}$，负载电流平均值 $I_{O(AV)}$，二极管最大整流电流 I_F，二极管最高反向工作电压 U_R。

表 9.2 → 半波整流和全波整流这两个内容要掌握，大题、小题都是很容易出的

$U_{O(AV)}$	$\approx 0.9U_2$
$I_{O(AV)}$	$\approx \dfrac{0.9U_2}{R_L}$
I_F	$> \dfrac{1.1\times 0.45U_2}{R_L}$
U_R	$>1.1\sqrt{2}U_2$

9.3 滤波电路

9.3.1 电容滤波电路（见图 9.6）

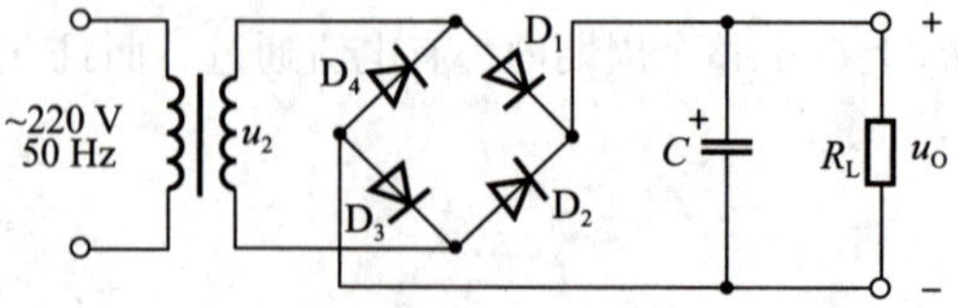

图 9.6

当负载开路（即 $R_L=\infty$）时，$U_{O(AV)}=\sqrt{2}U_2$。当 $R_LC=(3\sim5)T/2$ 时，$U_{O(AV)}\approx1.2U_2$。

为了获得较好的滤波效果，在实际电路中，应选择滤波电容的容量满足 $R_LC=(3\sim5)T/2$ 这个条件。由于采用电解电容，考虑到电网电压的波动范围为 ±10%，电容的耐压值应大于 $1.1\sqrt{2}U_2$。在半波整流电路中，为了获得较好的滤波效果，电容容量应选得更大些。

9.3.2 电感滤波电路（见图 9.7）

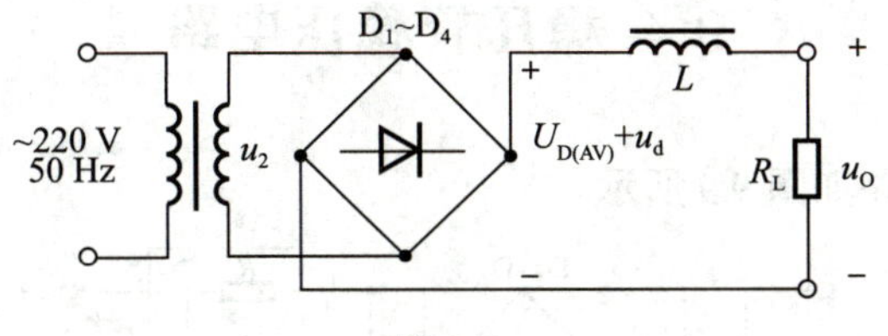

图 9.7

电感滤波后的输出电压平均值

$$U_{O(AV)}=\frac{R_L}{R+R_L}\cdot U_{D(AV)}\approx\frac{R_L}{R+R_L}\cdot 0.9U_2$$

输出电压的交流分量

$$u_o\approx\frac{R_L}{\sqrt{(\omega L)^2+R_L^2}}\cdot u_d\approx\frac{R_L}{\omega L}\cdot u_d$$

电感滤波电路输出电压平均值小于整流电路输出电压平均值，在线圈电阻可忽略的情况下，$U_{O(AV)}\approx0.9U_2$。可以看出，在电感线圈不变的情况下，负载电阻愈小（即负载电流愈大），输出电压的交流分量愈小，脉动愈小。注意，只有在 R_L 远远小于 ωL 时，才能获得较好的滤波效果。显然，L 愈大，滤波效果愈好。

9.3.3 倍压整流电路（见图 9.8）

——> 看见电路认识，理解并会分析工作原理即可

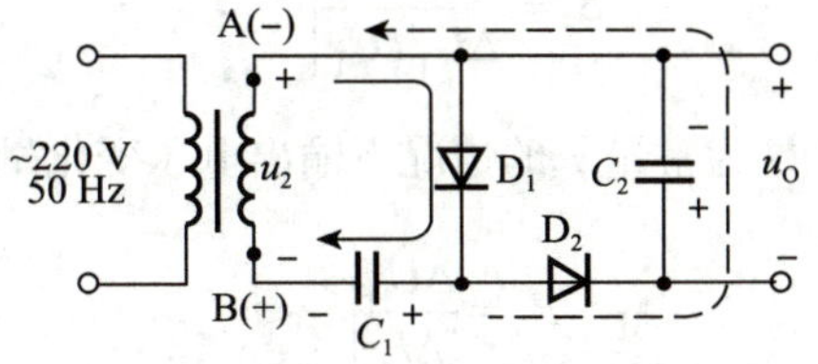

图 9.8

工作原理：当 u_2 正半周期时，A 点为“+”，B 点为“−”，使得二极管 D_1 导通，D_2 截止；C_1 充电，电流如图 9.8 中实线所示；C_1 上电压极性右为“+”、左为“−”，最大值可达 $\sqrt{2}U_2$。当 u_2 负半周期时，

A 点为“–”，B 点为“+”，C_1 上电压与变压器二次电压相加，使得 D_2 导通，D_1 截止；C_2 充电，电流如图 9.8 中虚线所示；C_2 上电压的极性下为“+”、上为“–”，最大值可达 $2\sqrt{2}U_2$。可见，是 C_1 对电荷的存储作用，使输出电压（即电容 C_2 上的电压）为变压器二次电压峰值的 2 倍，利用同样原理可以实现所需倍数的输出电压。

9.4 稳压管稳压电路

这一部分重点掌握，比较容易出大题

由稳压二极管组成的稳压电路如图 9.9 所示。

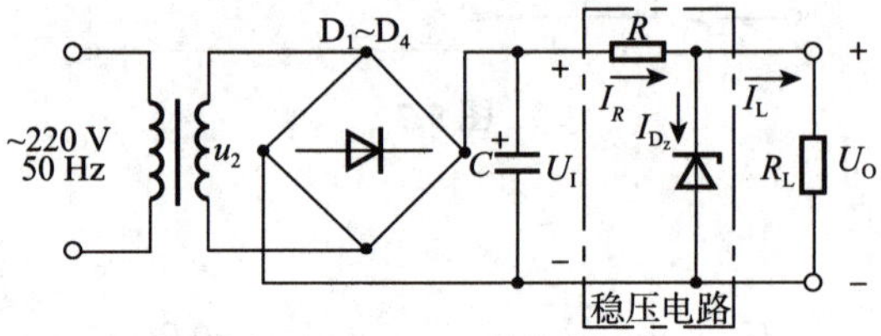

图 9.9

工作原理：

$$电网电压\uparrow\rightarrow U_I\uparrow\rightarrow U_O(U_Z)\uparrow\rightarrow I_{D_Z}\uparrow\rightarrow I_R\uparrow\rightarrow U_R\uparrow$$

$$U_O\downarrow\leftarrow$$

稳压电路的性能指标：

对于任何稳压电路，均可用稳压系数 S_r 和输出电阻 R_o 来描述其稳压性能。

稳压系数是在负载电阻 R_L 一定的情况下，稳压电路输出电压 U_O 相对变化量与输入电压 U_I 相对变化量之比，即

$$S_r = \left.\frac{\Delta U_O / U_O}{\Delta U_I / U_I}\right|_{R_L=常量}$$

输出电阻是在电网电压不变（即 U 为常量）的情况下输出电压变化量和输出电流变化量之比，即

$$R_o = \left.\frac{\Delta U_O}{\Delta I_O}\right|_{U_I=常量}$$

稳压系数：$S_r \approx \frac{r_z}{R}\cdot\frac{U_I}{U_Z}$。

输出电阻：$R_o \approx r_z$。

限流电阻的选择：⟶ 限流电阻的推导过程要好好看一看，并将其掌握，容易出大题

一般来说选取 $U_I=(2\sim3)U_O$，于是根据此值选择整流滤波电路的元件参数。

$$R_{min}=\frac{U_{I\,max}-U_Z}{I_{ZM}+I_{L\,min}}$$

$$R_{max}=\frac{U_{I\,min}-U_Z}{I_Z+I_{L\,max}}$$

其中 $I_{L\,max}=\frac{U_Z}{R_{L\,min}}$，$I_{L\,min}=\frac{U_Z}{R_{L\,max}}$。

9.5 串联型稳压电路

9.5.1 具有放大环节的串联型稳压电路

具有放大环节的串联型稳压电路如图 9.10 所示。

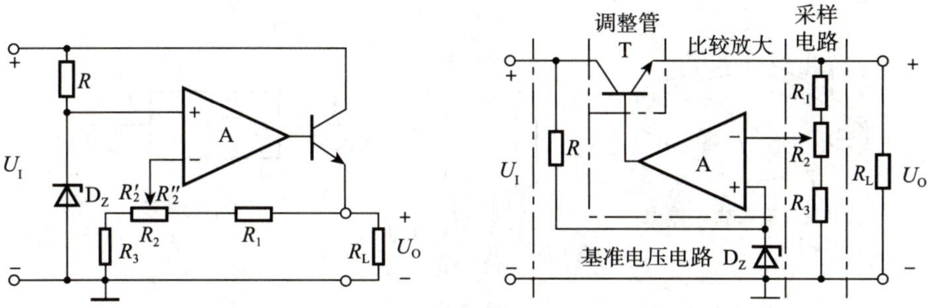

原理电路
（a）

常见画法
（b）

图 9.10

电路组成及作用。

（1）调整管：向负载提供大电流，并通过调节输入与输出电压间的差值，确保输出电压维持在一个相对稳定的水平。

（2）基准电压电路：产生一个稳定且精确的基准电压。

（3）采样电路：对输出电压采样，并将它送到放大环节。

（4）比较放大电路：比较采样电压与基准电压之间的差异，并将这一差值进行放大。

图 9.10（a）中电路输出电压为

$$\frac{R_1+R_2+R_3}{R_2+R_3}\cdot U_Z\leqslant U_O\leqslant\frac{R_1+R_2+R_3}{R_3}\cdot U_Z$$

具有放大环节的串联型稳压电路特别容易出题，尤其是输出电压的求解

根据输出电压的调节范围，可选择所用稳压管的稳定电压 U_Z 和采样电阻的阻值。

设输入电压 U_{I} 随电网电压波动 ±10%，最大负载电流为 $I_{\mathrm{L\,max}}$，且 $I_{\mathrm{L\,min}}$ 远大于采样电阻的电流，则选择调整管的最大发射极电流、最大管压降和集电极的最大功率为

$$\begin{cases} I_{\mathrm{C\,max}} \approx I_{\mathrm{E\,max}} \approx I_{\mathrm{L\,max}} \\ U_{\mathrm{CE\,max}} = 1.1U_{\mathrm{I}} - U_{\mathrm{O\,min}} \\ P_{\mathrm{C\,max}} = I_{\mathrm{C\,max}} U_{\mathrm{CE\,max}} \approx I_{\mathrm{L\,max}}(1.1U_{\mathrm{I}} - U_{\mathrm{O\,min}}) \end{cases}$$

因而，为使调整管安全工作，其最大集电极电流 I_{CM}，c–e 间能够承受的最大管压降 $U_{\mathrm{(BR)CEO}}$ 和集电极最大耗散功率 P_{CM} 应满足

这里也有极限参数的求解，与第八章晶体管极限参数的选择区分清楚

$$\begin{cases} I_{\mathrm{CM}} > I_{\mathrm{L\,max}} \\ U_{\mathrm{(BR)CEO}} > 1.1U_{\mathrm{I}} - U_{\mathrm{O\,min}} \\ P_{\mathrm{CM}} > I_{\mathrm{L\,max}}(1.1U_{\mathrm{I}} - U_{\mathrm{O\,min}}) \end{cases}$$

9.5.2 三端稳压器

如图 9.11 所示为三端稳压器的外形和方框图。

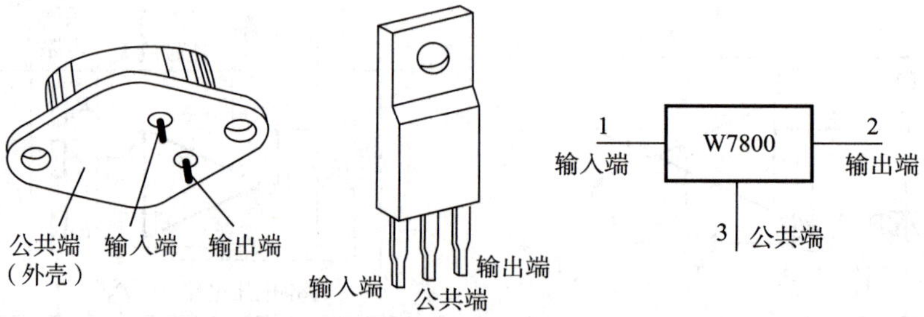

图 9.11

对于解题，同学们主要了解该元件的三端名称以及 W78×× 系列中“××”代表的含义。举个例子，如果是 W7805，即此时“××”是 05，则代表 2、3 之间的输出电压为 5 V；如果是 W7812，即此时“××”是 12，则代表 2、3 之间的输出电压为 12 V。常见的输出电压有 5 V、6 V、9 V、12 V、15 V、18 V 和 24 V。将输入端接整流滤波电路的输出，将输出端接负载电阻，构成串联型稳压电路，其基本的应用电流解法如图 9.12 所示。

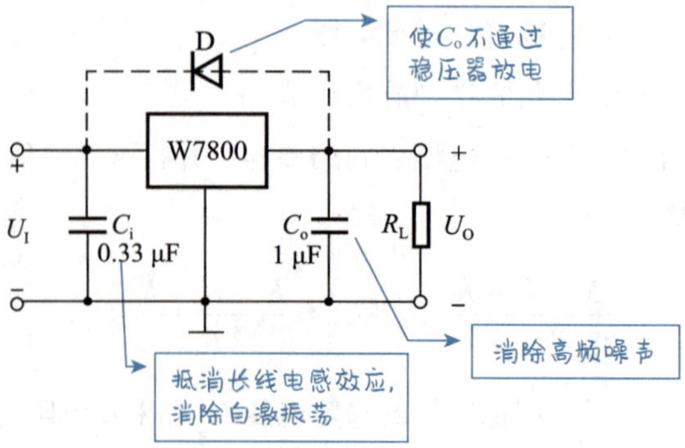

图 9.12

为使负载电流大于三端稳压器的输出电流，可采用射极输出器进行电流放大，即输出电流扩展电路，如图 9.13 所示。

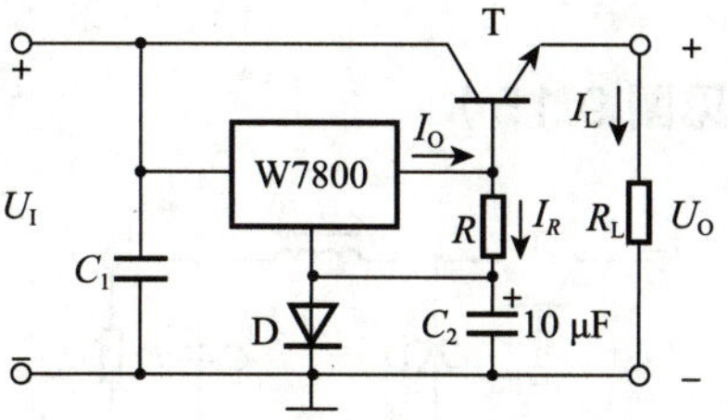

图 9.13

$$I_L = (1+\beta)(I_O - I_R)$$

很小

二极管的作用：消除 U_{BE} 对 U_O 的影响。

$$U_O = U_O' + U_D - U_{BE}$$

三端稳压器的输出电压

若 $U_{BE} = U_D$，则 $U_O = U_O'$。

对于想用常见参数外的输出电压，我们采用输出电压扩展电路解决，如图 9.14 所示。

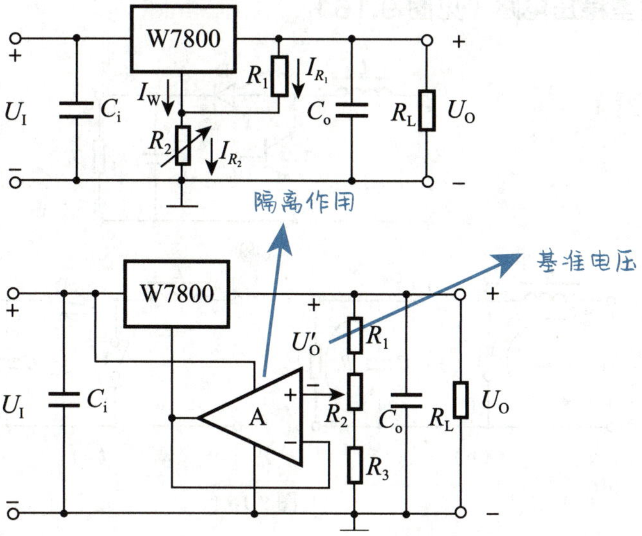

图 9.14

$$U_O = \left(1+\frac{R_2}{R_1}\right)\cdot U_O' + I_W R_2$$

I_W、U_O 的值均与三端稳压器参数有关。

$$\frac{R_1+R_2+R_3}{R_1+R_2}\cdot U_O' \leqslant U_O \leqslant \frac{R_1+R_2+R_3}{R_1}\cdot U_O'$$

9.6 开关型稳压电路

9.6.1 串联开关型稳压电路（见图 9.15）

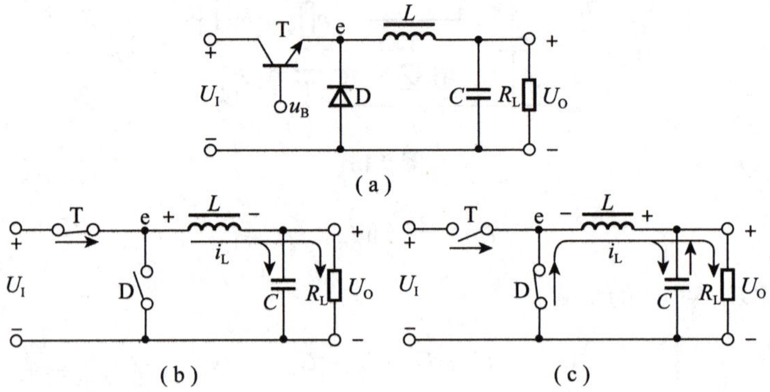

图 9.15

9.6.2 并联开关型稳压电路（见图 9.16）

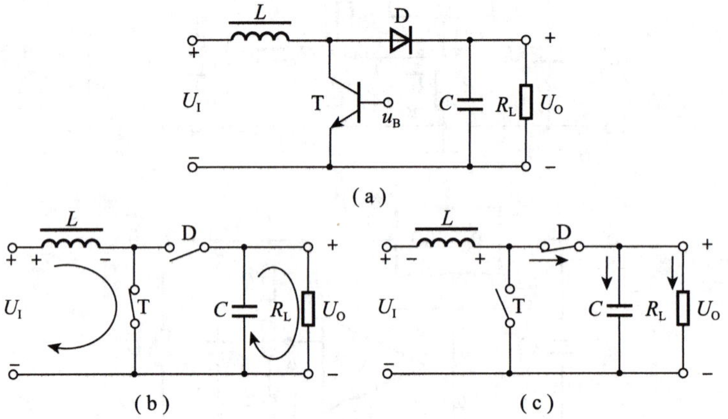

图 9.16

斩题型

题型 1 考查直流电源的组成和各部分的作用

破题小记一笔

直流电源电路由电源变压器、整流电路、滤波电路和稳压电路组成。各部分的作用也要掌握。

例 1 直流电源的模块组成顺序依次是（　　）。

A. 变压器、滤波器、稳压器、整流器　　B. 变压器、整流器、滤波器、稳压器

C. 变压器、整流器、稳压器、滤波器　　D. 变压器、稳压器、整流器、滤波器

答案 B

例 2 整流的目的是（　　）。

A. 将交流变为直流　　B. 将高频变为低频

C. 将正弦波变为方波　　D. 将直流变成交流

答案 A

星峰点悟

各部分的作用。

电源变压器：将电网电压变换成合适幅值的交流电压。

整流电路：将交流电压变为脉动的直流电压。

滤波电路：减小电压的脉动，使直流电压平滑。

稳压电路：当电网电压波动或负载电流变化时保持输出电压基本不变。

题型 2 考查整流电路的功能以及故障分析

破题小记一笔

桥式整流电路不仅会考查输出电压平均值 $U_{O(AV)}$、负载电流平均值 $I_{O(AV)}$、二极管最大整流电流 I_F、二极管最高反向工作电压 U_R 等参数，还会考查桥式整流电路中四个二极管连接的对错，以及如何对故障进行修改。

例 3 电路参数如图 9.17 所示，图中标出了变压器二次侧电压（有效值）和负载电阻值，若忽略二极管的正向压降和变压器内阻，试求：

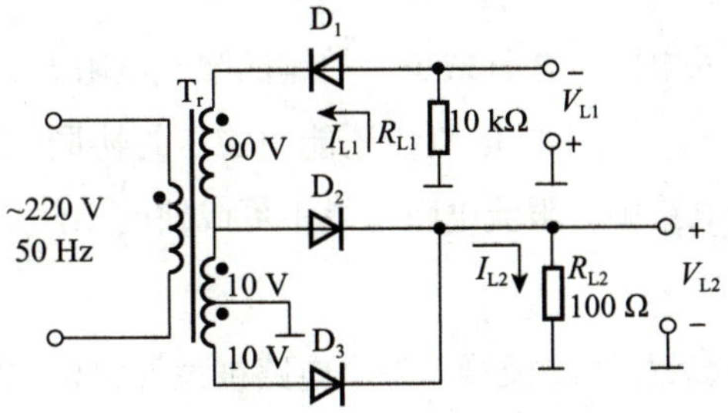

图 9.17

（1）R_{L1}、R_{L2} 两端的电压 V_{L1}、V_{L2} 和电流 I_{L1}、I_{L2}（平均值）；

（2）通过整流二极管 D_1、D_2、D_3 的平均电流和二极管承受的最大反向电压。

解析（1）因为 T_r、D_1 和 R_{L1} 等构成半波整流电路，电路中 $V_2=(90+10)\text{V}$，故

$$V_{L1}=\frac{1}{2\pi}\int_0^{\pi}\sqrt{2}(90+10)\sin(\omega t)\,d(\omega t)$$

$$=0.45(90+10)=45\,(\text{V})$$

$$I_{L1}=\frac{V_{L1}}{R_{L1}}=\frac{45}{10\times10^3}=4.5\times10^{-3}(\text{A})=4.5\,(\text{mA})$$

T_r、D_2、D_3 和 R_{L2} 等构成全波整流电路，电路中 $V_2'=10\text{ V}$，故

$$V_{L2}=\frac{1}{\pi}\int_0^{\pi}\sqrt{2}\times10\sin(\omega t)\,d(\omega t)=0.9\times10=9\,(\text{V})$$

$$I_{L2}=\frac{V_{L2}}{R_{L2}}=\frac{9}{100}=0.09\,(\text{A})=90\,(\text{mA})$$

（2）

$$I_{D1}=I_{L1}=4.5\,(\text{mA})$$

$$V_{RM1}=\sqrt{2}V_2=\sqrt{2}(90+10)=141\,(\text{V})$$

$$I_{D2}=I_{D3}=\frac{I_{L2}}{2}=\frac{90}{2}=45\,(\text{mA})$$

$$V_{RM2}=V_{RM3}=2\sqrt{2}V_2'=2\sqrt{2}\times10=28.3\,(\text{V})$$

例 4 指出图 9.18 所示电路的错误并画出正确的电路图，说明改正后的电路中每个元件的作用，以及该电路能实现何种功能。

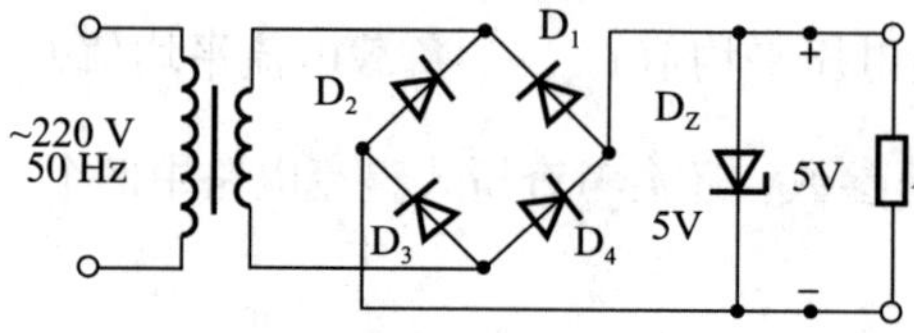

图 9.18

解析 错误分析：

①二极管 D_1 和 D_3 的极性接反，导致它们无法执行整流功能；

②稳压二极管被错误地反向接入电路，并且缺少了关键的限流电阻 R。限流电阻 R 对于稳压管的正常工作至关重要，它不仅能限制稳压管中的电流，还能与稳压管协同作用，实现稳定的电压输出。一般来说，在任何包含稳压管的电路中，限流电阻都是不可或缺的元件。

改正措施：

如图 9.19 所示，电路中的 D_Z 代表稳压二极管，整个电路被设计为桥式整流稳压电路。

功能实现：该电路的功能是将频率为 50 Hz、有效值为 220 V 的单相交流电压，依次通过电源变压器、整流电路以及稳压电路的处理，最终转换成稳定的直流电压输出。

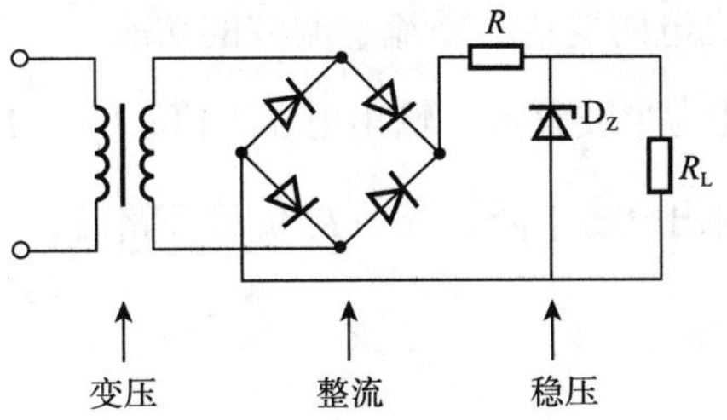

图 9.19

例 5 一稳压电源如图 9.20 所示，问：

（1）输出电压 U_o 大小为多少？

（2）如果将稳压管接反，会产生什么后果？

（3）如果 $R=0\,\Omega$，又将产生怎样的后果？

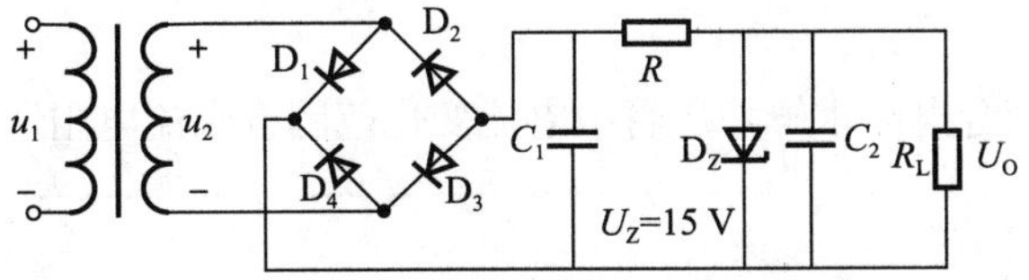

图 9.20

解析（1）U_o 为 15 V。

（2）①变为正向导通状态：稳压管与普通二极管一样具有单向导电性，正常情况下稳压管在电路中应反接，利用其反向击穿特性来稳压。接反后，它就处于正向导通状态，故 U_O 钳位在 0.7 V。

②失去稳压功能：由于稳压管接反后无法进入反向击穿的稳压工作状态，所以电路将失去稳压作用，负载两端的电压不再稳定，而是会随着输入电压的变化而变化。

③可能导致电路故障：如果电路中没有适当的限流措施，接反的稳压管可能会因正向电流过大而损坏，甚至可能进一步导致其他元件（如电源、负载等）因过流而损坏。

（3）若 $R=0\,\Omega$，则 D_z 连接电压过大，会烧坏稳压管，同时电路失去稳压的作用。

例 6 电路如图 9.21 所示。

（1）电路实现什么功能？

（2）以下三种情况下，输出电压的平均值分别将怎样变化？

（a）二极管 D_1 开路；（b）二极管 D_1 短路；（c）负载 R_L 开路。

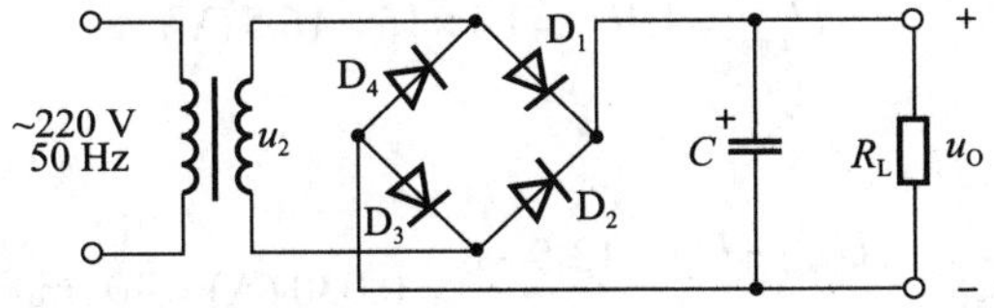

图 9.21

解析（1）电路实现了对家用交流电的变压、整流、滤波的功能。

（2）（a）D_1开路后，全波整流变为半波整流，输出电压下降；（b）D_1短路后，某一时刻D_2管将正向承受全部电压，R_L近似短路，输出电压下降；（c）R_L负载开路后，电容不再放电，输出电压升高。

星峰点悟

桥式整流电路中，只要某一个二极管若开路，则全波整流变为半波整流；若短路，则与之相邻的一起连接负载的二极管会因电流过大而烧坏，若烧成短路则可能烧坏变压器。

题型 3 考查稳压电路

破题小记一笔

根据稳压管稳压特性，结合电路求解稳压管中电流变化范围或限流电阻取值范围。

可求出U_I的最大、最小值

例 7 在如图 9.22 所示稳压管稳压电路中，已知输入电压U_I为 15 V，波动范围为 ±10%；稳压管的稳定电压U_Z为 6 V，稳定电流I_Z为 5 mA，最大耗散功率P_{ZM}为 180 mW；限流电阻R为 250 Ω；输出电流I_O为 20 mA。求：

可求出稳压管最大稳定电流

（1）当U_I变化时，稳压管中电流的变化范围为多少？

（2）若负载电阻开路，则将发生什么现象？为使电路能空载工作，应如何改变电路参数？

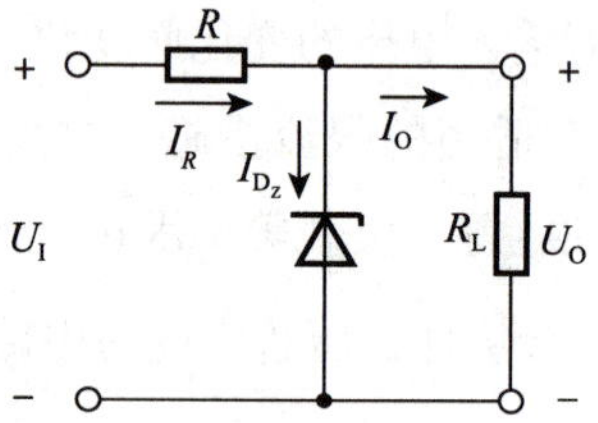

图 9.22

解析（1）根据已知条件，输入电压U_I的波动范围为

$$U_{I\min}=0.9U_I=0.9\times15=13.5\,(V)$$

$$U_{I\max}=1.1U_I=1.1\times15=16.5\,(V)$$

U_I波动时R中电流的变化为

$$I_{R\min}=\frac{U_{I\min}-U_Z}{R}=\frac{13.5-6}{250}=0.030\,(A)=30\,(mA)$$

$$I_{R\max}=\frac{U_{\mathrm{I}\max}-U_{\mathrm{Z}}}{R}=\frac{16.5-6}{250}=0.042\,(\mathrm{A})=42\,(\mathrm{mA})$$

稳压管的最大稳定电流

$$I_{\mathrm{ZM}}=\frac{P_{\mathrm{ZM}}}{U_{\mathrm{Z}}}=\frac{180}{6}=30\,(\mathrm{mA})$$

由于负载电流为 20 mA，稳压管电流的变化范围是

$$I_{\mathrm{D_Z}\min}=I_{R\min}-I_{\mathrm{L}}=30-20=10\,(\mathrm{mA})$$

$$I_{\mathrm{D_Z}\max}=I_{R\max}-I_{\mathrm{L}}=42-20=22\,(\mathrm{mA})$$

（2）若负载电阻开路，则稳压管的电流等于限流电阻中的电流。当输入电压最高时，$I_{\mathrm{D_Z}}=I_{R\max}=42\ \mathrm{mA}>I_{\mathrm{ZM}}=30\ \mathrm{mA}$，稳压管将因电流过大而损坏。为使电路能空载工作，应增大 R。根据式

$$\frac{U_{\mathrm{I}\max}-U_{\mathrm{Z}}}{I_{\mathrm{ZM}}+I_{\mathrm{L}\min}}<R<\frac{U_{\mathrm{I}\min}-U_{\mathrm{Z}}}{I_{\mathrm{Z}}+I_{\mathrm{L}\max}}$$

$$R_{\min}=\frac{16.5-6}{30+0}\times10^{3}=350\,(\Omega)$$

$$R_{\max}=\frac{13.5-6}{5+20}\times10^{3}=300\,(\Omega)$$

可见，R 没有合理的取值范围，因而必须更换 I_{ZM}（即耗散功率）更大的稳压管，如选择 $I_{\mathrm{ZM}}=40\ \mathrm{mA}$ 的稳压管，此时

$$R_{\min}=\frac{16.5-6}{40+0}\times10^{3}=262.5\,(\Omega)$$

例 8 在图 9.23 所示稳压电路中，假设输入电压 $V_{\mathrm{I}}=20\cdot(1\pm10\%)\ \mathrm{V}$，稳压管 $\mathrm{D_Z}$ 的稳定电压为 $V_{\mathrm{Z}}=10\ \mathrm{V}$，$r_{\mathrm{z}}=10\ \Omega$，允许最大稳压电流 $I_{\mathrm{Z}\max}=30\ \mathrm{mA}$，$I_{\mathrm{Z}\min}=5\ \mathrm{mA}$。

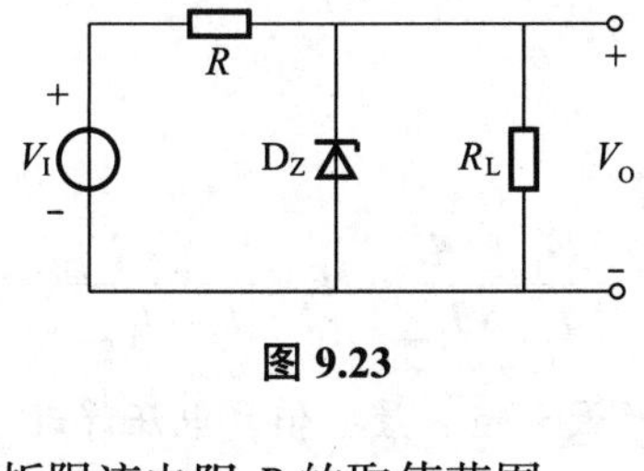

图 9.23

（1）当 $R_{\mathrm{L}\min}=1\ \mathrm{k}\Omega$，$R_{\mathrm{L}\max}\to\infty$，分析限流电阻 R 的取值范围；

（2）当 $R=400\ \Omega$，$R_{\mathrm{L}}=1\ \mathrm{k}\Omega$，试求输入电压 V 允许的变化范围；

（3）如果工作电流 I_{Z}=20 mA，V_{I} 值维持在 20 V，试求 R_{L} 从无穷大变化到 $1\ \mathrm{k}\Omega$ 时，输出电压变化值 ΔV_{O} 为多少？

解析（1）由
$$\frac{V_{\mathrm{I\,max}}-V_{\mathrm{Z}}}{R_{\min}}=I_{\mathrm{Z\,max}}$$

得 $R_{\min}=400\,\Omega$。

又由
$$\frac{V_{\mathrm{I\,min}}-V_{\mathrm{Z}}}{R_{\max}}=I_{\mathrm{Z\,min}}+\frac{V_{\mathrm{Z}}}{R_{\mathrm{L\,min}}}$$

得 $R_{\max}=533\,\Omega$，即 $400\,\Omega\leqslant R\leqslant 533\,\Omega$。

（2）由

$$\begin{cases}V_{\mathrm{I\,max}}=\left(\dfrac{V_{\mathrm{Z}}}{R_{\mathrm{L}}}+I_{\mathrm{Z\,max}}\right)\cdot R+V_{\mathrm{Z}}\\ V_{\mathrm{I\,min}}=\left(\dfrac{V_{\mathrm{Z}}}{R_{\mathrm{L}}}+I_{\mathrm{Z\,min}}\right)\cdot R+V_{\mathrm{Z}}\end{cases}$$

得 $16\,\mathrm{V}\leqslant V_{\mathrm{I}}\leqslant 26\,\mathrm{V}$。

（3）将稳压管变为小信号模型，如图 9.24 所示。

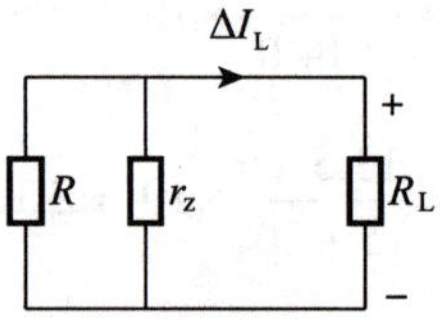

图 9.24

则有
$$\Delta I_{\mathrm{L}}=\frac{1}{2}\left(\frac{V_{\mathrm{O}}}{R_{\mathrm{L\,min}}}-\frac{V_{\mathrm{O}}}{R_{\mathrm{L\,max}}}\right)=\pm 5\,(\mathrm{mA})$$

$$\Delta V_{\mathrm{O}}=-\Delta I_{\mathrm{L}}\cdot(R\,/\!/\,r_{\mathrm{z}})=-\Delta I_{\mathrm{L}}\cdot\frac{R\cdot r_{\mathrm{z}}}{R+r_{\mathrm{z}}}\approx\mp 5\cdot 10=\mp 50\,(\mathrm{mV})$$

星峰点悟

限流电阻公式：

$$\frac{U_{\mathrm{I\,max}}-U_{\mathrm{Z}}}{I_{\mathrm{ZM}}+I_{\mathrm{L\,min}}}<R<\frac{U_{\mathrm{I\,min}}-U_{\mathrm{Z}}}{I_{\mathrm{Z}}+I_{\mathrm{L\,max}}}$$

在使用此公式时，要考虑到电压的最大值和最小值，电压浮动 ±10%。

题型 4 考查具有放大环节的串联型稳压电路

破题小记一笔

稳压管稳压电路输出电流小，输出电压不可调，所以引入深度电压负反馈电路使电压稳定且可调，同时也为了提高输出电压的稳定性，还引入了放大环节。这里最主要的部分就是输出电压范围的求解。

例 9 如图 9.25 所示为串联型稳压电路。

（1）标出 A 的同相端，反相端；

（2）确定 U_o 的范围；

（3）若 U_{CES} 至少取 3 V，为保证正常输出，U_I 至少为多少伏？

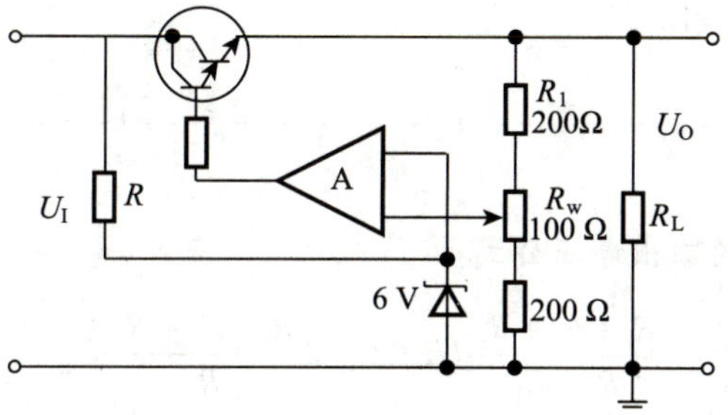

图 9.25

解析（1）上“+”下“−”。

（2）滑片在上时，

$$U_o=\frac{6}{100+200}(100+200+200)=\frac{6}{300}\times 500=10\,(\text{V})$$

滑片在下时，

$$U_o=\frac{6}{200}(100+200+200)=\frac{6}{200}\times 500=15\,(\text{V})$$

（3）因为 $U_I=U_{O\max}+U_{CES}=15+3=18\,(\text{V})$，故 U_I 至少为 18 V。

例 10 如图 9.26 所示串联型稳压电源，分析并解答直流稳压电源电路，求：

（1）输出电压的最小值 $U_{O\min}$；

（2）输出电压的最大值 $U_{O\max}$；

（3）U_{CE} 管承受的最大管压降 $U_{CE\max}$。

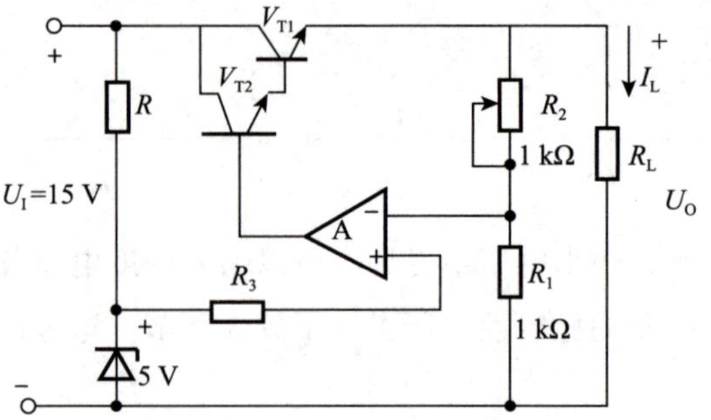

图 9.26

解析（1）当$R_2=0\,\Omega$时，$U_{\text{O min}}=\dfrac{R_1+0}{R_1}\times 5=5\,(\text{V})$。

（2）当$R_2=1\,\text{k}\Omega$时，$U_{\text{O max}}=\dfrac{1+1}{1}\times 5=10\,(\text{V})$。

（3）$U_{\text{CE max}}=U_{\text{I}}-U_{\text{O min}}=15-5=10\,(\text{V})$。

星峰点悟

具有放大作用的稳压电路的输出电压公式：

$$\frac{R_1+R_2+R_3}{R_2+R_3}\cdot U_{\text{Z}}\leqslant U_{\text{O}}\leqslant\frac{R_1+R_2+R_3}{R_3}\cdot U_{\text{Z}}$$

有关晶体管的参数的选择公式：

$$\begin{cases}I_{\text{CM}}>I_{\text{L max}}\\U_{\text{(BR)CEO}}>1.1U_{\text{I}}-U_{\text{O min}}\\P_{\text{CM}}>I_{\text{L max}}(1.1U_{\text{I}}-U_{\text{O min}})\end{cases}$$

解习题

【9-1】~【9-4】略。

【9-5】在图 9.27 所示电路中，已知输出电压平均值$U_{\text{O(AV)}}=15\text{ V}$，负载电流平均值$I_{\text{L(AV)}}=100\text{ mA}$。

（1）变压器二次电压有效值U_2约为多少？

（2）设电网电压波动范围为 ±10%。在选择二极管的参数时，其最大整流平均电流I_{F}和最高反向电压U_R的下限值约为多少？

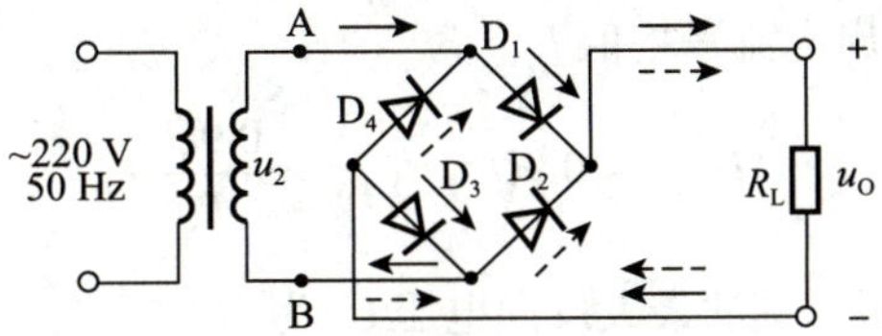

图 9.27

解析（1）单相桥式整流电路输出电压平均值 $U_{O(AV)} \approx 0.9U_2$，因此变压器二次电压有效值

$$U_2 \approx \frac{U_{O(AV)}}{0.9} \approx 16.7\,(\text{V})$$

（2）考虑到电网电压波动范围为 ±10%，整流二极管的参数为

$$I_F > 1.1 \times \frac{I_{L(AV)}}{2} = 55\,(\text{mA})$$

(1+10%)

$$U_R > 1.1\sqrt{2}U_2 \approx 26\,(\text{V})$$

【9-6】电路如图 9.28 所示，变压器二次电压有效值为 $2U_2$。

（1）画出 u_2、u_{D1} 和 u_O 的波形；

（2）求出输出电压平均值 $U_{O(AV)}$ 和输出电流平均值 $I_{L(AV)}$ 的表达式；

（3）求出二极管的平均电流 $I_{D(AV)}$ 和所承受的最大反向电压 $U_{R\max}$ 的表达式。

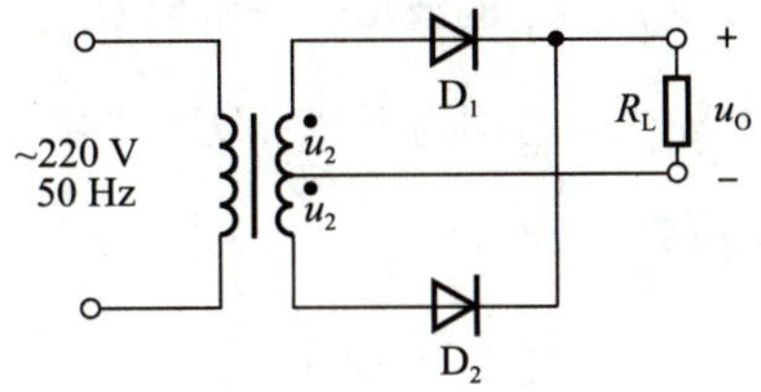

图 9.28

解析（1）全波整流电路，波形如图 9.29 所示。

实现了全波整流

D1 和 D2 各自实现了半波整流

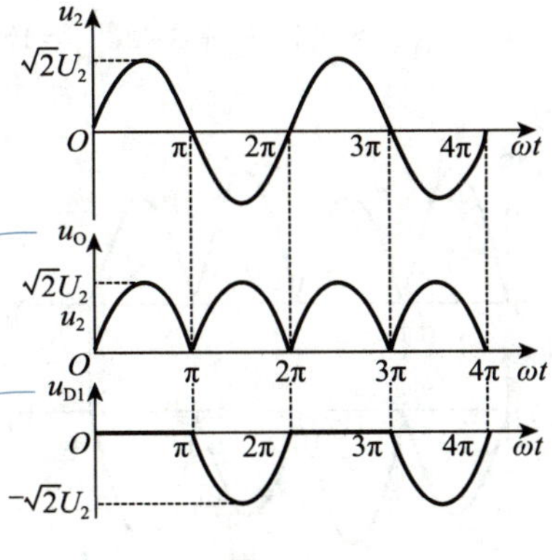

图 9.29

（2）输出电压平均值 $U_{O(AV)}$ 和输出电流平均值 $I_{L(AV)}$ 为

$$U_{O(AV)} \approx 0.9U_2, \quad I_{L(AV)} \approx \frac{0.9U_2}{R_L}$$

（3）二极管的平均电流 $I_{D(AV)}$ 和所承受的最大反向电压 U_R 为

$$I_D \approx \frac{0.45U_2}{R_L}, \quad U_R = 2\sqrt{2}U_2$$

【9-7】 略。

【9-8】 电路如图 9.30 所示。

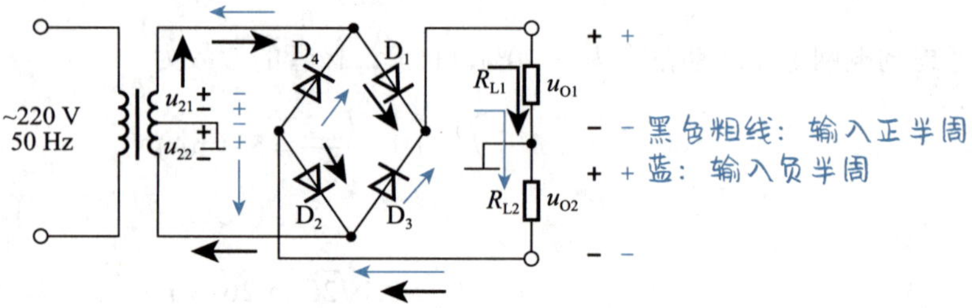

图 9.30

（1）分别标出 u_{O1} 和 u_{O2} 对地的极性；

（2）u_{O1}、u_{O2} 分别是半波整流还是全波整流？

（3）当 $U_{21} = U_{22} = 20\text{ V}$ 时，$U_{O1(AV)}$ 和 $U_{O2(AV)}$ 各为多少？

（4）$U_{21} = 18\text{ V}$，$U_{22} = 22\text{ V}$ 时，画出 u_{O1}、u_{O2} 的波形，并求出 $U_{O1(AV)}$ 和 $U_{O2(AV)}$ 各为多少？

解析（1）不管 U_{21}、U_{22} 符号如何，u_{O1}、u_{O2} 均为上“+”下“–”，如图 9.30 中画线所示。

（2）由图 9.31 中画线可知是全波整流。

（3）$U_{O1(AV)}$ 和 $U_{O2(AV)}$ 为

$$U_{O1(AV)} = -U_{O2(AV)} \approx 0.9U_{21} = 0.9U_{22} = 18\,(\text{V})$$

（4）u_{O1}、u_{O2} 的波形如图 9.31 所示，它们的平均值为

$$U_{O1(AV)} = -U_{O2(AV)} \approx 0.45U_{21} + 0.45U_{22} = 18\,(\text{V})$$

根据电流方向可将电路简化为：

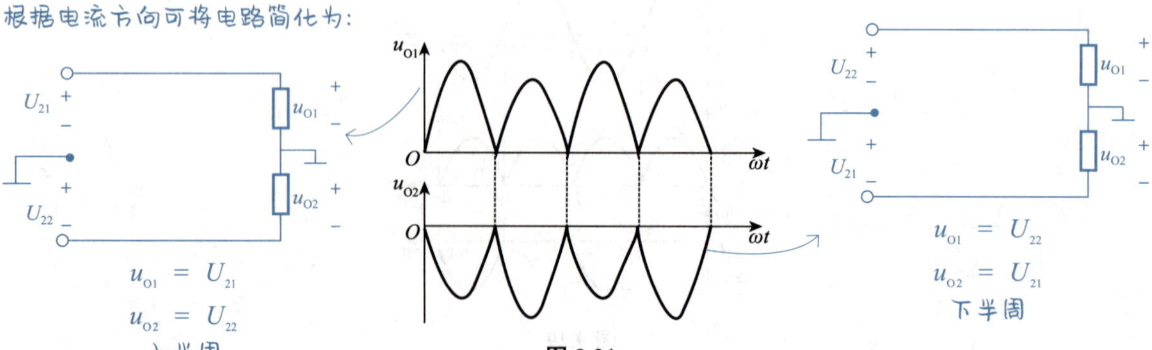

图 9.31

【9-9】、【9-10】略。

【9-11】电路如图 9.32 所示，已知稳压管的稳定电压为 6 V，最小稳定电流为 5 mA，允许耗散功率为 240 mW，动态电阻小于 15 Ω。试问：

可求出 $I_{Z\max}$

（1）当输入电压为 20～24 V、R_L 为 200~600 Ω 时，限流电阻 R 的选取范围是多少？

（2）若 $R=390\,\Omega$，则电路的稳压系数 S_r 为多少？

由 $\dfrac{U_{I\max}-U_Z}{I_{Z\max}+I_{L\min}} \leqslant R \leqslant \dfrac{U_{I\min}-U_Z}{I_{Z\min}+I_{L\max}}$ 可知，要想求 $R_{\min}$ 和 $R_{\max}$，要先求出 $I_{Z\min}$、$I_{Z\max}$。

D_Z 工作在稳压状态下，所以 I_L 范围容易求出

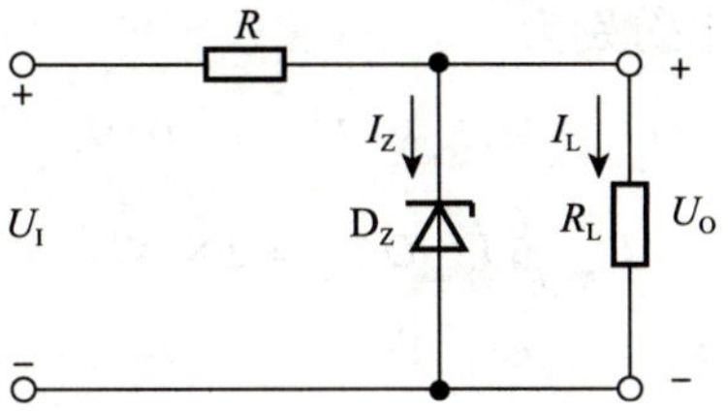

图 9.32

解析（1）因为 $I_{Z\max}=P_{ZM}/U_Z=40\,(\text{mA})$，$I_L=U_Z/R_L=10\sim30\,(\text{mA})$，所以 R 的取值范围为

$$R_{\max}=\frac{U_{I\min}-U_Z}{I_Z+I_{L\max}}=400\,(\Omega)$$

代入公式即可求出 R 范围

$$R_{\min}=\frac{U_{I\max}-U_Z}{I_{Z\max}+I_{L\min}}=360\,(\Omega)$$

（2）当 $U_I=U_{I\max}$ 时，稳压系数最大，为

$$S_r\approx\frac{r_z}{R}\cdot\frac{U_I}{U_Z}=\frac{15}{390}\times\frac{24}{6}\approx0.154$$

【9-12】略。

【9-13】电路如图 9.33 所示，稳压管的稳定电压 $U_Z=4.3\text{ V}$，晶体管的 $U_{BE}=0.7\text{ V}$，$R_1=R_2=R_3=300\,\Omega$，$R_0=5\,\Omega$。试估算：

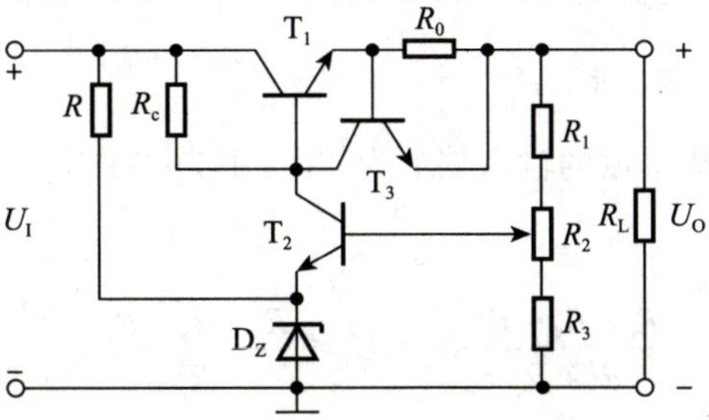

图 9.33

R、D_Z 构成基准电压电路；
T_1 构成调整管；
T_3、R_0 构成过流保护电路；
T_2 放大电路；
R_1、R_2、R_3 构成采样电路

（1）输出电压的可调范围；

（2）调整管发射极允许的最大电流；

（3）若 $U_I = 25\,V$，波动范围为 ±10%，则调整管的最大功耗为多少？

解析（1）基准电压 $U_R = U_Z + U_{BE} = 5\,(V)$，输出电压的可调范围

$$U_O = \frac{R_1+R_2+R_3}{R_2+R_3} \cdot U_Z \sim \frac{R_1+R_2+R_3}{R_3} \cdot U_Z = 7.5 \sim 15\,(V)$$

（2）调整管发射极最大电流 $I_{E\max} = U_{BE3} / R_0 \approx 140\,(mA)$

（3）调整管的最大管压降和最大功耗分别为

$$U_{CE\max} = U_{I\max} - U_{O\min} = 20\,(V)$$

$$P_{T\max} \approx I_{E\max} U_{CE\max} \approx 2.8\,(W)$$

【9-14】略。

【9-15】直流稳压电源如图 9.34 所示。

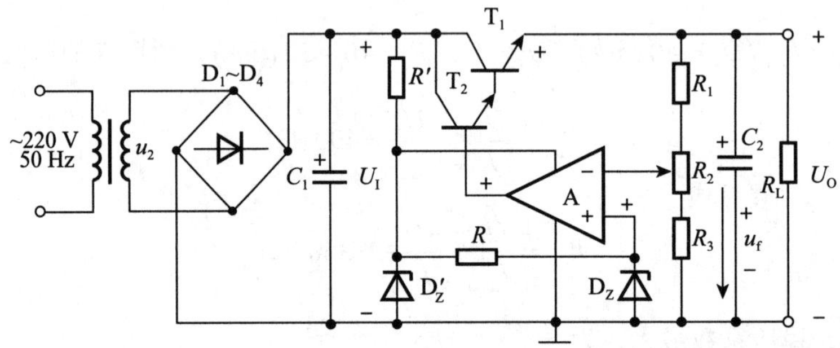

图 9.34

（1）说明电路的整流电路、滤波电路、调整管、基准电压电路、比较放大电路、采样电路等部分各由哪些元件组成；

（2）标出集成运放的同相输入端和反相输入端；

（3）写出输出电压的表达式。

解析（1）整流电路：$D_1 \sim D_4$；滤波电路：C_1；调整管：T_1、T_2；基准电压电路：R'、D'_Z、R、D_Z；比较放大电路：A；采样电路：R_1、R_2、R_3。

（2）为使电路引入负反馈，集成运放的输入端上为“–”下为“+”。

（3）输出电压的表达式为

$$\frac{R_1+R_2+R_3}{R_2+R_3} \cdot U_Z \leqslant U_O \leqslant \frac{R_1+R_2+R_3}{R_3} \cdot U_Z$$

【9-16】~【9-22】略。